> DER WEG ZUR DEUTSCHEN AKADEMIE DER TECHNIKWISSENSCHAFTEN

RUTH FEDERSPIEL

UNTER MITARBEIT VON
SAMIA SALEM

acatech – Deutsche Akademie der Technikwissenschaften, 2011

Geschäftsstelle
Residenz München
Hofgartenstraße 2
80539 München

T +49(0)89/5203090
F+4 9(0)89/5203099

Hauptstadtbüro
Unten den Linden 14
10117 Berlin

T +49(0)30/206309610
F+4 9(0)30/206309611

E-Mail: info@acatech.de
Internet: www.acatech.de

Dr. Ruth Federspiel
Archivstr. 6A
14195 Berlin

E-Mail: ruth@federspiel.de

ISBN 978-3-642-16364-7/e-ISBN 978-3-642-16365-4

DOI 10.1007/978-3-642-16365-4

Bibliografische Information der Deutschen Nationalbibliothek
Die Deutsche Nationalbibliothek verzeichnet diese Publikation in der Deutschen Nationalbibliografie; detaillierte bibliografische Daten sind im Internet über http://dnb.d-nb.de abrufbar.

Koordination: Dr. Andreas Möller, Dr. Jens Pape
Layout-Konzeption: acatech
Konvertierung und Satz: Fraunhofer-Institut für Intelligente Analyse- und Informationssysteme IAIS, Sankt Augustin
Einbandgestaltung: WMX Design GmbH, Heidelberg

Gedruckt auf säurefreiem Papier

springer.com

> DER WEG ZUR DEUTSCHEN AKADEMIE DER TECHNIKWISSENSCHAFTEN

RUTH FEDERSPIEL

UNTER MITARBEIT VON
SAMIA SALEM

> INHALT

VORWORT

Auf zahlreichen Gebieten der Wissenschaft und Technik nimmt Deutschland im internationalen Vergleich einen Spitzenplatz ein und die Produkte der deutschen Ingenieurskunst genießen weltweit einen exzellenten Ruf. Wie ist es dann zu erklären, dass die deutsche Akademie der Technikwissenschaften – auch im Unterschied zu vergleichbaren Akademien anderer Staaten – erst relativ spät gegründet wurde? Welche Ziele strebten die „Gründerväter" von acatech an, und welche Schwierigkeiten und Vorbehalte mussten dabei überwunden werden? Zu welchem Zweck wurde acatech gegründet und in welcher Weise werden davon die Aufgaben der Akademie geprägt?

Diesen Fragen geht die vorliegende Publikation nach, die sich zunächst mit den Initiativen zu Beginn des vergangenen Jahrhunderts auseinander setzt. Geschildert wird, wie ein erster Versuch im Jahre 1899 scheiterte, eine deutsche, eine nationale Akademie der Technikwissenschaften ins Leben zu rufen. Dieser Misserfolg hatte vielfältige Ursachen – nicht zuletzt in der noch ausstehenden Etablierung der Technik als einer wissenschaftlichen Disziplin sowie der mangelnden Anerkennung der technischen Hochschulen in der akademischen Welt.

Erst Jahrzehnte später wurden erneut vereinzelte Initiativen zur Gründung einer nationalen Akademie entfaltet und auch die Diskussionen über eine nationale technikwissenschaftliche Akademie wiederbelebt. Ab Mitte der neunziger Jahre beschleunigte sich die Entwicklung: Auf Initiative einiger technikwissenschaftlicher Mitglieder in zwei Länderakademien entstand zunächst im Jahr 1997 eine Arbeitsgemeinschaft und es folgte im Jahr 2002 der „Konvent der Technikwissenschaften der Union der Deutschen Akademien der Wissenschaften". Im Jahr 2008 wurde mit Zustimmung des Bundes und aller Länder acatech – die Deutsche Akademie der Technikwissenschaften eingerichtet.

Was sich in einem Zeitraffer als eine kurze Erfolgsgeschichte liest, war bei genauerer Betrachtung selbstredend ein manchmal mühsames Unterfangen, das nur angesichts des Engagements vieler Beteiligter gelingen konnte. Der Verlauf dieses letztlich erfolgreichen Prozesses sowie die Voraussetzungen für die breite Zustimmung, die die Gründung von acatech nicht nur von Seiten der Politik, sondern auch von Wissenschaft, Wirtschaft und Gesellschaft erfahren hat, stehen im Mittelpunkt der hier vorgelegten

Veröffentlichung. Mit welchen Erwartungen haben der Bund und die Länder acatech als nationale technikwissenschaftliche Akademie gegründet? Aus welchen Gründen haben – trotz mancher Vorbehalte – letztlich zahlreiche Akteure aus Wissenschaft, Wirtschaft und Gesellschaft die Gründung von acatech unterstützt? In welcher Weise hat acatech ihr Alleinstellungsmerkmal ausgestaltet – Stichworte sind hier beispielsweise die Aufgabe der Politik- und Gesellschaftsberatung, ihr Selbstverständnis als Arbeitsakademie sowie der Brückenschlag zwischen Wissenschaft und Wirtschaft?

Diese Fragen haben das Präsidium veranlasst, eine Untersuchung und Darstellung der Gründungsgeschichte von acatech zu fördern. Damit wurde die Historikerin Ruth Federspiel beauftragt, die diese Studie in Zusammenarbeit mit Samia Salem erarbeitet hat. Wir bedanken uns herzlich für die überaus engagierte, sorgfältige und geduldige Erstellung der Studie. Dankbar sind wir auch, dass die Autorinnen verschiedene Entwicklungen aufgegriffen und dargestellt haben, die nicht historisch abgeschlossen sind, sondern bis in die unmittelbare Gegenwart hinein reichen. Dazu gehört insbesondere unsere Innovationsberatung, die dem Ziel der Förderung nachhaltigen Wachstums durch Innovation dient. Wir werden den zweigleisigen Ansatz auf der einen Seite als Innovationsdialog mit der Bundesregierung sowie auf der anderen Seite als ein offenes Innovationsforum für Wissenschaft, Wirtschaft und Gesellschaft weiter ausbauen.

Unser besonderer Dank gilt Günter Spur, der die Erarbeitung der Gründungsgeschichte initiiert und vielfach gefördert hat, sowie Joachim Milberg und vielen weiteren Zeitzeugen, die sich zu Interviews bereit erklärt oder in anderer Weise die Erstellung dieser Publikation gefördert haben.

Wir wünschen Ihnen eine interessante Lektüre.

Berlin und München, im Dezember 2010

Reinhard F. Hüttl
acatech Präsident

Henning Kagermann
acatech Präsident

GRUSSWORT

Forschung und Entwicklung sichern modernen Industrie- und Dienstleistungsgesellschaften technologische Leistungsfähigkeit und Wohlstand. Technikwissenschaften sind Treiber für Innovationen und nachhaltiges Wachstum. Damit die Chancen neuer Technologien genauso ernst genommen werden wie deren Risiken und um das öffentliche Verständnis für die Bedeutung zukunftsweisender Technologien zu stärken, brauchen wir einen breiten gesellschaftlichen Diskurs auf der Grundlage des wissenschaftlichen Kenntnisstands.

Ein Forum dafür ist die Deutsche Akademie der Technikwissenschaften – acatech e.V. Sie bündelt den Hightech-Sachverstand zur Lösung der anstehenden Zukunftsfragen und verdeutlicht über wissenschaftliche und nationale Grenzen hinweg die Bedeutung von zukunftsweisenden Technologien. acatech sorgt für ein innovationsfreundliches Klima in unserem Land, das die Erforschung neuer Technologien und die erfolgreiche Umsetzung von wissenschaftlichen Erkenntnissen in marktfähige Produkte fördert.

acatech ist die Brücke zwischen Wissenschaft und Wirtschaft. Die Mitglieder der Deutschen Akademie der Technikwissenschaften stehen in einem engen Dialog mit der Industrie. Zu ihren prominentesten Aufgaben gehört zudem die Politik- und Gesellschaftsberatung. Außerdem hat acatech die Innovationsberatung der Bundesregierung übernommen. Darüber hinaus vertritt acatech die deutschen Technikwissenschaften in europäischen und internationalen Gremien und gestaltet so die internationale Forschungszusammenarbeit aktiv mit.

Akademien sind Orte wissenschaftlicher Reflexion und Reputation. Die Deutsche Akademie der Technikwissenschaften – acatech ist die deutlich wahrnehmbare Stimme der deutschen Technikwissenschaften – national wie international.

Prof. Dr. Annette Schavan, MdB
Bundesministerium für Bildung und Forschung

ABKÜRZUNGSVERZEICHNIS

AdW	Akademie der Wissenschaften
AdW der DDR	Akademie der Wissenschaften der Deutschen Demokratischen Republik
AdW zu Berlin	Akademie der Wissenschaften zu Berlin (West)
AG	Arbeitsgruppe/Arbeitsgemeinschaft/bei Unternehmen Aktiengesellschaft
AL	Alternative Liste/Grüne
AM	auswärtiges Mitglied
ATU	AG Technikwissenschaften in der Union
BAM	Bundesanstalt für Materialforschung und -prüfung
BBAW	Berlin-Brandenburgische Akademie der Wissenschaften
BLK	Bund-Länder-Kommission für Bildungsplanung und Forschungsförderung
BMBF	Bundesministerium für Bildung und Forschung
BMFT	Bundesministerium für Forschung und Technologie
CAETS	Council of Academies of Engineering and Technological Sciences
DAT	Deutsche Akademie der Technikwissenschaften
DFG	Deutsche Forschungsgemeinschaft
DVT	Deutscher Verband Technisch-Wissenschaftlicher Vereine
EFTA	European Free Trade Association
EG	Europäische Gemeinschaft
ESTA	European Science and Technology Assembly
Euro-CASE	European Council of Applied Sciences and Engineering
GG	Grundgesetz
GWK	Gemeinsame Wissenschaftskonferenz
IPK	Fraunhofer-Institut für Produktionsanlagen und Konstruktionstechnik
IVA	Schwedische Akademie der Ingenieurwissenschaften (Kungl. Ingenjörsvetenskapsakademien)
KdA	Konferenz der deutschen Akademien der Wissenschaften in der Bundesrepublik Deutschland
KTW	Konvent für Technikwissenschaften
LAB	Landesarchiv Berlin
NWAW	Nordrhein-Westfälische Akademie der Wissenschaften
O	Ordner
PTZ	Produktionstechnisches Zentrum
TH	Technische Hochschule
TOP	Tagesordnungspunkt
TW	Technikwissenschaftliche (Klasse)
VDI	Verein Deutscher Ingenieure
ZWF	Zeitschrift für wirtschaftlichen Fabrikbetrieb

1 FRÜHE ANSÄTZE TECHNISCHER WISSENSCHAFTEN

ANFÄNGE EINES TECHNIKWISSENSCHAFTLICHEN SELBSTVERSTÄNDNISSES

Die Entwicklung der technischen Wissenschaften hin zu den neuzeitlichen Technikwissenschaften reicht bis in die Renaissance zurück, die daher auch als Frühphase des technikwissenschaftlichen Selbstverständnisses bezeichnet wird. In dieser Zeit begannen die Künstleringenieure,[1] handwerklich-praktische Erfahrungen, systematische Beobachtungen, Ergebnisse aus Experimenten sowie Kenntnisse aus Mathematik und Geometrie zu ersten systematischen Darstellungen zu verknüpfen, eine mathematisch-naturwissenschaftliche Fundierung technischer Sachverhalte zu erarbeiten.[2] Diese Ansätze mündeten im 17. und 18. Jahrhundert in ersten, ganz der aufgeklärten Bildungskonzeption verpflichteten, enzyklopädischen Vorhaben. Frühe technische Erfindungen boten Physikern, Chemikern und Mathematikern die Möglichkeit, „wissenschaftliche Erkenntnisse anzuwenden und damit den Nutzen der Wissenschaft unter Beweis zu stellen."[3] So setzte sich nach und nach die Sicht auf Wissenschaft und Technik als eng miteinander zusammenhängende Bereiche menschlichen Handelns durch. Im 17. und 18. Jahrhundert galten Naturwissenschaft und Technik nicht als Gegensatz, sondern als Einheit, die den technischen Fortschritt sicherte. So ist es zu erklären, dass die im 17. und 18. Jahrhundert in Europa gegründeten Akademien die Einheit von Theorie und Praxis beschworen. Wegweisend gab dies Francis Bacon für die Royal Society in London vor, welchem die Regierung schon bald den Auftrag zur Prüfung technischer Neuerungen und Erfindungen erteilte.

Eine frühe Institutionalisierung hatten technische Disziplinen bereits in Militärschulen und Bergakademien gefunden. Sébastien Le Prestre, Seigneur de Vauban (1633-1707) war einer der bedeutendsten französischen Generäle und Festungsbaumeister des 17. Jahrhunderts.

---

1 Gruppe von höheren Handwerkern, die nicht nur Bilder und Kathedralen entwerfen, sondern auch Maschinen konstruieren sowie Dämme, Kanäle, Schleusen und Kanonen bauen konnten.

2 Gerhard Zweckbronner, Technische Wissenschaften im Industrialisierungsprozess bis zum Beginn des 20. Jahrhunderts, in: Armin Hermann/Charlotte Schönbeck (Hg.), Technik und Wissenschaft, Düsseldorf 1991, S. 401f.

3 Andreas Kleinert, Technik und Naturwissenschaften im 17. und 18. Jahrhundert, in: Armin Hermann/Charlotte Schönbeck (Hg.), Technik und Wissenschaft, Düsseldorf 1991, S. 269.

Abb. 1: Sebastien Le Prestre, Seigneur de Vauban

Er entwickelte eine Ausbildungs- und Prüfungsordnung für angehende Génieoffiziere und erreichte, dass der Ernennung zum Ingenieuroffizier[4] ab 1703 ein Examen in Mathematik vorausgehen musste. Bis zur Mitte des Jahrhunderts wurden die Prüfungen auf weitere Wissensgebiete ausgedehnt.[5] Diese neuen, wissenschaftlich ausgebildeten Ingenieure erlernten nun erstmals auch den Umgang mit theoretisch fundierten Methoden. Unterstützt wurde dieser Prozess von frühen Ingenieurlehr- und -handbüchern, wie *La Science des Ingénieurs...*(1729), in dem erstmals der Terminus „Ingenieurwissenschaft" auftauchte, oder *Architecture hydraulique* (4 Bde., 1737–1753), beide von Bernard Forèst de Bélidor. Übersetzungen folgten rasch, und so wurden diese Werke zum „Vademecum der Techniker", weit über die Grenzen Frankreichs hinaus.[6] Hinzu kamen im Laufe des 18. Jahrhunderts technische Fachbücher, die die sich vervielfachenden und differenzierenden Be- und Verarbeitungsverfahren in Handwerksbeschreibungen dokumentierten, mehr und mehr jedoch in Richtung technikwissenschaftlichem Erkenntnisgewinn und Methoden.[7]

Abb. 2: Die klassische Entwicklungsphase der Technologie des 18. Jahrhunderts im Spiegel der Literatur

J. Leupold (1674–1727), Leipzig 1724:	„Theatrum machinarum generale oder Schauspiel des Grundes mechanischer Wissenschaften"
P. J. Marperger (1656–1730), Berlin 1710:	„Historisch-mecatorische Beschreibung aller preußischen Lande und Provinzen"
J. S. Halle (1727–1810), Berlin 1761–1779:	„Werkstätte der heutigen Künste oder die neuere Kunsthistorie", 6 Bände
P. N. Sprengel (1737–1814), Berlin 1767:	„Handwerke und Künste", 17 Teile, fortgesetzt von O. L. Hartwig
J. Hübner, neue Aufl. G. M. Zincke (1692–1769), Leipzig 1762:	„Curieuses und reales Natur-Kunst-Berg-Gewerck-Handlungslexikon"
S. P. Gasser (1676–1745), Halle 1729:	„Einleitung zu den öconomischen, politischen und Cameralwissenschaften"

4 Bis in das 18. Jahrhundert hinein verstand man unter einem Ingenieur „einen fein berechnenden Menschen", also einen „Rüstner oder Feld- und Landvermesser", „Kriegs- oder Festungsbaumeister". Vgl. Günter Spur, Technologie und Management, München/Wien, S. 40.

5 Thomas Hänseroth/Klaus Mauersberger, Die Entwicklung der Technischen Hochschulen und ihrer Ausbildungskonzeption, in: Kolloquium zur historischen Entwicklung der Technikwissenschaften und der technischen Bildung in Leipzig, Leipzig 1989, S. 23.

6 Ebd., S. 24.

7 Gisela Buchheim/Rolf Sonnemann (Hg.), Geschichte der Technikwissenschaften, Leipzig 1990, S. 68.

J. Ch. Dithmar (1677-1737), Frankfurt/O. 1731:	„Einleitung in die ökonomischen, Polizei- und Kameralwissenschaften", 6. Auflage 1769
J. G. Darjes (1714-1791), Jena 1756:	„Erste Gründe der Kameralwissenschaften"
J. H. G. von Justi (1720-1771), Leipzig 1758:	„Staatswirtschaft oder systematische Abhandlungen aller ökonomischen und Cameralwissenschaften"
J. O. Lamettrie (1709-1751), Leiden 1748:	„L'homme-machine"
L. B. M. Schmid (1737-1793), Mannheim und Lautern 1785:	„Lehre von der Staatswirtschaft"
J. F. von Pfeiffer (1718-1787), Mannheim 1778:	„Lehrbegriff sämtlicher ökonomischen und Cameralwissenschaften"
J. Beckmann (1739-1811), Göttingen 1777:	„Anleitung zur Technologie, zur Kenntnis der Handwerke, Fabriken und Manufacturen...", 2. Auflage 1780
J. Beckmann (1739-1811), Leipzig 1780-1805:	„Beyträge zur Geschichte der Erfindungen 1-5" Engl. Übersetzung „A history of invention", London 1797-1814, 4. Aufl. 1846
J. Beckmann (1739-1811), Göttingen 1806:	„Entwurf der allgemeinnen Technologie"
J. Beckmann (1739-1811), Göttingen ab 1779:	„Beiträge zur Oekonomie, Technologie, Polizey- und Kameralwissenschaft"
J. K. G. Jacobson (1726-1789), Berlin 1781:	„Technologisches Wörterbuch". Unter Anleitung von O. L. Hartwig und mit einer Vorrede von Beckmann.
J. G. Krünitz (1728-1796), Berlin 1784:	„Ökonomisch-technologische Enzyklopädie"
J. D. Bandis u. J. F. A. Göttling (Hrsg.), Göttingen 1786:	„Technologisches Taschenbuch für Künstler, Fabrikanten und Metallurgen auf das Jahr 1786"
J. G. Cunradi (1757-1828), Leipzig 1785:	"Anleitung zum Studium der Technologie"
B. F. J. Herrmann (1755-1815), Wien 1781:	„Über die Einführung des Studiums der Technologie oder über die Lehre von Handwerken, Künsten, Manufakturen und Fabriken"
G. F. von Lamprecht (1760-1820), Halle 1783:	„Über das Studium der Kameralwissenschaften"
G. F. von Lamprecht (1760-1820), Halle 1787:	„Lehrbuch der Technologie oder Anleitung zur Kenntnisse der Handwerke, Fabriken und Manufacturen"
G. H. Roessig (1752-1806), Jena 1790:	„Lehrbuch der Technologie für den angehenden Staatswirth und den sich bildenden und reisenden Technologen"
J. H. M. von Poppe (1776-1854), Göttingen 1807 und 1810:	„Geschichte der Technologie"
S. F. Hermbstädt (1760-1833), Berlin 1814:	„Grundriß der Technologie, zum Gebrauch akademischer Vorlesungen", 2. Auflage 1830
J. G. Dingler (1778-1855), Berlin 1820:	„Polytechnisches Journal"
Chr. Bernoulli (1782-1863), Stuttgart 1833:	„Handbuch der Technologie"

Quelle: Günter Spur, Technologie und Management, München/Wien 1998, S. 78

In diesem Zusammenhang muss auch Jakob Leupold (1674–1727), Maschinenbauer, Mechaniker und Bergwerkskommissar, Erwähnung finden, der seit 1715 auswärtiges Mitglied der Königlich Preußischen Sozietät der Wissenschaften zu Berlin war.[8] Bereits zu Beginn des 18. Jahrhunderts verband er seine praktischen Tätigkeiten mit theoretischen Untersuchungen, die ihn in seinem unvollendeten Hauptwerk *Theatrum machinarum generale, Schauplatz des Grundes mechanischer Wissenschaften* von 1724 folgende Aufgaben des Ingenieurs formulieren ließ:

> *„Denn was vor alten Zeiten diese Mechanici waren, das sind heute zu Tage unsere Ingenieur, welchen nicht nur allein zu kommet, eine Festung aufzureißen und dann zu erbauen, sondern auch nach mechanischen Fundamenten allerlei Maschinen anzugeben, so wohl auch eine Fortesse zu definieren, als solche zu emportieren. Ingleichen mancherlei compendieuse Maschinen zu erfinden, die Arbeit zu erleichtern und was öfters unmöglich scheinet dennoch möglich zu machen."*[9]

Auch Gottfried Wilhelm Leibniz hatte das Prinzip „theoriam cum praxi" in seiner Denkschrift zur Gründung der Berliner Akademie im Jahre 1700 hervorgehoben.[10] Bereits zu dieser Zeit waren erste Ansätze technischer Wissenschaften zu erkennen, wenngleich die staatlichen Stellen zunächst noch Naturwissenschaftler mit der Lösung technischer Probleme beauftragten. Die beginnende industrielle Revolution am Übergang vom 18. zum 19. Jahrhundert beförderte dann die zügige Entwicklung der technischen Wissenschaften zu einer eigenständigen Disziplin.

---

8 Werner Hartkopf, Die Berliner Akademie der Wissenschaften: Ihre Mitglieder und Preisträger 1700–1990, Berlin 1992.

9 Zitiert nach Günter Spur, Vom Faustkeil zum digitalen Produkt, München/Wien 2004, S. 25, aus: Jakob Leupold, Theatrum machinarum generale, Schauplatz des Grundes mechanischer Wissenschaften, Leipzig 1724.

10 Ebd., S. 282f.

TECHNOLOGIE ALS BEGRIFF

Abb. 3: Johann Beckmann

Seinen Höhepunkt erreichte dieser beschreibende Zugang zur Technik in Deutschland mit der kameralistischen Technologie des Ökonomen Johann Beckmann (1739-1811).

Beckmann kam in seiner 1777 erstmals veröffentlichten *Anleitung zur Technologie* zu einer stärker theoretisch fundierten Technik, wobei es ihm um eine Systematisierung der verschiedenen Arbeiten der Handwerke und Fabriken ging, und nicht mehr nur um bloße Beschreibung.[11] In der Einleitung schrieb Beckmann dazu:

> *„Ich habe es gewagt, Technologie, stat der seit einiger Zeit üblichen Benennung Kunstgeschichte, zu brauchen, die wenigstens ebenso unrichtig, als die Benennung Naturgeschichte für Naturkunde ist."*[12]

Beckmann leitete die Technologie als Wissenschaft von der Bearbeitung der Naturprodukte zur Erzeugung von Gebrauchsgütern als umfassende Gewerbekunde ab:

> *„Technologie ist die Wissenschaft, welche die Bearbeitung der Naturalien, oder die Kentniß der Handwerke, lehrt. Anstat daß in den Werkstellen nur gewiesen wird, wie man zur Verfertigung der Waaren, die Vorschriften und Gewohnheiten des Meisters befolgen soll, giebt die Technologie, in systematischer Ordnung, gründlicher Anleitung, wie man eben zu diesem Endzwecke, aus wahren Grundsätzen und zuverlässigen Erfahrungen, die Mittel finden, und die bey der Verarbeitung vorkommenden Erscheinungen erklären und nutzen soll."*[13]

So kommt Beckmann das Verdienst zu, den modernen Technologiebegriff in Deutschland geprägt zu haben. Sein Werk stand am Anfang der mehr als ein Jahrhundert andauernden Zeit einer technologischen Entwicklung. Beckmann hatte nicht nur die Notwendigkeit einer wissenschaftlich begründeten Systematisierung der Technologie erkannt, sondern ging in seinem 1806 erschienenen *Entwurf der allgemeinen Technologie* noch einen Schritt weiter, von der beschreibenden zur vergleichenden Methode. In diesem Werk nimmt er eine Zweiteilung, nämlich in die spezielle und die allgemeine Technologie, vor. Die spezielle Technologie sollte ganz im Sinne seiner Arbeit von 1777 die Beschreibung der einzelnen Handwerke übernehmen. Die allgemeine Technologie dagegen sollte

---

[11] Vgl. Johann Beckmann, Anleitung zur Technologie, Göttingen 1777.

[12] Ebd., S. 18.

[13] Ebd., S. 17.

Abb. 4: Johann Beckmann, Anleitung zur Technologie, Göttingen 1777

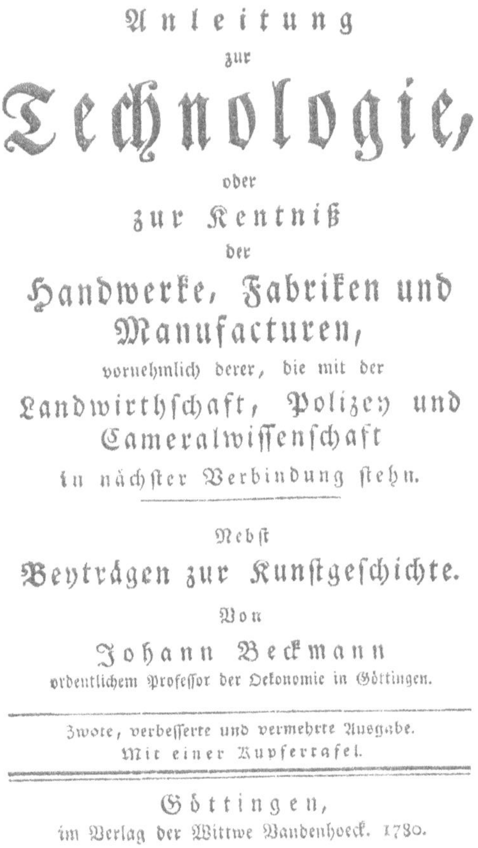

Anleitung
zur
Technologie,
oder
zur Kentniß
der
Handwerke, Fabriken und
Manufacturen,
vornehmlich derer, die mit der
Landwirthschaft, Polizey und
Cameralwissenschaft
in nächster Verbindung stehn.

Nebst
Beyträgen zur Kunstgeschichte.
Von
Johann Beckmann
ordentlichem Professor der Oekonomie in Göttingen.

Zwote, verbesserte und vermehrte Ausgabe.
Mit einer Kupfertafel.

Göttingen,
im Verlag der Wittwe Vandenhoeck. 1780.

„[...] die gemeinschaftlichen und besonderen Absichten der [...] Arbeiten und Mittel anzeigen, die Gründe erklären, worauf sie beruhen, und sonst noch dasjenige kurz lehren, was zum Verständnis und zur Beurtheilung der einzelnen Mittel, und zu ihrer Auswahl bey Übertragungen auf andere Gegenstände, als wozu sie bis jetzt gebraucht sind, dienen könnte."[14]

14 Johann Beckmann, Entwurf der algemeinen Technologie, Göttingen 1806, S. 154.

Damit war Beckmann der Initiator einer Entwicklung, technologisches Wissen zu systematisieren und dieses auf eine theoretische Grundlage zu stellen sowie hierüber ein methodisches Programm - eine Erfindungsheuristik - zu begründen.[15] Antrieb für die Begründung einer Wissenschaft der Technologie war das Bedürfnis, die Effizienz der seinerzeit in Deutschland vorhandenen Gewerbe wie auch der staatlichen Wirtschaftspolitik zu steigern, ohne dabei die bestehenden politischen Strukturen oder die handwerkliche Sozialverfassung in Frage zu stellen. Man nennt die Beckmannsche Technologie deshalb auch eine „Lenkungswissenschaft des spätabsolutistischen Staates".[16]

Abb. 5: Johann Heinrich Moritz von Poppe

Johann Heinrich Moritz von Poppe (1776-1854), ein Schüler Beckmanns, veröffentlichte als einer der bedeutendsten deutschen Technologen, ganz nach dem Programm seines Lehrers, mehrere grundlegende Werke auf seinem Fachgebiet. So erschien zwischen 1803 und 1827 eine *Enzyklopädie des gesamten Maschinenwesens* in acht Bänden sowie 1806-1810 ein *Handbuch der Technologie* in vier Bänden. 1821 veröffentlichte Poppe zudem eine ausführliche *Anleitung zur allgemeinen Technologie*. Mit Poppe schließt ein Zeitraum ab, den man die „Beckmannsche Schule" nennt.[17]

In der darauf folgenden Phase wurden technologische Erkenntnisse nicht mehr ausschließlich über die Beschreibung von Vorgängen gewonnen, sondern vor allem durch das Analysieren, Vergleichen und Einbeziehen der Mathematik, Mechanik, Physik und Chemie.[18] Erst mit dieser Entwicklung erreichte die Technologie den Stand einer Wissenschaft.

Die Erkenntnis, dass die Manufakturen für die Förderung der gesamten Wirtschaft und die Steigerung der Staatseinnahmen entscheidend waren, machte es nötig, dass deren Lenkung und Leitung qualifizierte, an Universitäten und höheren Schulen ausgebildete Beamte übernahmen. Aus diesem Grunde wurden an deutschen Universitäten besondere Lehrstühle für Kameralwissenschaften eingerichtet. Der Begriff „Kameralismus" entzieht sich einer genauen begrifflichen Bestimmung, da er verschiedenste Wissenschaften und Gegenstandsbereiche bezeichnet. Den Kern jedoch bildet die fürstliche bzw. staatliche Finanzverwaltung. Ab Mitte des 18. Jahrhunderts fand der Begriff Eingang in die Staatswissenschaften, im frühen 19. Jahrhundert in die akademische Nationalökonomie.[19] Bereits 1727 hatten die beiden preußischen Universitäten Halle und

15 Gerhard Banse (Hg.), Allgemeine Technologie zwischen Aufklärung und Metatheorie, Berlin 1997, S. 10.
16 Ulrich Troitzsch, Technologie als Wissenschaft im 18. und frühen 19. Jahrhundert, in: Armin Hermann/Charlotte Schönbeck (Hg.), Technik und Wissenschaft, Düsseldorf 1991, S. 396.
17 Ebd.
18 Ebd.
19 Rüdiger vom Bruch, Der Kameralismus in Preußen und die Berliner Akademie, in: Armin Hermann/Hans-Peter Sang (Hg.), Technik und Staat, Düsseldorf 1992, S. 41f.

Frankfurt/Oder kameralwissenschaftliche Lehrstühle eingerichtet, eine für die weitere Entwicklung der Kameralistik zukunftsweisende Entscheidung. Denn die Akademisierung leitete zum einen die systematisierende Verwissenschaftlichung von bislang unverbundenen Gegenstandsbereichen ein und führte zum anderen zur Herausbildung von Teildisziplinen. Festzuhalten bleibt aber, dass über Jahrzehnte hinaus, weder in Preußen noch in anderen deutschen Staaten, keineswegs die Rede von einer Verankerung der Kameralistik im Universitätsunterricht sein konnte.[20]

Die Universitäten Halle und Göttingen entwickelten sich im 18. Jahrhundert zu Zentren der Kameralistik, an denen führende deutsche Kameralisten, wie Simon Peter Gasser, Georg Heinrich Zincke oder Johann Heinrich Gottlob von Justi studierten. Sie gehörten zu den wichtigsten Wegbereitern der Technologie in Deutschland bis zu deren Begründung durch Johann Beckmann im Jahre 1777 an der Universität Göttingen.[21] Mit ihm wurde ein Differenzierungsprozess eingeleitet, über den sich im Laufe des 19. Jahrhunderts die Wissenschaft Technologie von der Kameralistik löste.

INSTITUTIONALISIERUNG ALS INGENIEURWISSENSCHAFTEN

Blickt man zurück nach Frankreich, so waren hier die ingenieurwissenschaftlichen Bestrebungen, angefangen bei Vauban, bis zur Mitte des 18. Jahrhunderts derart vorangeschritten, dass 1748 die École du Génie militaire für die Ausbildung der Ingenieuroffiziere gegründet wurde, die die Verbindung von Ingenieurpraxis und Wissenschaft zum Programm hatte.[22] Die 1795 als Elitehochschule gegründete École polytechnique in Paris vollendete dieses Programm.[23] Heute wird sie ohne Zweifel als Wiege der modernen polytechnischen Bildung und als Geburtsstätte der Technikwissenschaften angesehen. Die École polytechnique diente zunächst als Ausbildungsstätte für technische Heeresoffiziere.

> *„Wissenschaftlich hochgebildet und mit den Problemen der Praxis zumeist vertraut, initiierten die Lehrer der École polytechnique eine Ausbildung, die durch ihr wissenschaftliches Niveau und ihre Methoden für Jahrzehnte die technikwissenschaftliche Ausbildung in Europa beeinflussen sollte."*[24]

In dieser „Ingenieurwissenschaftlichen Spezialschule" kam es zu einer frühen methodischen und theoretischen Ausformung der Technikwissenschaften als Disziplin, die nun erstmals auch institutionell ihre Verankerung fand. Fast alle Polytechnischen Schulen übernahmen später die Struktur der École polytechnique. Dieses System der technischen

---

20 Ebd., S. 46.

21 Gisela Buchheim/Rolf Sonnemann (Hg.), Geschichte ..., S. 131.

22 ThomasH änseroth/Klaus Mauersberger, Die Entwicklung der ..., S. 24.

23 Die École polytechnique wurde 1794 zunächst als École centrale des traveaux publics in Paris gegründet, ein Jahr später erfolgte dann die Umbenennung.

24 Gisela Buchheim/Rolf Sonnemann (Hg.), Geschichte ..., S. 148.

Bildung wurde im deutschsprachigen Raum aber nicht einfach kopiert, vielmehr entwarf man, mit Blick auf die praxisnah gestalteten Lehrpläne der Bergakademien, ein eigenständiges Konzept in Form einer Einheit der Grundlagen- und Spezialbildung in einem Hause.[25]

Ausgehend von Paris wurden seit dem beginnenden 19. Jahrhundert auch in Prag und Wien die Gründungen polytechnischer Schulen initiiert.[26] Schon 1806 hatte der Mathematiker und Physiker Franz Josef Gerstner (1756–1832) das Ingenieurinstitut der Stände in Prag reorganisiert und es mit Blick nach Paris zu einem Polytechnikum umgebaut. Gerstner wurde zum ersten Direktor berufen und lehrte Mechanik und Hydraulik, Kaiser Franz I. erhob ihn in Anerkennung seiner Verdienste 1810 in den österreichischen Ritterstand.

Abb. 6: Johann Josef von Prechtl

In Wien sollten zur gleichen Zeit ebenfalls Pläne zur Errichtung eines polytechnischen Instituts ausgearbeitet werden, hier wurde Johann Joseph Prechtl (1778–1854) mit der Ausarbeitung eines Organisations- und Studienplanes beauftragt. Mit dem im November 1815 eröffneten Polytechnischen Institut in Wien setzte dann die dauerhafte Entwicklung im deutschsprachigen Raum ein, die aus heutiger Sicht vor allem Johann Joseph von Prechtl (1778–1854), dem Gründer und ersten Direktor des polytechnischen Instituts Wien zuzuschreiben ist. Er stand dem Institut, das 1872 zur Technischen Hochschule Wien ernannt wurde, von 1815 bis 1849 vor.

In der Gründungsphase der Polytechnika war das Bauingenieurwesen am weitesten wissenschaftlich durchdrungen, da es sich am hohen Stand der Baumechanik in Frankreich orientierte.[27] Diese ersten Institutionalisierungen der Technikwissenschaften brachten insbesondere einen Wandel des Verhältnisses von Theorie und Praxis mit sich. Verleitete die Praxis bislang allenfalls im Nachgang zu theoretischen Überlegungen, wurden sie nun vermehrt Wegbereiter für die konstruktive Arbeit.[28] Die drei Säulen der polytechnischen Bildung waren Mitte des 19. Jahrhunderts das Bauwesen, die mechanische und die chemische Technologie, wobei sich die mechanische Technologie im deutschsprachigen Raum noch in der deskriptiven Anfangsphase befand.

25 Ebd., S. 150 sowie Thomas Hänseroth/Klaus Mauersberger, Die Entwicklung ..., S. 30.
26 Günter Spur, Vom Wandel der industriellen Welt durch Werkzeugmaschinen, München/Wien 1991, S. 328.
27 Thomas Hänseroth/Klaus Mauersberger, Die Entwicklung ..., S. 30.
28 Günter Spur, Technologie und Management, München/Wien 2004, S. 49.

Prechtl unterstützte den Prozess der Zusammenführung von Theorie und Praxis bzw. der Begründung des modernen Wissenschaftsfaches Technologie nachhaltig mit der Herausgabe einer 20-bändigen *Technologischen Enzyklopädie* (1830–1855), die Artikel vieler bedeutender Persönlichkeiten aufnahm, darunter Altmütter, Engerth, Karmarsch, Tunner und Siemens.[29] Ähnlich orientierte sich Prechtl bei der Besetzung der Lehrstühle am Polytechnikum, auf die er unter anderen Johann Arzberger für Mechanik und Georg Altmütter (1787–1858) für Technologie berief. Altmütters Assistent Karl Karmarsch (1803–1879) verfasste teilweise gemeinsam mit Altmütter eine Reihe von Artikeln für die Enzyklopädie, nach Prechtls Tod gab er noch fünf Supplementbände heraus. Seine eigentliche Bedeutung erlangte Karl Karmarsch aber als Gründer des Polytechnikum in Hannover, das er ab 1829 aufbaute und von 1831 bis 1875 leitete. Auch Ferdinand Jakob Redtenbacher (1809–1863), späterer Direktor des Polytechnikums in Karlsruhe, blieb nach sein Studium noch bis 1834 als Assistent Johann Arzbergers (1778–1835) am Wiener Polytechnikum.

In der Nachfolge Johann Beckmanns fand die Entwicklung der Technologie als Wissenschaft aber gerade in den Arbeiten Karmarschs einen Höhepunkt. Nach einer zweibändigen *Einleitung in die mechanischen Lehren der Technologie*[30] 1825, fasste sein in Hannover erschienenes *Handbuch der mechanischen Technologie* von 1851 das gesamte technologische Wissen seiner Zeit zusammen. Als Schüler Altmütters begann Karmarsch, den von Beckmann geprägten Begriff der Allgemeinen Technologie weiter zu entwickeln. Dabei trennte er die mechanische und die chemische Technologie und betrachtete die wissenschaftliche Erforschung des Produktionsprozesses sowie die systematische Darstellung seiner Elemente als Hauptaufgabe der Technologie.[31] So definierte er 1851:

> *„Die Technologie [...] hat zum Gegentand, die systematische Beschreibung und Erklärung derjenigen Verfahrensarten und Hilfsmittel, durch welche die rohen Naturprodukte zu Gegenständen des physischen Gebrauchs verarbeitet werden."*[32]

Für die Entwicklung der Technologie als Wissenschaft zu dieser frühen Zeit lässt sich festhalten, dass gerade die Konstruktion und die praktische Nutzung von Maschinen zu stärkeren theoretischen Überlegungen zwangen. Untersuchungen von Männern wie dem englischen Mechaniker George Stephenson, dem Schmied Henry Maudslay, dem Maschinenbauer Richard Trevithick oder der Ingenieure John Smeaton, James Watt und Nikolas Léonard Sadi Carnot brachten zwar noch keine systematische Begründung der technischen Wissenschaften, aber es entstanden die theoretischen und methodischen Voraussetzungen dafür.[33]

---

29 Vgl. Gisela Buchheim/Rolf Sonnemann (Hg.), Geschichte ..., S. 101.

30 Karl Karmarsch, Einleitung in die mechanischen Lehren der Technologie in zwey Bänden, Wien 1825.

31 Horst Wolffgramm, Allgemeine Technologie, Leipzig 1978, S. 16 f.

32 Zitiert nach F. Hofmann, Zur Problematik der Begriffsbestimmung Technologie als Wissenschaft, in: Die Technik, 20. Jg. (1965), H. 11, S. 730.

33 Eberhard Jobst: Gegenstand und Aufgaben der technischen Wissenschaften, in: Wissenschaftliche Zeitschrift der Technischen Hochschule Karl-Marx-Stadt, 20. Jg. (1978), H. 5, S. 559.

Mit Beginn des 19. Jahrhunderts erschienen zahlreiche neue Publikationen auf dem Gebiete der Technologie, da die Dynamik der industriellen Revolution schnellere Informationen über neue Werkzeuge, Maschinen und Verfahren erforderte. Eine Folge davon war die Gründung der ersten technischen und technologischen Zeitschriften[34]:

FRANKREICH	1802 Bulletin de Société d´encouragement pour l´industrie nationale 1828 Bullettin de la Société industrielle de Mulhausen 1851 Le Génie industriel
DEUTSCHLAND	1820 Dingler´s polytechnisches Journal 1835 Polytechnisches Centralblatt
ENGLAND	1820 London Journal of Arts 1842 Practical Mechanics and Engineers Magazine

Abb. 7: Franz Grashof

Immer lauter wurde der Anspruch auf Wissenschaftlichkeit der polytechnischen Schulen sowie auf Anerkennung ihres Hochschulcharakters erhoben. In den 60er Jahren des 19. Jahrhunderts kam es über Franz Grashof (1826–1893), den ersten Direktor des Vereins Deutscher Ingenieure, zu Reorganisationsplänen der Polytechnika. Er hielt 1864 einen denkwürdigen Vortrag *Über die der Organisation an polytechnischen Schulen zu Grunde liegenden Prinzipien*.[35]

Darin forderte Grashof die Trennung der mittleren und höheren technischen Abteilungen an den Polytechnika sowie die dortige Errichtung von sogenannten Allgemeinen Abteilungen zur Angleichung an das Bildungsniveau der Universitäten.

Bereits 1865 erhielt das Polytechnikum Karlsruhe ein neues Organisationsstatut und wurde zur Technischen Hochschule. Nach und nach bekamen in den 1870er Jahren auch andere Polytechnika das Recht, sich als Technische Hochschule zu organisieren.[36]

Im Jahr 1872 legte Karmarsch mit seiner Geschichte der Technologie seit der Mitte des 18. Jahrhunderts 100 Jahre nach Beckmanns Begriffsbildung eine Analyse der historischen Entwicklung von Industrie und Technologie vor und gab damit einen Impuls, wie die Wissenschaft der Technologie weiterentwickelt werden sollte.

34 W. Bittorf, Johann Beckmann – 200 Jahre Technologie, in: Die Technik, 29. Jg. (1974), H. 5, S. 310.
35 Vortrag veröffentlicht in: ZVDI, 8. Jg. (1864), S. 592–616.
36 Thomas Hänseroth/Klaus Mauersberger, Die Entwicklung ..., S. 31.

Abb. 8: Entwicklungsphasen Technischer Hochschulen

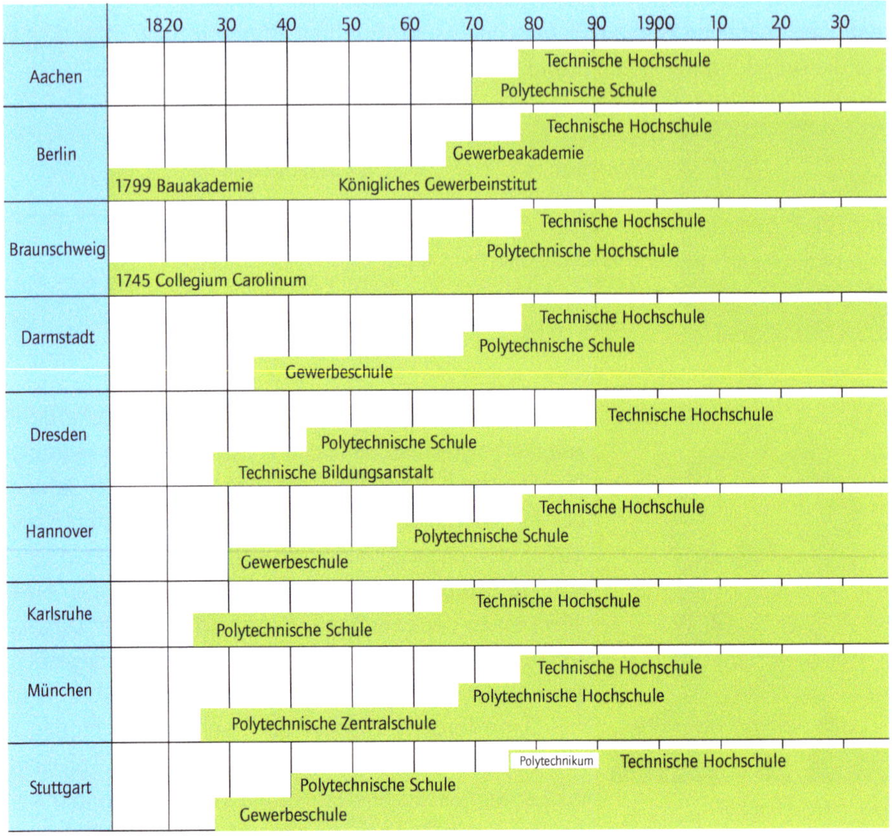

Quelle: Günter Spur, Vom Faustkeil zum digitalen Produkt, München/Wien 2004, S. 67

Dem Eindruck, Beckmann und Karmarsch wollten die Technologie auf die Stoffumwandlung und die Stoffbearbeitung reduzieren, hielt Ropohl 1972 entgegen, dass zur Zeit des 18. und frühen 19. Jahrhunderts nahezu alle technologischen Produkte von Handwerken hergestellt wurden, weshalb es für Beckmann außer Frage gestanden habe, die Technologie als Lehre von den Handwerken zu definieren.[37] In der Sichtweise des ausgehenden 18. Jahrhunderts gehörten Produktentwicklung und Produktionstechnologie noch untrennbar zusammen, die Zweiteilung in eigenständige Bereiche setzte erst im 19. Jahrhundert ein.

37 Günter Ropohl, Was heißt „Technologie"?, in: VDI-Nachrichten, Nr. 26 (1972), S. 11.

2 TECHNIKWISSENSCHAFTEN IM DEUTSCHEN REICH

AUSDIFFERENZIERUNG IN EINZELNE DISZIPLINEN

An der Wende zum 20. Jahrhundert hatte sich eine Reihe technischer Grundlagen- und Spezialdisziplinen entwickelt, die im Zuge der Industrialisierung entstanden waren. Ihre institutionelle und inhaltliche Konsolidierung hatten sie in Deutschland vor allem im letzten Viertel des 19. Jahrhunderts an den Technischen Hochschulen erfahren.

Zahlreiche bedeutende deutsche Ingenieure des 19. Jahrhunderts verpflichteten sich im Nachgang zu Beckmann der weiteren Genese der technologischen Wissenschaften. Auch Ferdinand Redtenbacher gehörte zu diesem Personenkreis. Er setzte sich erfolgreich für eine selbständige Maschinenlehre ein, in der die Mathematik lediglich als Hilfswissenschaft fungierte. So war er es auch, dem für den Bereich der Maschinenwissenschaften die Verbindung von Theorie und Praxis gelang.[1]

Gustav Anton Zeuner (1828–1907), der am Polytechnikum in Zürich, der Bergakademie in Freiberg und ab 1873 am Polytechnikum in Dresden wirkte, schuf in seinen *Grundzügen der mechanischen Wärmetheorie* von 1860 die Grundlage für eine Technische Thermodynamik, denn er bot eine ingenieurgerechte Aufarbeitung der verstreuten physikalischen Forschungsergebnisse.[2]

Auch die Elektrotechnik konnte sich gegen Ende des 19. Jahrhunderts als neues Fachgebiet herausbilden. In den 1880er und 90er Jahren konnten technikwissenschaftliche Theorien sowohl auf der Basis der Maxwellschen Elektrodynamik als auch auf der Basis von Messungen an Maschinen entwickelt werden. Erst die Entwicklung dieser Theorien bot die Grundlage für einen soliden und experimentell abgesicherten Elektromaschinenbau. Noch im ausgehenden 19. Jahrhundert entwickelte sich die Elektrotechnik, als eine reine Schöpfung der Technikwissenschaften ohne handwerklich-technische Vorläufer, zu einer Disziplin von bedeutendem Umfang.[3]

Die Hinwendung zu einer nutzbaren Technikwissenschaft im Sinne Beckmanns führte zur Trennung von mechanischer und chemischer Technologie. Vollzogen wurde diese durch Karmarsch, der insbesondere die mechanische Technologie zu einer eigenständigen technikwissenschaftlichen Disziplin entwickelte, die sich in der Folge an allen Polytechnika etablierte.[4]

---

1 Gerhard Zweckbronner, Technische Wissenschaften im Industrialisierungsprozess bis zum Beginn des 20. Jahrhunderts, in: Armin Hermann/Charlotte Schönbeck (Hg.), Technik und Wissenschaft, Düsseldorf 1991, S. 408f.

2 Ebd., S. 411f.

3 Ebd., S. 413f.

4 Ebd., S. 415f.

Bis zum Ende des 19. Jahrhunderts hatte sich die Technologie als Wissenschaft nach der Definition des Beckmannschen Technologiebegriffs zur Technikwissenschaft entwickelt. Dazu hatten die beschleunigte industrielle Entwicklung und die Entdeckung neuer Roh- und Werkstoffe ebenso beigetragen wie die Weiterentwicklung der Produktionstechnologien. Das vielschichtige Zusammenwirken aller Faktoren des Produktionsprozesses, die optimale Verknüpfung der einzelnen Elemente unter Berücksichtigung der gesellschaftlichen Bedürfnisse und der naturwissenschaftlich-technischen Erkenntnisse war zur zentralen Aufgabe der zur Technikwissenschaft gereiften Technologie geworden, deren Ausprägung wie nie zuvor mit dem gesellschaftlichen Fortschritt verbunden war.[5] Sichtbaren Ausdruck gefunden hatte diese Entwicklung in der Gleichstellung der zu Technischen Hochschulen erhobenen Polytechnika mit den Universitäten durch die Verleihung des Promotionsrechts.

Einen Platz in den Akademien der Wissenschaften zu erlangen war für die Technikwissenschaften dagegen ungleich schwieriger, die Aufnahme von Siemens in die Königliche Akademie zu Berlin war eine Ausnahme und nicht dem Techniker geschuldet, wie zu zeigen sein wird. Der Vorstoß zur Gründung einer eigenen Akademie der technischen Wissenschaften im Jahr 1899 hing eng mit den früher erfolgten Anstrengungen des Mathematikers Felix Klein zusammen, die Gleichrangigkeit der Technikwissenschaften zu beweisen, auch wenn die Absichten Kleins auf Integration gerichtet waren, der die Separation der Technikwissenschaften in einer eigenen Institution zuwiderlief.

Insgesamt betrachtet kam es im letzten Viertel des 19. Jahrhunderts zur Ausdifferenzierung und Weiterentwicklung der Technikwissenschaften in der Lehre wie in der Forschung, eine Phase, die aber auch mit dem Begriff des „Methodenstreits" apostrophiert wird. Noch auf der Suche nach einem einheitlichen Selbstverständnis und methodischer Eigenständigkeit, waren mit dem Methodenstreit in den Technikwissenschaften Auseinandersetzungen um das Verhältnis von empirischer und theoretischer Forschung verbunden, die unter den Bedingungen der deutschen Wissenschaftsentwicklung eine besondere Zuspitzung erfuhren. Zwar waren in allen Ländern Spannungen zwischen der Grundlagen- und der angewandten Forschung zu beobachten, jedoch hatten diese in Deutschland eine besondere Brisanz, denn hier waren die klassischen Disziplinen und die neuen Technikwissenschaften in separaten Institutionen, nämlich an Universitäten und Technischen Hochschulen, beheimatet.[6] Die Auseinandersetzungen waren daher auch Teil des Kampfes um die wissenschaftliche Gleichstellung der Technischen Hochschulen mit den Universitäten und um die gesellschaftliche Anerkennung der In-

---

5 Horst Wolffgramm, Allgemeine Technologie, Leipzig 1978, S. 17.

6 Wolfgang König, Utilität, Zweckfreiheit und disziplinäre Entgrenzung – Wissenschaftsakademien und Technikwissenschaften von den Anfängen bis zur Gegenwart, in: Gerhard Banse (Hg.), Fortschritte bei der Herausbildung der Allgemeinen Technologie, Sitzungsberichte der Leibniz-Sozietät, Band 75, 2004, S. 192.

genieure. Dieser fand schließlich 1899 mit der Zuerkennung der Titelvergabe Dr.-Ing. an allen preußischen Technischen Hochschulen vorerst ein erfolgreiches Ende. Die Auseinandersetzungen waren somit eingebettet in einen Emanzipationsprozess der Ingenieure.[7]

Abb. 9: Julius Carl von Bach

Ende des 19. Jahrhunderts vollzog sich eine theoretische Konsolidierung, also eine klare Abgrenzung der technischen Wissenschaften von Mathematik und Naturwissenschaften in Bezug auf Gegenstand und Methode, denn die Ingenieure entwickelten in den Laboratorien und Materialprüfungsanstalten der Technischen Hochschulen spezifische technikwissenschaftliche experimentelle Forschungsmethoden. Ein maßgeblicher Mitbegründer dieser experimentellen Technikwissenschaften war Julius Carl von Bach (1847-1931).

Als damaliger Professor für Maschinenbau an der Technischen Hochschule Stuttgart gilt Julius Carl von Bach heute als Begründer einer bis in das 20. Jahrhundert weiterführenden Schule der Technikwissenschaften.[8]

Den international wachsenden gesellschaftlichen Anspruch des Berufsstandes der Ingenieure brachten auch die zahlreichen Gründungen technischer Vereine zum Ausdruck: 1856 Verein Deutscher Ingenieure, 1872 Society of Telegraph Engineers and Electricans, 1879 Elektrotechnischer Verein und 1884 American Institute of Electrical Engineers.

Bis in die frühen 1830er Jahre hatten die Konstruktionslehrstühle das Zentrum der Technikwissenschaften gebildet. Erst im beginnenden 20. Jahrhundert kamen die Bereiche Produktion sowie Forschung und Entwicklung dazu, was die Entwicklung der Konstruktionslehre zu einer übergeordneten, eigenständigen Disziplin begünstigte.[9] Der von Johann Beckmann entworfene und von Karmarsch weiterentwickelte Ansatz einer Allgemeinen Technologie als ein die gesamte Technik umfassender Entwurf geriet dabei zunächst in Vergessenheit.

ANERKENNUNG ALS EIGENSTÄNDIGE WISSENSCHAFT

Zwar wurde im 19. Jahrhundert eine spezifische und systematische technikwissenschaftliche Betrachtungsweise begründet, ihre Ausformung und dabei insbesondere ihre theoretische Fundierung standen jedoch noch aus. Statt weiterer Betrachtungen

---

7 Vgl. Gisela Buchheim/Rolf Sonnemann (Hg.), Geschichte ..., S. 231 und Klaus Mauersberger, Von Karmarsch bis Reuleaux - verallgemeinernde technikwissenschaftliche Konzepte im 19. Jahrhundert, in: Gerhard Banse (Hg.), Allgemeine Technologie..., Berlin 1997, S. 57.

8 Gerhard Zweckbronner, Technische Wissenschaften ..., S. 424.

9 Wolfgang König, Struktur der Technikwissenschaften, in: Banse/Grunwald/König/Ropohl (Hg.), Erkennen und Gestalten, Berlin 2006, S. 42.

des Gesamtbildes wurden vielmehr für einzelne technische und technikwissenschaftliche Bereiche umfassende Verallgemeinerungen vorgenommen. Die ersten Jahrzehnte des 1871 gegründeten Deutschen Reiches galten aus Sicht der Technikwissenschaften noch ganz der Anerkennung als eigenständige Wissenschaft innerhalb der sogenannten etablierten Wissenschaften. Doch zum Ende des 19. Jahrhunderts hatte sich eine theoretische Konsolidierung vollzogen. Es gab nun eine deutliche inhaltliche und methodische Abgrenzung der technischen Wissenschaften von den Naturwissenschaften. Die Ingenieure entwickelten in den Laboratorien und Versuchsfeldern der Technischen Hochschulen spezifische technikwissenschaftliche experimentelle Forschungsmethoden.

Die verschiedenen Schritte der Emanzipation zu einer eigenständigen Wissenschaft zeigten sich auch bei der Aufnahme einzelner Ingenieure in die Preußische Akademie der Wissenschaften. Zu Zeiten der Aufnahme von Werner Siemens noch vom Geehrten selbst und den übrigen Wissenschaftlern als angewandte Wissenschaft bezeichnet, wurden sie ein Vierteljahrhundert später schon mit drei Stellen für Vertreter der technischen Wissenschaften als eigenständige Wissenschaft anerkannt, wenn auch noch nicht bei allen akzeptiert.

Auch die Überlegungen zu verschiedenen Modellen wissenschaftlicher Gleichberechtigung in Form einer eigenen Akademie der technischen Wissenschaften in Göttingen und Berlin ließen die verschiedenen Stufen der theoretischen Fundierung erkennen. Die Protagonisten Felix Klein und Alois Riedler verfolgten zwar ganz verschiedene Strategien, doch brachten beide die Diskussion um die Anerkennung der wissenschaftlichen Eigenständigkeit der Technikwissenschaften voran.

WERNER SIEMENS AUFNAHME IN DIE AKADEMIE DER WISSENSCHAFTEN

Beispielhaft für die Wahrnehmung der Technik als Nicht-Wissenschaft noch in den 1870er und 1880er Jahren sind die Passagen in den Lebenserinnerungen Werner von Siemens zu seiner Aufnahme als ordentliches Mitglied in die Akademie der Wissenschaften zu Berlin und die entsprechenden Aktennotizen der Akademie dazu.

Bereits im Jahr 1860 hatte die philosophische Fakultät der Friedrich-Wilhelms Universität in Berlin aus Anlass ihres 50sten Gründungsjubiläums Siemens die Ehrendoktorwürde verliehen. Am 17. November 1873 wählte die mathematisch-physikalische Klasse der Königlichen Preußischen Akademie der Wissenschaften Werner Siemens zum ordentlichen Mitglied. Er erhielt dabei die Stimmen aller wahlberechtigten Mitglieder. Wie das Protokoll der vorhergehenden Klassensitzung vom 20. Oktober 1873 festhielt,

> *"wurden wegen der Wahl des Siemens nur zustimmende Bemerkungen gemacht, wegen des Vorschlags zur Wahl des Herrn Virchow aber wurden gewisse Bedenken geäußert, welche namentlich hervorhoben, dass die wissenschaftlichen Verdienste desselben mehr nur dem Kreise der specifisch medizinischen Wissenschaften angehören [...], welche als solche an der Akademie nicht gepflegt und vertreten sind."*[10]

[10] Archiv der BBAW, Best. II-V, 118, Bl. 134.

Auch die Medizin hatte zu dieser Zeit noch mit der Aufnahme in den Kreis der "reinen" Wissenschaften zu kämpfen, trotzdem erfolgte 1874 die Aufnahme Rudolf Virchows in die Akademie.

Abb. 10: Protokoll über die Wahl Siemens

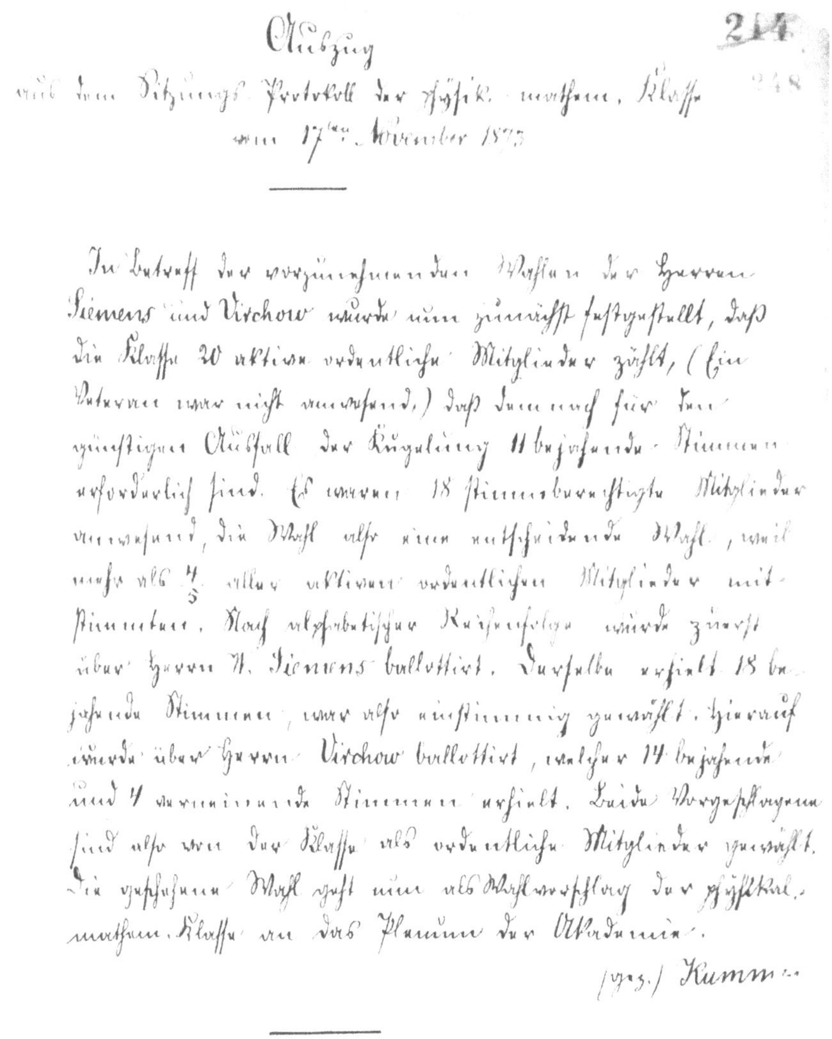

214
248

Auszug
aus dem Sitzungs-Protokoll der physik.-mathem. Klasse
vom 17ten November 1873

In betreff der vorzunehmenden Wahlen der Herren Siemens und Virchow wurde nun zunächst festgestellt, daß die Klasse 20 aktive ordentliche Mitglieder zählt, (Ein Veteran war nicht anwesend.) daß demnach für den günstigen Ausfall der Kugelung 11 bejahende Stimmen erforderlich sind. Es waren 18 stimmberechtigte Mitglieder anwesend, die Wahl also eine entscheidende Wahl, weil mehr als 4/5 aller aktiven ordentlichen Mitglieder mitstimmten. Nach alphabetischer Reihenfolge wurde zuerst über Herrn W. Siemens ballotiert. Derselbe erhielt 18 bejahende Stimmen, war also einstimmig gewählt. Hierauf wurde über Herrn Virchow ballotiert, welcher 14 bejahende und 4 verneinende Stimmen erhielt. Beide Vorgeschlagenen sind also von der Klasse als ordentliche Mitglieder gewählt. Die geschehene Wahl geht nun als Wahlvorschlag der physikal.-mathem. Klasse an das Plenum der Akademie.

(gez.) Kummer

Quelle: Archiv der BBAW, Best. PAW (1812-1945): II-V, 118, Bl. 248

Siemens selbst erinnerte sich in seinen zwischen 1889 und 1892 verfassten Lebenserinnerungen folgendermaßen:

> *"Ich war im Jahre 1874*[11] *von der Königlichen Akademie der Wissenschaften zu Berlin zu ihrem ordentlichen Mitgliede erwählt, eine Ehre, die bisher nur Gelehrten von Fach zuteil geworden war."*[12]

Nach einem Bericht zu einer geschäftlichen Hiobsbotschaft, die von der Konkurrenz fälschlicherweise in Umlauf gebracht worden war, fährt er später fort:

> *"Meine Ernennung [...] war nicht nur sehr ehrenvoll für mich, der ich nicht zur Klasse der Berufsgelehrten gehörte, sie hatte auch einen tiefgehenden Einfluss auf mein späteres Leben. Wie mein Freund du Bois-Reymond, der als präsidierender Sekretarius meine Antrittsrede beantwortete, richtig hervorhob, gehörte ich nach Beanlagung und Neigung in weit höherem Maße der Wissenschaft als der Technik an. Naturwissenschaftliche Forschung war meine erste, meine Jugendliebe, und sie hat auch standgehalten bis in das hohe Alter."*[13]

Der Freund und Sekretar der Klasse, Emil du Bois-Reymond, betonte in seiner Einführung von Siemens als Akademiemitglied am 2. Juli 1874:

> *„Deine Telegraphendrähte umstricken den Erdball, deine Kabeldampfer befahren den Ozean [...] Aber weniger diese Art von Erfolgen, die Dir solche Lebensstellung und weithin solchen Ruhm gewannen, öffnete Dir die Tore der Akademie. Sondern dass Du auf solcher Höhe, als ein Fürst der Technik, die Fäden unzähliger Kombinationen in der Hand haltend, hundert Pläne im Kopfe wälzend, im innersten der deutsche Gelehrte in des Wortes edelstem Sinne bliebst, als der Du geboren wurdest, zu dem Du nicht einmal erzogen wurdest; dass in jedem Augenblick, wo die Last der Geschäfte es Dir erlaubte, Du mit Liebe zum Phänomen, mit Treue zum Experiment, mit Unbefangenheit zur Theorie, genug mit echter Begeisterung zur reinen Wissenschaft zurückkehrtest: das stempelte Dich [...] in unseren Augen zum Akademiker."*[14]

Siemens schreibt, dass er immer den Drang gefühlt habe, "die naturwissenschaftlichen Errungenschaften dem praktischen Leben nutzbar zu machen" und fährt fort:

---

11 Tatsächlich datiert die Urkunde über die Aufnahme in die Akademie auf den 22.12.1873, die offizielle Aufnahme fand im Rahmen des Leibniztages der Akademie am 2. Juli 1874 statt.

12 Zitiert nach: Werner von Siemens, Lebenserinnerungen, 16. Auflage München 1956 (nach den Originaldruckstöcken gesetzt), S. 244.

13 Ebd., S. 246.

14 Ebd.

"Ich drückte das auch in meiner Antrittsrede aus, indem ich den Satz entwickelte, dass die Wissenschaft nicht ihrer selbst wegen bestehe zur Befriedigung des Wissensdranges der beschränkten Zahl ihrer Bekenner, sondern dass ihre Aufgabe die sei, den Schatz des Wissens und Könnens des Menschengeschlechts zu vergrößern und dasselbe dadurch einer höheren Kulturstufe zuzuführen. Es war bezeichnend, dass Freund du Bois in der Beantwortung meiner Rede mich schließlich willkommen hieß, im Kreise der Akademie, welche die Wissenschaft nur ihrer selbst wegen betriebe."[15]

Abb. 11: Werner von Siemens

Foto: Archiv der BBAW

In seinen akademischen Vorträgen widmete sich Siemens dann bewusst „weniger Fragen seines Faches der elektrischen Technik"[16] sondern allgemein naturwissenschaftlichen Fragen. Sein erster Vortrag in der Klasse widmete sich im Februar 1874 der von ihm ausgeführten Modifikation des Liepmannschen Polarisations-Elektroskops.[17]

---

15 Ebd.
16 Ebd., S. 247.
17 Archiv der BBAW, Best. II-V, 119, Bl. 7.

Sowohl die Begründung der Akademie als auch Siemens eigene Beschreibung seiner Mitgliedschaft ließ den Technikwissenschaftler zurücktreten und stellte den Naturwissenschaftler in den Vordergrund. Siemens Lebenserinnerungen sind auch unter dem Aspekt des damaligen Selbstverständnisses der Technikwissenschaften von Interesse. Klar lässt sich herauslesen, dass um 1890 zwar die Ergebnisse der angewandten Wissenschaften gerne benutzt wurden, als Mitglied der Akademie aber nur der die reine Wissenschaft Betreibende aufgenommen wurde.

FELIX KLEINS ANSATZ ZUR ANERKENNUNG ALS GLEICHBERECHTIGTE WISSENSCHAFT

Einer der Vordenker eines neu definierten Selbstverständnisses der Technikwissenschaften war Felix Klein, einer der führenden Mathematiker jener Zeit. Felix Klein war 1849 in Düsseldorf geboren und hatte dort das humanistische Gymnasium besucht. Anschließend studierte er Mathematik und Naturwissenschaften in Bonn, Göttingen und Berlin. In Göttingen habilitierte er sich 1871 und erhielt im Jahr darauf einen Ruf nach Erlangen. Wie es zu dieser Zeit üblich war stellte er seine wissenschaftlichen Ideen dort öffentlich in einer Art Antrittsvorlesung vor, die als Erlanger Programm für die Entwicklung der Mathematik große Bedeutung erhielten.[18]

Als Klein 1875 einem Ruf an die Polytechnische Schule München, die sich ab 1877/78 Technische Hochschule nennen durfte, folgte, bekam er direkten Einblick in die Ausbildung der Ingenieure. Er lehrte die angehenden Ingenieure analytische Geometrie und musste dabei eine ungleich größere Zahl von Studenten unterrichten als in Erlangen. Hatte er dort bestenfalls sieben Hörer in einer Veranstaltung gehabt, so waren es im Sommersemester 1875 in München 230 Hörer. Felix Klein versuchte daraufhin, den mathematischen Unterricht neu zu organisieren. Gemeinsam mit dem von der TH Darmstadt kommenden Mathematiker Alexander Brill gestaltete er die mathematische Ausbildung der Ingenieure dahingehend, ein grundlegendes mathematisches Verständnis zu erlangen. Dazu fassten sie die „Reihe von einzelnen Vorlesungen zu einer durch vier Semester geführten Vorlesung über höhere Mathematik"zusammen.[19] Klein und Brill lasen diesen Zyklus nun jährlich beginnend im Wechsel und boten Übungen dazu an.

Die Tätigkeit in München brachte Felix Klein im Rahmen eines Mathematischen Zirkels mit hervorragenden Technikern in Kontakt. Die Professoren fanden sich dort alle 14 Tage zusammen, um über wissenschaftlich-technische Fragen und das Verhältnis von Wissenschaft und Technik zu diskutieren, auch Carl Linde gehörte diesem

---

18 Karl-Heinz Manegold, Universität, Technische Hochschule und Industrie. Ein Beitrag zur Emanzipation der Technik im 19. Jahrhundert unter besonderer Berücksichtigung der Bestrebungen Felix Kleins, Berlin 1970, S. 91f.

19 Renate Tobies, Felix Klein, Leipzig 1981 (= Biographien hervorragender Naturwissenschaftler, Techniker und Mediziner, Bd. 50), S. 43.

Kreis an.[20] Die Begegnungen und Erfahrungen in München prägten Felix Klein maßgeblich, sein Eintreten für die enge Verbindung von Universität und Technischer Hochschule sind wesentlich darauf zurückzuführen.

Im Herbst 1880 wechselte Klein an die Universität Leipzig auf eine Professur für Geometrie. Auch hier hielt er eine Antrittsrede, in der er seine organisatorischen Ideen skizzierte. Klar äußerte Felix Klein dabei die Vorstellung, die „im 19. Jahrhundert abgerissene Verbindung zwischen abstrakter mathematischer Wissenschaft und ihren Anwendungen, insbesondere aber mit der Technik wieder anzuknüpfen."[21] Weder Naturwissenschaft noch Technik seien ohne Mathematik zu betreiben. An diesem Punkt griff Felix Klein einen auch in den Technikwissenschaften heftig diskutierten Ansatz auf, nämlich die von Reuleaux und seinen Anhängern vertretene Lehre einer theoretischen Maschinenlehre.

Abb. 12: Franz Reuleaux

Seit dem Erscheinen von Franz Reuleaux Buch *Theoretische Kinematik* im Jahr 1875 hatten sich die Maschinenbauer darüber in zwei Lager geteilt: Das eine sah die Möglichkeit einer theoretischen Lehre des Maschinenbaus als gegeben, das andere hingegen konnte in den Reuleaux'schen Ansätzen nichts Weiterführendes erkennen. Herausragender Kritiker war Alois Riedler, der seit 1888 an der Abteilung für Maschinen-Ingenieurwesen der TH Berlin lehrte, an der auch Reuleaux das Fach vertrat. Die fortgesetzten Auseinandersetzungen mit Alois Riedler, der Franz Reuleaux vor allem Praxisferne vorwarf, beschleunigten im Jahr 1896 schließlich dessen vorzeitiges Ausscheiden aus dem Amt.

Bereits zehn Jahre zuvor, 1886, hatte Felix Klein einen Ruf nach Göttingen angenommen.[22] Der preußische Ministerialrat Friedrich Althoff war im März 1885 eigens nach Leipzig gereist, um Klein für den Göttinger Lehrstuhl zu gewinnen. Friedrich Althoff unterstützte Klein in den darauf folgenden Jahren bei vielen seiner organisatorischen Pläne, so auch bei der Neuordnung technischen Wissens im akademischen Kontext. Umgekehrt war Felix Klein ein Unterstützer der Pläne Friedrich Althoffs beim Ausbau des Preußischen Wissenschaftssystems, das unter anderem vorsah, Göttingen zu einem Schwerpunkt der Mathematik auszubauen.

20 Ebd., S. 42.

21 Karl-Heinz Manegold, Universität, Technische Hochschule und Industrie... , S. 94.

22 Die künftige Entwicklung der Geometrie wurde durch sein „Erlanger Programm" maßgebend bestimmt. Aus Riemanns genialen Ideen hat er deren geometrischen Kern herausgearbeitet und einem breiteren Publikum zugänglich gemacht.

Nach Felix Klein sollte die angewandte Mathematik mit allen in Frage kommenden Gebieten und auch mit der Technik in Beziehung stehen. Sein Vorbild dabei war der Mathematiker Carl Friedrich Gauß, der „noch das Ganze der mathematischen Wissenschaft in sich vereinigt"[23] hatte, das galt auch für die Technik, denn Gauß hatte sowohl das absolute Maßsystem entwickelt als auch gemeinsam mit Max von Weber an der Entwicklung und Erprobung des elektrischen Telegrafen gearbeitet. Da nach Carl Friedrich Gauß' Tod ein Vertreter der reinen Mathematik zu seinem Nachfolger berufen wurde und nicht „ein Kollegium von Männern", die die vielseitigen mathematischen Interessen hätten weiter führen können, verkümmerte der Gaußsche Ansatz in Göttingen. Felix Klein nun sah es als seine Aufgabe an, diesen wieder zu beleben und dies nicht zuletzt vor dem Hintergrund der Entwicklung der technischen Fächer in der Zwischenzeit. Diese und auch die weitere Differenzierung in den übrigen Fächern ließen nach Felix Kleins Meinung die enge Zusammenarbeit von Mathematikern, Naturforschern und Ingenieuren in geeigneten organisatorischen Formen unabdingbar werden.

Seit den späten 1880er Jahren verfolgte Felix Klein das Ziel, Universitäten und Technische Hochschulen miteinander zu verschmelzen. Felix Klein ging dabei von der Integration der Polytechnika in die Universitäten aus. Der Grundgedanke hinter seinen Bemühungen war die Überzeugung, dass der „überkommene(n) Zwiespalt zwischen humanistischer und realistischer Bildung" überwunden werden musste, um eine der industrialisierten Welt angemessene „moderne Bildung"[24] zu erreichen. Für Felix Klein stand die Gleichberechtigung der technischen Wissenschaften außer Frage, eine Position, die in jener Zeit genauso ungewöhnlich war wie Felix Kleins Mitgliedschaft im VDI, dem er seit 1895 angehörte; er war damals der einzige Universitätsprofessor unter den Mitgliedern. Seine enge Verbindung mit den Technikwissenschaften drückte sich schließlich auch in der Verleihung des Dr.-Ing. Ehrenhalber durch die TH München im Jahre 1905 aus. Nach Felix Kleins eigener Aussage war sie unter den zahlreichen Anerkennungen die, über die er sich am meisten gefreut hat.[25]

Klein versuchte alles, um die Teilung des Wissenschaftssystems in technische und reine Wissenschaften zu verhindern. Daher konnte der Plan Alois Riedlers einer eigenständigen Akademie der technischen Wissenschaften seine Zustimmung keinesfalls erhalten, sah er hierin doch die Festschreibung der aus seiner Sicht „unheilvollen Zweiteilung" der Wissenschaften.[26]

Manegold, der sich ausführlich mit Felix Klein und seinem wissenschaftsorganisatorischem Wirken befasst hat, vergleicht den Mathematiker mit Gaspard Monge, dem Begründer der Pariser École Polytechnique, von deren wissenschaftlichem Betrieb Felix Klein sich besonders angezogen fühlte.[27]

---

23 Karl-Heinz Manegold, Universität, Technische Hochschule und Industrie... , S. 89.

24 Brief Kleins an Althoff vom 27. Mai 1888, zitiert nach ebd., S. 85.

25 Ebd. S. 86f.

26 Vgl. dazu Karl Heinz Manegold, Felix Klein als Wissenschaftsorganisator, in: Technikgeschichte, Bd. 35, 1968, S. 196.

27 Ebd., S. 181.

> *„Von Gaspard Monge ausgehend war die darstellende Geometrie einst an der Pariser École Polytechnique zu besonderer Blüte entwickelt und auf die Darstellung der Maschinen angewandt worden. Das Maschinezeichnen in orthogonaler Projektion wurde zur eigentlichen unentbehrlichen Sprache der Techniker."*[28]

Die polytechnischen Schulen in Österreich und Deutschland übernahmen das Fach von der École Polytechnique, es entwickelte sich zu einer wichtigen Grundlage bei der mathematischen Behandlung technischer Aufgaben.

> *„Es war kein Zufall, dass gerade diejenigen Mathematiker, die Monges Methoden weiterentwickelten und vertieften, sich auch für eine enge Verbindung oder Vereinigung von Technischer Hochschule und Universität einsetzten."*[29]

Die Reorganisationspläne der Göttinger Gesellschaft (Akademie) in den 1880er Jahren boten Felix Klein, der dabei eine richtungweisende Funktion hatte, erneut Gelegenheit, den Technikwissenschaften einen gleichberechtigten Platz zu erstreiten. Nach Felix Klein sollte es innerhalb der mathematisch-naturwissenschaftlichen Klasse zwei Abteilungen geben, in der ersten unter elf verschiedenen Gruppen auch angewandte Mechanik und Ingenieurwesen. Kleins Anliegen war es, die Akademie zu einer Arbeitsakademie zu entwickeln, er schrieb:

> *„Freilich werden wir, um der Concurrenz gewachsen zu sein, mit gewissen Traditionen brechen müssen, durch welche die Wirksamkeit so mancher anderer Anstalt auf das Schwerste beeinträchtigt wird. Mitglied einer Akademie zu sein gilt vielfach nur als Ehre nicht als Verpflichtung. Die Göttinger Akademie aber muss, wenn sie gedeihen soll, in erster Linie arbeiten."*[30]

Felix Klein war zwar der Ansicht, dass bloße Praktiker nicht in die Akademie gehörten, doch sollten „Männer, die mit wissenschaftlichen Gesichtspunkten im praktischen Leben stehen, ganz besonders willkommen sein."[31] Er wollte Techniker als ordentliche Mitglieder in die Akademie aufnehmen und hatte darüber wie über andere seiner Ansichten eingehend mit dem Rektor der TH Dresden, Ludwig Zeuner, korrespondiert. Als geeignete Kandidaten hatte Ludwig Zeuner den Brücken- und Eisenbahnbauer Launhardt aus Hannover und den Kältetechniker Carl Linde aus München genannt. Für den Bereich Maschinenbau hoffte Felix Klein eine geeignete Persönlichkeit der TH Braunschweig

---

28 Karl-Heinz Manegold, Universität, Technische Hochschule und Industrie..., S. 95.
29 Ebd.
30 Zitiert nach: Ebd., S. 54.
31 Ebd., S. 112.

benennen zu können. Seine Überlegungen schickte er direkt an Friedrich Althoff und machte in seinem Begleitschreiben noch einmal auf die seit Jahrzehnten „vernachlässigten Beziehungen zu den Anwendungen und der Technik aufmerksam". Klein sah hier einen enormen Nachholbedarf und war der Ansicht, dass sich dies mit entsprechender Aufklärung erreichen lasse. Doch die Erweiterung um die Technik ging den übrigen Beteiligten deutlich zu weit, eine Reorganisation dieses revolutionären Ausmaßes war nicht erwünscht. Lagarde legte ein weiteres Gutachten vor, in dem er sich auf traditionelle Positionen zurückzog. Da Felix Klein außerdem für die Neuorganisation unter Einbeziehung der Technik ein festes Budget von 100.000 Mark gefordert hatte, lag es nahe, dass die Pläne unter Hinweis auf die finanziellen Notwendigkeiten bei Seite gelegt wurden.[32]

Schon zuvor hatte Felix Klein ein Modell entwickelt, das vorsah, Technische Wissenschaften, Industrie und Wissenschaft zusammenzufügen. Sein Bestreben war ganz darauf gerichtet, die Gleichbehandlung der technischen Wissenschaften an den Preußischen Hochschulen zu erreichen. Dafür hatte er einen Plan ausgearbeitet und beim Ministerium einreichen lassen. Die kleineren Technischen Hochschulen Aachen und Hannover sollten danach mit den Universitäten Bonn bzw. Göttingen zusammenwachsen. In Berlin sah Felix Klein keine Möglichkeit einer Wechselwirkung zwischen den Fakultäten der übergroßen Universität und den Technikwissenschaften gegeben, daher schlug er hier die Gleichstellung der Technischen Hochschule in allen Bereichen mit denen der Universität vor, insbesondere sollte die TH das Promotionsrecht erhalten. Die Ideen Felix Kleins wurden innerhalb des Ministeriums nicht weiter diskutiert und an den Kurator der Universität zurückgesandt.[33]

Erst mit dem Ruf an die Universität München im Jahr 1892, den Felix Klein unter der Bedingung ablehnte, dass die Reorganisation der Göttinger Akademie jetzt in Angriff genommen werde, schien die Integration der technischen Wissenschaften weiter voran zu gehen. Doch die tatsächliche Neuorganisation der Akademie lehnte sich in ihren Statuten eng an die Berliner Akademie an, daher ließ sich weder die umfassende Erweiterung noch die Aufnahme der Technik durchsetzen, wie Klein nach harten Auseinandersetzungen erkennen musste. Nach einigen Jahren forderte er erneut, doch wiederum ohne Erfolg, die Einrichtung einer technischen Klasse an der Akademie. Die reale Entwicklung der Fachrepräsentation an der Göttinger Akademie zeigte mit Felix Kleins Vorstellungen wenig Übereinstimmung, denn erst 1914 wurde mit Ludwig Prantl ein Vertreter der angewandten Mechanik berufen, die Ingenieurwissenschaften und andere technische Wissensfelder blieben ohne Berücksichtigung.

Da Felix Klein ein herausragender Mathematiker mit hohem Ansehen und vielfältigen persönlichen und wissenschaftlichen Verbindungen war, verfügte er über ein außergewöhnliches Maß an Möglichkeiten der Einflussnahme. So versuchte er, auf die Berufungen und Besetzungen der mathematischen und physikalischen Lehrstühle vor

---

[32] Ebd., S. 113.
[33] Karl Heinz Manegold, Universität, Technische Hochschule und Industrie..., S. 109.

allem der Technischen Hochschulen Einfluss zu nehmen, um so seine Auffassungen zu verbreiten. Felix Klein war „ein Mann der großen Projekte"[34], er war erfolgreich als Wissenschaftsorganisator tätig, nicht zuletzt weil er eng mit Friedrich Althoff zusammenarbeitete, in dessen System zur Neuorganisation der Wissenschaften in Preußen Klein einen festen Platz hatte.

Er initiierte eine Reihe anwendungsorientierter Universitäts- und Forschungsinstitute der Geophysik, der angewandten Mechanik, der Elektrizitätslehre, der Aerodynamik, war Wegbereiter der Institutionalisierung der Mathematik in den USA und gehörte zu den entschiedenen Förderern des Frauenstudiums.[35] Neben der Reorganisation der Göttinger Akademie setzte er sich für den Zusammenschluss der Akademien im Akademienkartell und die internationale Assoziation der Akademien ein. Die Einbindung der Technikwissenschaften als gleichberechtigter Teil des Wissenschaftssystems war eines seiner großen Anliegen.

Abb. 13: Felix Klein im Alter von 70 Jahren, Portrait von Max Liebermann

Quelle: Mathematisches Institut der Georg-August-Universität Göttingen, Foto: Claudia Gabler

RIEDLERS DENKSCHRIFT UND DIE VERLEIHUNG DES PROMOTIONSRECHTS

Um die Wende vom 19. zum 20. Jahrhundert versuchten zahlreiche Vertreter der Technikwissenschaften, von den traditionellen Wissenschaften als ebenbürtig anerkannt zu werden und unter diesen einen Platz einzunehmen, der der gesellschaftlichen Bedeu-

34 Martin Gierl, Geschichte und Organisation..., S. 45.
35 Ebd., S. 46.

tung der technischen Wissenschaften entsprach. Dazu zählten die Vorstöße, die die Angleichung der Verfassungen der Technischen Hochschulen an die der Universitäten zum Ziel hatten, wozu auch das Promotionsrecht gehörte. Auch hier hatte Felix Klein eine wichtige Rolle gespielt, als er mit Vertretern des VDI den sogenannten „Aachener Frieden" schloss, in dem die Ingenieurausbildung zur Aufgabe der Technischen Hochschulen erklärt und vereinbart wurde, die an den Universitäten zu schaffenden technischen Einrichtungen auf die Bedürfnisse der dort auszubildenden Mathematiker, Physiker und Lehramtskandidaten abzustimmen.

Nach den erfolglosen Versuchen in Göttingen, den Technikwissenschaften einen Platz innerhalb der Akademien der Wissenschaften zu sichern, kam es in Berlin zu noch weiter gehenden Anstrengungen, mit denen die technischen Wissenschaften in einer eigenen Akademie zusammengeführt werden sollten. Daraus ergaben sich wiederum intensive Diskussionen, deren Inhalt sich zumeist darauf beschränkte, die Gleichberechtigung der Technikwissenschaften innerhalb der Wissenschaften zu diskutieren. Denn die Wechselwirkung zwischen Technik, Wissenschaft und Industrie war am Ende des 19. Jahrhunderts soweit voran geschritten, dass die Stellung der Technikwissenschaften im Gefüge von Staat, Wirtschaft und Gesellschaft neu definiert werden musste. „Immer mehr Naturwissenschaftler und wissenschaftlich ausgebildete Ingenieure"[36] arbeiteten in der Industrie und setzten dabei das an den Hochschulen erworbene Wissen ein, um Produkte zu verbessern und Neue zu entwickeln. Daraus ergab sich eine komplizierte Wechselwirkung zwischen Wissenschaft, Technik und Industrie, die mit dem Schlagwort von der „Verwissenschaftlichung der Technik" nur unzureichend beschrieben wird.[37]

Abb. 14: Friedrich Theodor Althoff

Im Zusammenhang mit seinen Plänen zur Neugestaltung der Wissenschaftsorganisation in Preußen beschäftigte sich auch Friedrich Althoff mit der besonderen Funktion der Technikwissenschaften. Friedrich Althoff hatte schon die Pläne von Felix Klein, die nicht durchzusetzen gewesen waren, unterstützt, die Göttinger Akademie um technikwissenschaftliche Fächer zu erweitern. In Berlin sah Friedrich Althoff nun eine neue Gelegenheit zur Stärkung der Technikwissenschaften, indem er die dortige Akademie des Bauwesens in eine Akademie der technischen Wissenschaften umgestalten wollte. Diese Idee fand bei den Professoren der TH Berlin allerdings keine Unterstützung, da sie eine weitere Separierung fürchteten, die der angestrebten Gleichberechtigung im Kreis der Wissenschaften entgegen stand.

---

36 Wolfgang König, in Propyläen, Bd. 4, S. 402.
37 Ebd., S. 413.

Abb. 15: Alois Riedler

Einen anderen Plan hatte Alois Riedler, Professor für Maschinenbau an der TH Berlin, ausgearbeitet. Er nutzte seine Nähe zum technikbegeisterten Kaiser Wilhelm II., um diesem 1899 eine *Denkschrift zur Gründung einer Akademie der technischen Wissenschaften* zu überreichen.

Nach Riedlers Vorstellungen sollte die Akademie zunächst als preußische Gründung die Arbeit aufnehmen, mittelfristig jedoch als Reichsinstitution und „oberste Festung der technischen Wissenschaften der Ingenieurarbeit soziale Anerkennung verschaffen."[38] Alois Riedler schlug vor, die Akademie der technischen Wissenschaften als staatlich anerkannte Organisation, die dem Unterrichtsministerium bei freier Ausgestaltung der Inhalte angegliedert sein sollte, zu gründen. Als staatliche Unterstützung sah er einen Finanzbedarf von jährlich 100.000 Mark, die übrigen Mittel sollten durch Spenden und Zuwendungen der interessierten Unternehmen zusammen kommen.[39] Die Aufgaben der Akademie sollten im Bereich der Wissenschaftsförderung, der Technikentwicklung und der Politikberatung liegen.

Abb. 16: Erste Seite der Riedler Denkschrift und Auszug

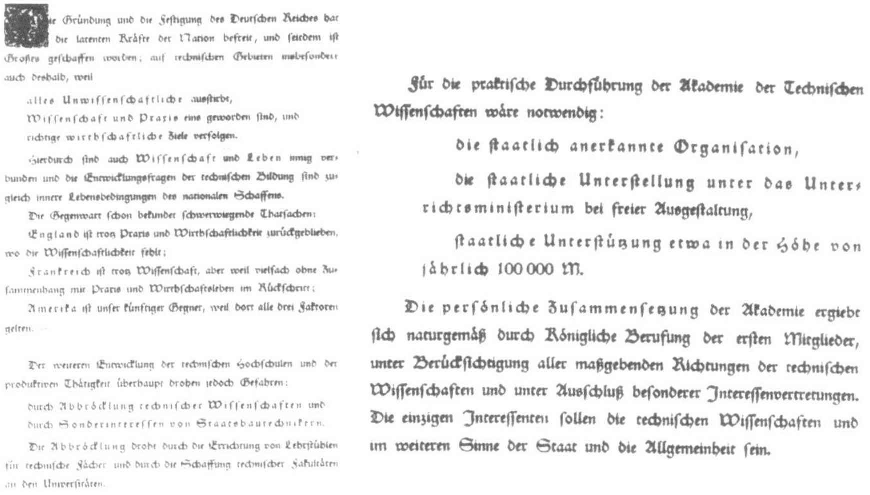

Die Gründung und die Festigung des Deutschen Reiches hat die latenten Kräfte der Nation befreit, und seitdem ist Großes geschaffen worden; auf technischen Gebieten insbesondere auch deshalb, weil

alles Unwissenschaftliche ausstirbt,

Wissenschaft und Praxis eins geworden sind, und

richtige wirthschaftliche Ziele verfolgen.

Hierdurch sind auch Wissenschaft und Leben innig verbunden und die Entwicklungsfragen der technischen Bildung sind zugleich innere Lebensbedingungen des nationalen Schaffens.

Die Gegenwart schon bekundet schwerwiegende Thatsachen:

England ist trotz Praxis und Wirthschaftlichkeit zurückgeblieben, wo die Wissenschaftlichkeit fehlt;

Frankreich ist trotz Wissenschaft, aber weil vielfach ohne Zusammenhang mit Praxis und Wirthschaftsleben im Rückschritt;

Amerika ist unser künftiger Gegner, weil dort alle drei Faktoren gelten.

Der weiteren Entwicklung der technischen Hochschulen und der produktiven Thätigkeit überhaupt drohen jedoch Gefahren:

durch Abbröcklung technischer Wissenschaften und

durch Sonderinteressen von Staatsbautechnikern.

Die Abbröcklung droht durch die Errichtung von Lehrstühlen für technische Fächer und durch die Schaffung technischer Fakultäten an den Universitäten.

Für die praktische Durchführung der Akademie der Technischen Wissenschaften wäre notwendig:

die staatlich anerkannte Organisation,

die staatliche Unterstellung unter das Unterrichtsministerium bei freier Ausgestaltung,

staatliche Unterstützung etwa in der Höhe von jährlich 100 000 M.

Die persönliche Zusammensetzung der Akademie ergiebt sich naturgemäß durch Königliche Berufung der ersten Mitglieder, unter Berücksichtigung aller maßgebenden Richtungen der technischen Wissenschaften und unter Ausschluß besonderer Interessenvertretungen. Die einzigen Interessenten sollen die technischen Wissenschaften und im weiteren Sinne der Staat und die Allgemeinheit sein.

Quelle: GStPK, Rep. 76 Vb, Sekt. 1, Tit. I, Bl. 185ff.

---

38 Wolfgang König, Die Akademie und die Technikwissenschaften. Ein unwillkommenes königliches Geschenk, in: Jürgen Kocka (Hg.), Die königliche Akademie zu Berlin, Berlin 1999, S. 387.

39 Geheimes Staatsarchiv Preußischer Kulturbesitz (GStPK), Rep.76 Vb, Sekt. 1, Tit. I, Bl. 185ff., Riedler Denkschrift von 1899.

Alois Riedler arbeitete auf Anforderung verschiedener Ministerien einen Satzungsentwurf aus, der intensiv diskutiert aber nicht genehmigt wurde. Das wichtigste Argument dabei war, dass die zur Weiterentwicklung der Technik notwendigen Forschungen „in das Arbeitsgebiet der Akademie der Wissenschaften, insbesondere der physikalisch-mathematischen Klasse derselben" fielen,[40] wie es in einem der Gutachten zu Riedlers Ideen hieß; dies machte deutlich, wo das Problem lag: Die Technikwissenschaften wurden innerhalb der Wissenschaften nicht als gleichwertig anerkannt. Sie galten im Gegensatz zu den seminaristisch geprägten Geistes- und Naturwissenschaften als anwendungsorientiert, was sie nach dem Verständnis jener Zeit zur Wissenschaft zweiter Klasse herabwürdigte. Im Sinne der vorherrschenden Wissenschafts- und Bildungsauffassung galten Technik und Techniker nach wie vor als zu weit vom „Zentrum des Geistes" entfernt.[41]

Abb. 17: Stellungnahme des Ministers der öffentlichen Arbeiten zu Riedlers Vorschlag

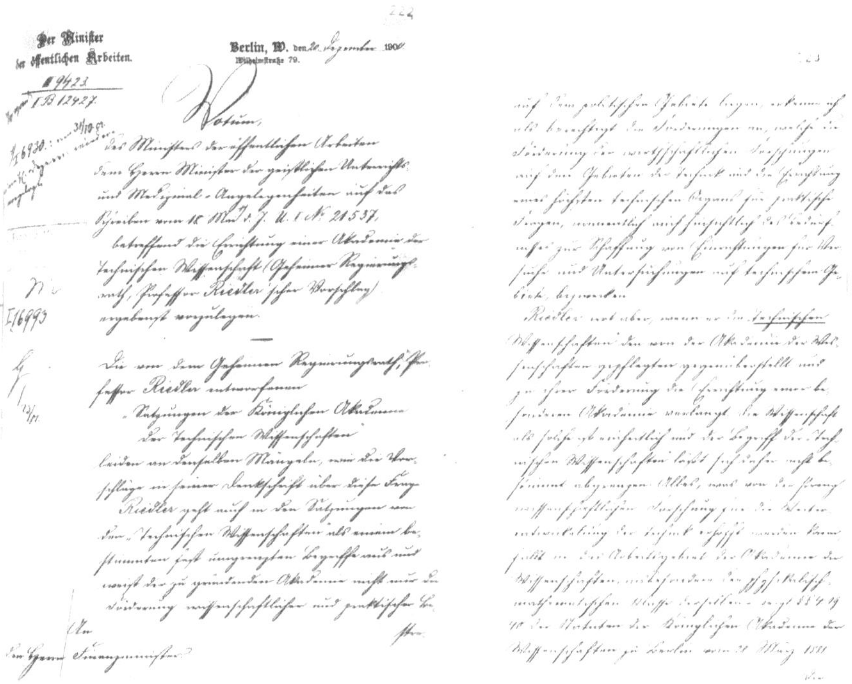
Der Minister der öffentlichen Arbeiten.

Berlin, W. den
Wilhelmstraße 79.

Quelle: GStPK, Rep. 76 Vb, Sekt. 1, Tit. I, Bl. 222ff.

40 Ebd., Bl. 223.

41 Karl-Heinz Manegold, Universität, Technische Hochschule ..., S. 79f.

In den zahllosen Erörterungen der Ingenieure zu Standesproblematik und Ausbildungsfragen tauchte regelmäßig eine Forderung auf, die der Berliner Bautechniker Egon Zöller knapp so formuliert hatte:

> *"Es ist eine aus der Bedeutung der Technik für die Kultur sich unabweisbar ergebende Forderung, dass die Technischen Hochschulen den Universitäten vollständig ebenbürtig sein müssen."*[42]

Die Bestrebungen der Technischen Hochschulen, ihre Gleichberechtigung über universitäre Strukturen zu dokumentieren, waren in den späten 1890er Jahren schon recht weit fortgeschritten. Die Direktoren der Hochschulen waren zu Rektoren geworden, die kleinen und großen Räte der Selbstverwaltung durften sich in Senat umbenennen und die Professoren den Zusatz etatmäßig verwenden. Es fehlte nur noch der „Ritterschlag der Wissenschaft", das Promotionsrecht.[43] Die Verhandlungen der Hochschulen waren trotz vieler Hürden bis Ende der 1890er Jahre schon weit vorangekommen, als die TH München durch eigenwillige Forderungen den Prozess stoppte.[44] Im Oktober 1899 kam es bei der Centenarfeier der Bauakademie zu Berlin schließlich zu einem preußischen Alleingang, da Wilhelm II. anlässlich dieses Jubiläums den drei Technischen Hochschulen in Preußen „in Anerkennung der wissenschaftlichen Bedeutung, welche sie in den letzten Jahren neben der Erfüllung ihrer praktischen Aufgaben erlangt haben" das Promotionsrecht verlieh.

Als Zugeständnis an die Universitäten war nicht der lateinische Titel Doctor rerum technicarum, sondern der Doktor-Ingenieur zu erwerben. Der Bindestrich im Titel Dr.-Ing. und die Verpflichtung zur Verwendung der deutschen Schrift sollten den Abstand zu den Doktortiteln der Universitäten sichtbar machen. Nachdem die damals preußischen Technischen Hochschulen in Aachen, Berlin und Hannover so das Promotionsrecht erhalten hatten, folgten die der anderen Bundesstaaten in kurzer Zeit nach. Doch der Kampf der Universitäten gegen eine Gleichstellung der Technischen Hochschulen durch das Promotionsrecht war zu sehr zur „Lebensfrage" geworden, die Verleihung desselben führte daher auch nicht so ohne weiteres zur Anerkennung der Ingenieure als „echte" Wissenschaftler.[45]

---

42 Zitiert nach: Ebd., S. 80.

43 Wolfgang König, 100 Jahre Dr.-Ing. Ein Ritterschlag der Wissenschaft. Das Promotionsrecht der Technischen Hochschulen und der VDI, Düsseldorf 1999, S. 45.

44 Vgl. ebd., S. 46.

45 Ebd.

Abb. 18: Verleihungsurkunde Promotionsrecht

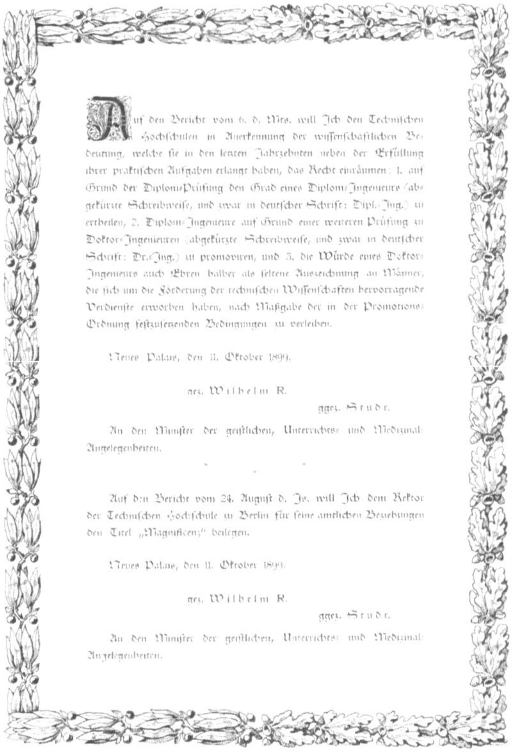
Auf den Bericht vom 6. d. Mts. will Ich den Technischen Hochschulen in Anerkennung der wissenschaftlichen Bedeutung, welche sie in den letzten Jahrzehnten neben der Erfüllung ihrer praktischen Aufgaben erlangt haben, das Recht einräumen: 1. auf Grund der Diplom-Prüfung den Grad eines Diplom-Ingenieurs (abgekürzte Schreibweise, und zwar in deutscher Schrift: Dipl.-Ing.) zu ertheilen, 2. Diplom-Ingenieure auf Grund einer weiteren Prüfung zu Doktor-Ingenieuren (abgekürzte Schreibweise, und zwar in deutscher Schrift: Dr.-Ing.) zu promoviren, und 3. die Würde eines Doktor-Ingenieurs auch Ehren halber als seltene Auszeichnung an Männer, die sich um die Förderung der technischen Wissenschaften hervorragende Verdienste erworben haben, nach Maßgabe der in der Promotions-Ordnung festzusetzenden Bedingungen zu verleihen.

Neues Palais, den 11. Oktober 1899.

gez. Wilhelm R.

ggez. Studt.

An den Minister der geistlichen, Unterrichts- und Medizinal-Angelegenheiten.

Auf den Bericht vom 24. August d. Js. will Ich dem Rektor der Technischen Hochschule zu Berlin für seine amtlichen Beziehungen den Titel „Magnificenz" beilegen.

Neues Palais, den 11. Oktober 1899.

gez. Wilhelm R.

ggez. Studt.

An den Minister der geistlichen, Unterrichts- und Medizinal-Angelegenheiten.

Quelle: Die Hundertjahrfeier der Königlich Technischen Hochschule zu Berlin, S. 47

DREI TECHNISCHE FACHSTELLEN FÜR DIE KÖNIGLICH PREUSSISCHE AKADEMIE

Deutlich zeigten sich die Vorbehalte der etablierten Wissenschaften gegenüber den Technikwissenschaften im Jahr 1900, als die Königliche Akademie der Wissenschaften ihr zweihundertjähriges Gründungsjubiläum feierte. Aus diesem Anlass schenkte der Kaiser der Akademie fünf Sitze für ordentliche Mitglieder, von denen drei vorzugsweise an Techniker vergeben werden sollten. Erneut kam es zur Auseinandersetzung über die Wissenschaftlichkeit der technischen Disziplinen. Diese hatten sich zwar mit der Berechtigung der Ingenieure zur Promotion ein Stück akademische Gleichberechtigung erstritten, doch den Einzug in die Akademie rechtfertigte das aus Sicht der dort versammelten Wissenschaftler noch lange nicht.

Abb. 19: Festakt im Preußischen Abgeordnetenhaus anlässlich der 200 Jahrfeier der Akademie am 20. März 1900, am Rednerpult Adolf von Harnack

Quelle: Archiv der BBAW, Fotoslg. Ereignisse, Zweihundertjähriges Jubiläum der Berliner Akademie der Wissenschaften, Foto 6a

Nur halbherzig wählte die Klasse den Statiker und ordentlichen Professor der TH Berlin Heinrich Müller-Breslau und den aus der Praxis kommenden Elektrotechniker Friedrich v. Hefner-Alteneck, die dritte Stelle blieb zunächst unbesetzt. Als nach dem Tod von Hefner-Alteneck im Januar 1904 dessen Sitz vakant war, gelang es Heinrich Müller-Breslau, Hefners Sitz und die noch immer freie Technikerstelle mit zwei Kollegen seiner Fachrichtung zu besetzen. Hermann Zimmermann war durch Berechnung und Konstruktion der Reichstagskuppel bekannt geworden und vortragender Rat im Ministerium der öffentlichen Arbeiten. Adolf Martens war Direktor des Amtes für Materialprüfung und Professor an der TH Berlin. Mit Heinrich Müller-Breslau war 1900 ein Vertreter der im Entstehen begriffenen modernen Ingenieurwissenschaften gewählt worden, sein Einfluss auf die Besetzung der beiden anderen Fachstellen führte dazu, dass zusammen mit ihm zwei weitere renommierte Ingenieure der Akademie angehörten.[46]

[46] Ausführlich dazu Wolfgang König, Die Akademie..., S. 393ff.

KEINE TECHNISCHE KLASSE AN DER PREUSSISCHEN AKADEMIE IN DER WEIMARER REPUBLIK

Der von Johann Beckmann entworfene und von Karl Karmarsch weiterentwickelte Ansatz einer Allgemeinen Technologie als ein die gesamte Technik umfassender Entwurf geriet in der ersten Hälfte des 20. Jahrhunderts zunächst in Vergessenheit, wenngleich allgemeine Rationalisierungsmaßnahmen zu einer verstärkten Verwissenschaftlichung der Produktionstechnik führten. Rationalisierung bedeutete zugleich eine zunehmende wissenschaftliche Durchdringung des gesamten Fertigungsprozesses und damit auch aller konstruktiven, technologischen, organisatorischen und arbeitswissenschaftlichen Komponenten. Aus der wachsenden Erkenntnis der produktiven Rolle der Wissenschaft und damit der Bedeutung der Grundlagenforschung kam es spätestens seit dem ersten Weltkrieg zu einer allmählichen Annäherung ursprünglich verschiedener Wissenschaftskonzeptionen. Insbesondere die Kooperation zwischen den Natur- und den ersten Ansätzen der aufkommenden Technikwissenschaften fand dabei vermehrt Berücksichtigung.[47]

An der inneren Organisation der Preußischen Akademie der Wissenschaften war der Einschnitt, den der Erste Weltkrieg in vielen Bereichen markierte, zunächst spurlos vorübergegangen, weil die Gelehrtengesellschaft die veränderten Realitäten geflissentlich übersah. Sie ignorierte die rasche Verschmelzung von Militär, Industrie und Wissenschaft während der Kriegsjahre und beharrte auf ihrer Stellung als Repräsentantin der „reinen" Wissenschaft.[48] Aus diesem Selbstverständnis der Akademie heraus konnte auch die Eingabe des Reichsbundes Deutscher Technik (RDT) im Januar 1922 beim Preußischen Kultusministerium, in der dieser die Einrichtung einer dritten - einer technischen - Klasse forderte, keine Zustimmung finden. Der RDT forderte die stärkere Einbindung der Professoren der Technischen Hochschulen in die Akademie, um so der wissenschaftlichen Leistung der Technischen Hochschulen auch in der Zusammensetzung der Akademie gerecht zu werden. Der RDT befand die „Einordnung der Technik unter ihre Mutterwissenschaften" als nicht mehr zeitgemäß, da dies nicht länger „der Bedeutung der Technik im Leben des Volkes entspräche." Technik sei mehr als die Anwendung anderer Wissenschaften, sie habe eigene Denkstrukturen und verfolge Ziele, bei denen naturwissenschaftliche Erkenntnisse mit wirtschaftlichen und sozialen Gesichtspunkten zusammen kommen.

Die Eingabe hob die große Bedeutung der Technik in den Jahren nach dem Ersten Weltkrieg für die wirtschaftliche Stabilisierung hervor. Nach Ansicht des RDT sollten elf weitere Zweige der Technik in der Akademie vertreten sein.[49]

---

47 Gisela Buchheim/Rolf Sonnemann (Hg.), Geschichte ..., S. 331f.

48 Vgl. Burghard Ciesla, Abschied von der „reinen" Wissenschaft. Wehrtechnik und Anwendungsforschung in der Preußischen Akademie nach 1933, in: Wolfram Fischer (Hg.), Die Preußische Akademie der Wissenschaften zu Berlin 1914-1945, Berlin 2000, S. 484f.

49 Zitiert nach: Wolfgang Schlicker, Die Berliner Akademie der Wissenschaften in der Zeit des Imperialismus, Teil II 1917-1933, Berlin 1975, S. 114, hier auch die Aufstellung der Fachrichtungen: Hochbau, Straßen-, Brücken- und Wasserbau; Eisenbahnbau; Kraftmaschinenbau; Arbeitsmaschinenbau; Stark- und Schwachstromelektronik; Schiffbau; Luftschifffahrt; anorganische Chemie, Farbstoffe; medizinische Präparate; Keramik; Bergbau; Apparatebau, Feinmechanik, insbes. optische Instrumente, Thermometer u. ä.; landwirtschaftliche Technik; Rechtsverhältnisse der Technik.

Doch es blieb bei den zwei Klassen der Preußischen Akademie der Wissenschaften. Im Begründungsschreiben der Akademie hieß es, die Akademie habe die Bedeutung der Technik stets anerkannt, doch an deren Verhältnis zur „reinen" Wissenschaft ändere das nichts.

> *„Dieses Verhältnis kann der Natur der Sache nach immer nur darin bestehen, dass die Ergebnisse und Lehren der Mathematik und der Naturwissenschaften zur Befriedigung bestimmter Bedürfnisse des täglichen Lebens eine zweckentsprechende Anwendung finden."*[50]

Ihrem wissenschaftlichen Selbstverständnis würde jedoch widersprochen und ihre Struktur wäre sehr bald über Gebühr erweitert,

> *„wenn die Lehren von der praktischen Anwendung der Natur- und Geisteswissenschaft in den Wirkungskreis der Akademie mit einbezogen würden, mit deren Aufgaben sie teils nur in lockerem äußerlichem Zusammenhang, teils sogar in unlöslichem inneren Widerspruch stünden[...]."*

Das Zusammenwirken der mathematisch-naturwissenschaftlichen und der geisteswissenschaftlichen Klasse der Akademie sei durch „die Gemeinschaft und Einheit des Strebens nach der reinen wissenschaftlichen Erkenntnis" ermöglicht worden. Zwischen einer technischen Klasse und den Geisteswissenschaften gäbe es so gut wie gar keine Einheit; mit der Klasse würde ein Fremdkörper eingefügt, der die bisherige Einheitlichkeit der Arbeit sprenge.

Mitte der 1920er Jahre nahm die physikalisch-mathematische Klasse der Preußischen Akademie der Wissenschaften mit Karl Willy Wagner und Johannes Stumpf zwei führende Vertreter der technischen Wissenschaften als ordentliche Mitglieder auf. Der am 05.12.1925 gewählte Karl Willy Wagner war Präsident des Telegrafentechnischen Reichsamtes und Honorar-Professor für Physik an der TH Berlin. Zum Zeitpunkt seiner Aufnahme in die Klasse beschäftigte er sich vor allem mit dem Wiederauf- und -ausbau des telegrafischen Nachrichtenwesens. Johannes Stumpf war Professor für Maschinenbau an der TH Berlin und war vor allem durch die Konstruktion von Dampfturbinen und Lokomotiven bekannt geworden, seine Wahl erfolgte am 27.01.1926. Seit dem Tode von Adolf Martens am 24.07.1914 waren damit erstmals wieder alle drei Technikerstellen

---

50 Die Berliner Akademie der Wissenschaften in der Zeit des Imperialismus. Teil II – Von der Großen Sozialistischen Oktoberrevolution bis 1933. Herausgegeben im Auftrage des Präsidenten der AdW der DDR von Heinrich Scheel, Berlin: 1975; Band 2/II, S. 114.

Abb. 20: Eingabe des RDT, rechts daneben die Nachfrage

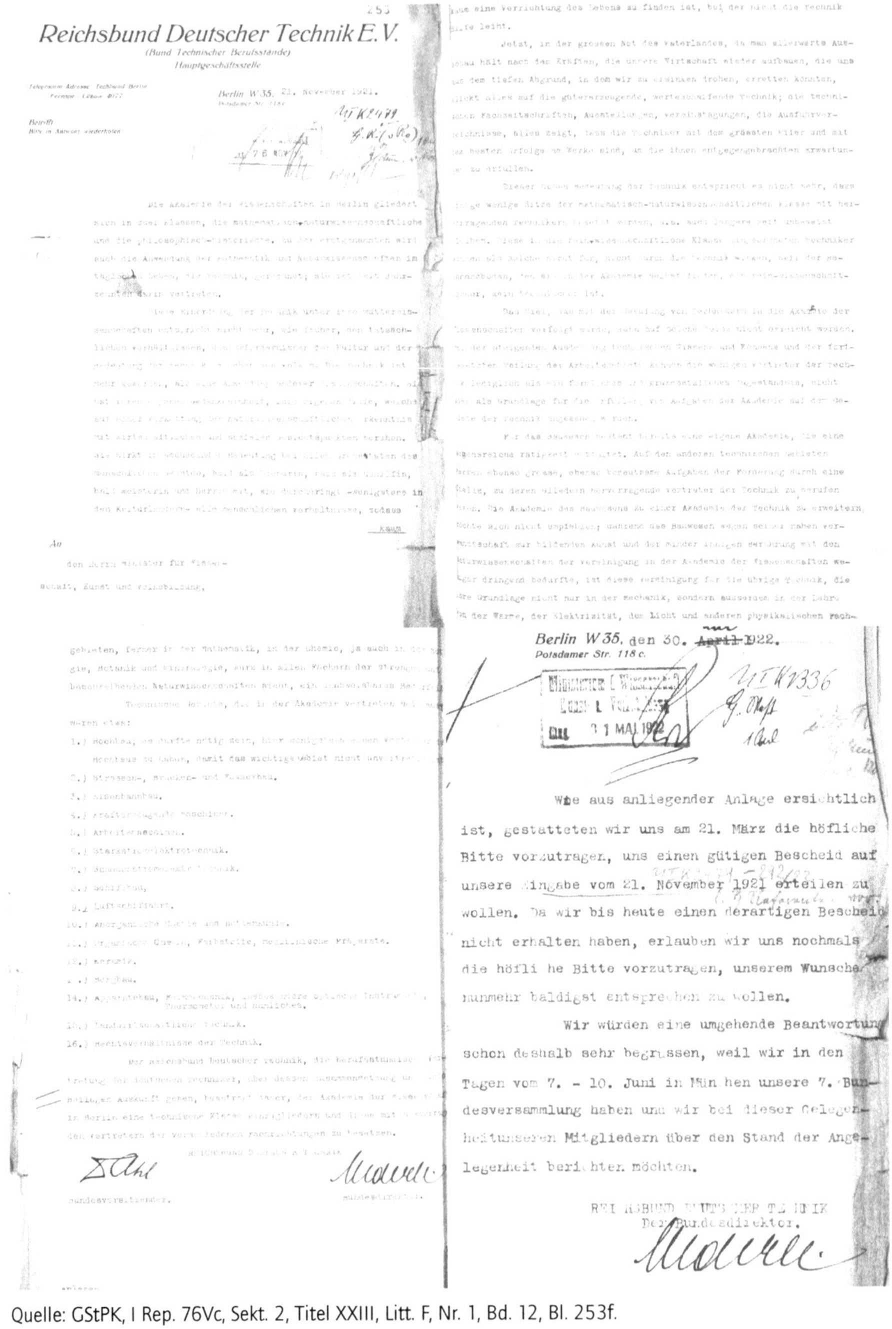

Quelle: GStPK, I Rep. 76Vc, Sekt. 2, Titel XXIII, Litt. F, Nr. 1, Bd. 12, Bl. 253f.

Abb. 21: Auszug aus der ablehnenden Begründung der Preußischen Akademie

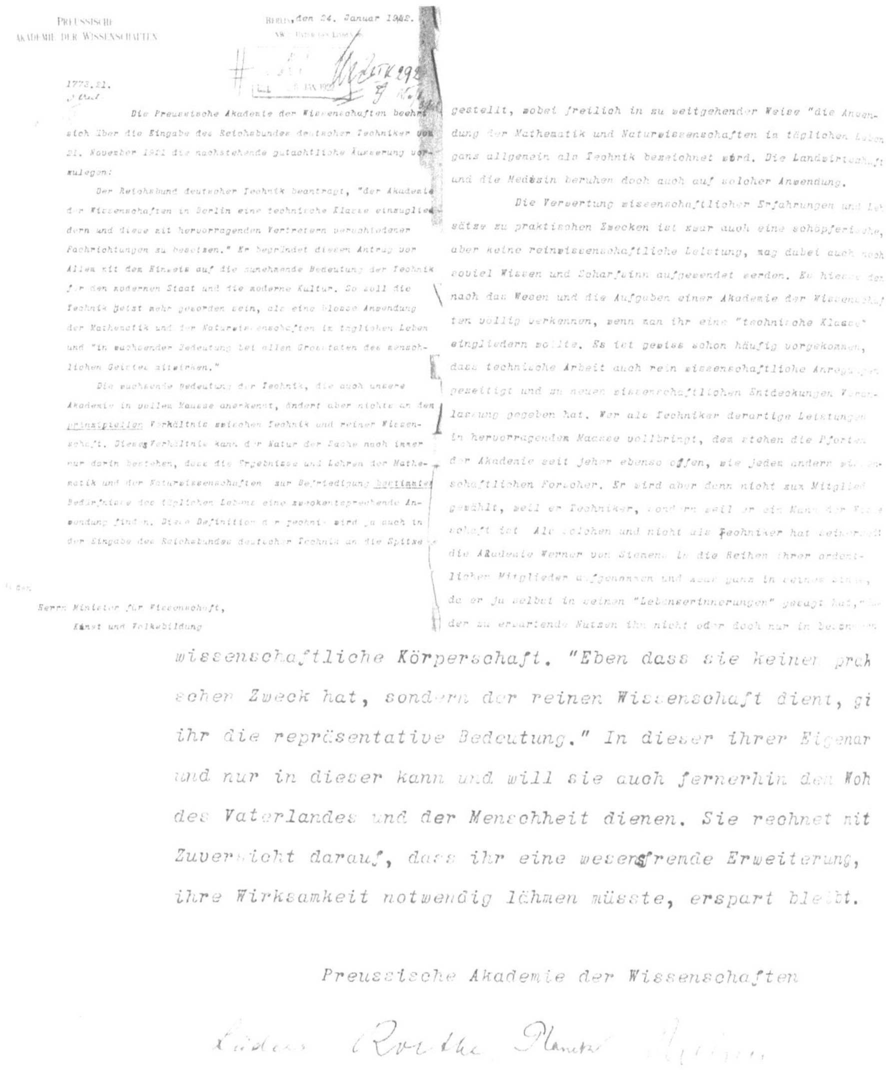

PREUSSISCHE AKADEMIE DER WISSENSCHAFTEN

BERLIN, den 24. Januar 1922.

1773.21.

Die Preussische Akademie der Wissenschaften beehrt sich über die Eingabe des Reichsbundes deutscher Techniker vom 21. November 1921 die nachstehende gutachtliche Äusserung vorzulegen:

Der Reichsbund deutscher Technik beantragt, "der Akademie der Wissenschaften in Berlin eine technische Klasse einzugliedern und diese mit hervorragenden Vertretern verschiedener Fachrichtungen zu besetzen." Er begründet diesen Antrag vor Allem mit dem Hinweis auf die zunehmende Bedeutung der Technik für den modernen Staat und die moderne Kultur. So soll die Technik jetzt mehr geworden sein, als eine blosse Anwendung der Mathematik und der Naturwissenschaften im täglichen Leben und "in wachsender Bedeutung bei allen Grosstaten des menschlichen Geistes mitwirken."

Die wachsende Bedeutung der Technik, die auch unsere Akademie in vollem Masse anerkennt, ändert aber nichts an dem prinzipiellen Verhältnis zwischen Technik und reiner Wissenschaft. Dieses Verhältnis kann der Natur der Sache nach immer nur darin bestehen, dass die Ergebnisse und Lehren der Mathematik und der Naturwissenschaften zur Befriedigung bestimmter Bedürfnisse des täglichen Lebens eine zweckentsprechende Anwendung finden. Diese Definition der Technik wird ja auch in der Eingabe des Reichsbundes deutscher Technik an die Spitze

An den Herrn Minister für Wissenschaft, Kunst und Volksbildung

gestellt, wobei freilich in zu weitgehender Weise "die Anwendung der Mathematik und Naturwissenschaften im täglichen Leben ganz allgemein als Technik bezeichnet wird. Die Landwirtschaft und die Medizin beruhen doch auch auf solcher Anwendung.

Die Verwertung wissenschaftlicher Erfahrungen und Lehrsätze zu praktischen Zwecken ist zwar auch eine schöpferische, aber keine reinwissenschaftliche Leistung, mag dabei auch noch soviel Wissen und Scharfsinn aufgewendet werden. Es hiesse [illegible] nach das Wesen und die Aufgaben einer Akademie der Wissenschaften völlig verkennen, wenn man ihr eine "technische Klasse" eingliedern wollte. Es ist gewiss schon häufig vorgekommen, dass technische Arbeit auch rein wissenschaftliche Anregungen gezeitigt und zu neuen wissenschaftlichen Entdeckungen Veranlassung gegeben hat. Wer als Techniker derartige Leistungen in hervorragendem Masse vollbringt, dem stehen die Pforten der Akademie seit jeher ebenso offen, wie jedem andern wissenschaftlichen Forscher. Er wird aber denn nicht zum Mitglied gewählt, weil er Techniker, sondern weil er ein Mann der Wissenschaft ist. Als solchen und nicht als Techniker hat seinerzeit die Akademie Werner von Siemens in die Reihen ihrer ordentlichen Mitglieder aufgenommen und zwar ganz in seinem Sinne, da er ja selbst in seinen "Lebenserinnerungen" gesagt hat, "[illegible] der zu erwartende Nutzen ihn nicht oder doch nur in besonderem [illegible]

wissenschaftliche Körperschaft. "Eben dass sie keinen prak[tisch]en Zweck hat, sondern der reinen Wissenschaft dient, gi[bt] ihr die repräsentative Bedeutung." In dieser ihrer Eigenar[t] und nur in dieser kann und will sie auch fernerhin dem Woh[l] des Vaterlandes und der Menschheit dienen. Sie rechnet mit Zuversicht darauf, dass ihr eine wesensfremde Erweiterung, ihre Wirksamkeit notwendig lähmen müsste, erspart bleibt.

Preussische Akademie der Wissenschaften

Quelle: GStPK, I Rep. 76Vc, Sekt. 2, Titel XXIII, Litt. F, Nr. 1, Bd. 12, Bl. 250f.

besetzt. Diese Tatsache hob auch Max Planck in seiner Erwiderung auf die Antrittsreden der beiden neuen Mitglieder hervor und betonte zugleich das Interesse der Akademie an den Beziehungen zwischen „reinen Wissenschaften" und Technik, denn Naturwissenschaften und Technik gehörten untrennbar zusammen.[51]

51 Vgl. ebd., S. 236.

ABKEHR VOM PRINZIP DER „REINEN" WISSENSCHAFT IM NATIONALSOZIALISMUS

Die nationalsozialistische Machtübernahme 1933 und die veränderte Wissenschaftspolitik, die Gleichschaltung und Unterordnung unter die Machtziele des Staates forderte, führten zu einer erneuten Diskussion um die reine und die angewandte Wissenschaft in der Akademie. Die im Zusammenhang mit der Aufrüstung stehende Aufwertung der Technikwissenschaften und die Umgestaltungsversuche der Nationalsozialisten innerhalb der Wissenschaftsorganisation hinterließen in der Preußischen Akademie insofern Spuren, als mit den Zuwahlen von Karl Becker 1935 und Ludwig Prandtl 1937 die Abkehr vom Prinzip der reinen Wissenschaft sichtbar wurde. Im Jahr seiner Wahl zum ordentlichen Mitglied war Karl Becker Abteilungsleiter im Heereswaffenamt und Professor für Ballistik an der TH Berlin, daneben verfügte er über exzellente Verbindungen in politische, wirtschaftliche und wissenschaftliche Interessengruppen und war maßgeblich an der anfangs noch verdeckten Aufrüstung beteiligt. Becker war „eine Schlüsselfigur in der rüstungstechnischen Kriegsvorbereitung (...) und rang intensiv um die Verschmelzung von Militär und Wissenschaft."[52] Im April 1940 nahm sich Karl Becker vermutlich aus politischen Gründen das Leben, zu diesem Zeitpunkt bekleidete er den Rang eines Generals der Artillerie, war Chef des Heereswaffenamtes, Präsident des Reichsforschungsrates und Dekan der Wehrtechnischen Fakultät.

Abb. 22: Eingang der Preußischen Akademie im neuen Gebäude Unter den Linden

52 Burghard Ciesla, Abschied ..., S. 489.

Der in Göttingen beheimatete Strömungsforscher und Physiker Ludwig Prandtl galt als die herausragende Forscherpersönlichkeit seines Fachgebietes und sollte 1937 zum auswärtigen ordentlichen Mitglied werden. Prandtl selbst verwies auf die Schwierigkeit, seine Forschungen der „reinen" Wissenschaft zuzurechnen. Damit hatte er zwar Recht, doch zu dieser Zeit war das kein Argument gegen eine Aufnahme in die Akademie, vielmehr sollten Prandtls Kenntnisse aus dem Bereich der stark experimentell arbeitenden Luftfahrtforschung Eingang in die Akademie erhalten. Verschiedene Versuche Prandtls, die Mitgliedschaft zu umgehen, scheiterten an den intensiven Bemühungen von Max Planck, Karl Willy Wagner und General Becker um seine Mitgliedschaft. Schließlich nahm Prandtl die Mitgliedschaft im Status eines auswärtigen Mitgliedes ohne Arbeitsverpflichtung an.

Die 1938 beschlossene Neuorganisation der Preußischen Akademie folgte zwar ganz dem Ziel, die angewandten Wissenschaften an die Akademie zu binden, doch erfolgte die Umsetzung in Folge des beginnenden Zweiten Weltkrieges nur noch partiell.

TECHNIKWISSENSCHAFTEN UND STAAT

Die technische Entwicklung im Verlauf der Industrialisierung veränderte auch die Konstellation im Dreieck von Technik, Wirtschaft und Staat, da letzterer nun zunehmend den wirtschaftlichen Nutzen technischer Erfindungen durch Gesetze und Verordnungen regeln musste. Ob Eisenbahngesetz oder Bergrecht, der Staat setzte Normen und fördert so die Technik aber auch die weitere Entwicklung der technischen Wissenschaften.[53] Gerade in der nach der Gründung des Deutschen Kaiserreiches einsetzenden Phase der Hochindustrialisierung war die Entwicklung der Gesetzgebung hin zu einer Expertengesetzgebung wichtige Voraussetzung für die Technikentwicklung. So steht beispielsweise die Elektrizitätsgesetzgebung „für die Strukturen und Inhalte einer Technikgesetzgebung zu Beginn der Industriegesellschaft."[54] Das am 1. Juni 1898 vom Reichstag erlassene Gesetz über elektrische Maßeinheiten beförderte die nationalstaatliche Vereinheitlichung von Strom und Norm. Die wirtschaftliche Nutzung und Vermarktung von Elektrizität erforderte zugleich eine Standardisierung auf wissenschaftlich solider Grundlage. Die auf Werner Siemens zurückgehende Gründung der Physikalisch-Technischen Reichsanstalt im Jahr 1887 ist ein besonders prominentes Beispiel für den Zusammenhang zwischen der Anerkennung der Wissenschaftlichkeit und der ökonomischen Nutzung.[55]

Eine andere Ebene staatlicher Normierung war das Ausbildungswesen, in Preußen über ein Vierteljahrhundert gestaltet von Friedrich Althoff. Zunächst als Referent für die Universitäten, ab 1897 als Leiter der ersten Unterrichtsabteilung, dem auch das technische Schulwesen unterstand, beeinflusste Friedrich Althoff unter den Ministern Bosse und Studt die preußische Wissenschafts- und Kulturpolitik nachhaltig. Durch sein als System Althoff bekannt gewordenes Vorgehen bei Berufungsverfahren brach er ge-

---

53 Miloš Vec, Recht und Normierung in der Industriellen Revolution. Neue Strukturen der Normsetzung in Völkerrecht, staatlicher Gesetzgebung und gesellschaftlicher Selbstnormierung, Frankfurt/M 2006.

54 Ebd., S. 179.

55 Ebd., S. 195.

schlossene Berufungskartelle auf, denn Friedrich Althoff versuchte, die jeweils besten Wissenschaftler ihres Faches auf neu zu besetzende Lehrstühle zu bekommen. Dafür reiste er durch Preußen und das Reich. Die Gleichstellung der technischen Wissenschaften geht nicht zuletzt auf diesen ‚moderator scientiarum' zurück, dessen Namen mit dem Aufstieg der Technischen Hochschulen in seiner Amtszeit untrennbar verknüpft ist.[56] Friedrich Althoff hatte ein gutes Gespür für wichtige Entwicklungen und herausragende Ideen, deren Umsetzung er dann mit aller ihm zur Verfügung stehender Macht vorantrieb. Da er direktes Vortragsrecht beim Preußischen König Wilhelm II. hatte, konnte er Innovationen im Bildungssystem kraftvoll vorantreiben.

Zu den „wechselseitigen Beziehungen zwischen Staat und Technik" äußerte sich verschiedentlich auch Conrad Matschoß, so in einem Vortrag bei der Hauptversammlung des VDI im Jahre 1911, in dem er sich vor allem mit der Veränderung dieser Beziehung durch die technischen Entwicklungen jener Zeit beschäftigte. So zeigten die Verkehrsentwicklung und die Elektrifizierung Wirkung ebenso die neuen Kommunikationsmittel Telefon und Telegraf. Matschoß warnte mit dem Hinweis auf eine zunehmende Industriefeindlichkeit vor der Gefahr einer zu starken Regulierung der technischen Entwicklung durch Staat und Gesetzgebung und unterstrich die Bedeutung der verständnisvollen Zusammenarbeit von Technik, Industrie und Verwaltung. Er forderte die Verantwortung aller Beteiligten, „um der großen Zeit, in der wir leben, gerecht werden zu können." [57]

Im Zusammenhang mit der politisch wechselvollen Geschichte in der ersten Hälfte des 20. Jahrhunderts ist immer wieder diskutiert worden, ob und wie politischer Wandel auf die Wissenschaft wirkte.[58] Denn Natur- und Technikwissenschaften erlebten um die Jahrhundertwende einen stürmischen Aufbruch. Sie setzten Professionalisierungsprozesse in Gang, bewirkten disziplinäre und institutionelle Ausdifferenzierungen und drangen in zahlreiche, zuvor wissenschaftsfreie Bereiche ein, wie überhaupt Verwissenschaftlichung der Lebensführung und wissenschaftliches Wissen im 20. Jahrhundert „die Funktionsweisen von Politik, Wirtschaft und Gesellschaft prägte" und auch die persönliche Lebensführung bestimmte. Doch es ging auch um gesellschaftliche Aushandelungsprozesse und staatliches Ordnungshandeln, die Zeit des Deutschen Kaiserreiches wirkte dabei wie eine vorbereitende Scharnierphase. Im Zusammenhang mit den Technikwissenschaften ist hier die Gleichstellung der Technischen Hochschulen mit den Universitäten durch die Verleihung des Promotionsrechts zu nennen, im gesellschaftlichen Bereich als ein zentrales Beispiel die Reformdiskussion bei der Verwissenschaftlichung des Sozialen.[59]

---

56 Karl-Heinz Manegold, Felix Klein als Wissenschaftsorganisator, in: Technikgeschichte, Bd. 35(1968), S. 193.

57 Conrad Matschoß, Staat und Technik, in Zeitschrift des VDI, , Bd. 55, Nr. 29, 22. Juli 1911, S. 1194.

58 Rüdiger vom Bruch/Uta Gerhardt/Aleksandra Pawliczek (Hg.), Kontinuitäten und Diskontinuitäten in der Wissenschaftsgeschichte des 20. Jahrhunderts, Stuttgart 2006 (= Wissenschaft, Politik und Gesellschaft, hg. von Rüdiger vom Bruch, Bd. 1).

59 Rüdiger vom Bruch/Aleksandra Pawliczek, Einleitung, in: Ebd., S. 9.

Die erste einschneidende Zäsur im 20. Jahrhundert war der Erste Weltkrieg mit der folgenden staatlichen Neuordnung im Januar 1919, es folgten die politischen Zäsuren von 1933 und 1945. Jenseits dieser politisch so einschneidenden Zäsuren haben Forschungen zur Wissenschaftsgeschichte herausgearbeitet, dass sich in vielen Bereichen um 1930, also vor der NS-Zeit, neuartige Denkstile, Deutungs- und Argumentationsmuster herausbildeten, „die zwar in ihren jeweiligen Anwendungschancen beeinflusst wurden", in der Forschungspraxis jedoch in vielen Fällen bis in die Zeit um 1960 zu beobachten sind.[60]

Mit der Leitfigur des Ingenieurs versuchten die Intellektuellen in den Jahren nach dem Ersten Weltkrieg, sich in eine Schlüsselstellung des schnellen Systems zu bringen, als es galt das „langsame System der Kultur und das schnelle der Technik zum Ausgleich zu bringen" konstatiert Helmut Lethen in einem Beitrag über den Technikdiskurs der 1920er Jahre.[61] Denn „der große Aufschwung, den die wissenschaftsbasierte Technik seit dem späten 19.Jahrhundert genommen hatte," war lange Zeit als Garantie eines unbegrenzten zivilisatorischen Fortschritts betrachtet worden, gegen den sich nur wenige kritische Stimmen erhoben.[62] Allerdings war das Janusgesicht der Technik im Ersten Weltkrieg sichtbar geworden, da dieser Krieg wie nie zuvor die Zerstörungsmacht der Technik vor Augen geführt hatte.[63] Doch die Grundstimmung eines sorglosen Fortschrittsoptimismus war nicht ernsthaft erschüttert, erst die Erfahrungen des Zweiten Weltkrieges führten hier zu einer grundlegenden Änderung.

Die Wirkung, die politischer Wandel auf die Wissenschaft und ihre Inhalte hat, ist schwer zu bestimmen, ein von Mitchell Ash erarbeitetes Konzept stellt daher auch mehr die Ermöglichungsverhältnisse als den Kausalzusammenhang in den Focus seiner Analyse, das heißt auf die Entwicklungen innerhalb beider Systeme zu sehen und nicht einen End- und einen Schlusspunkt statisch zu setzen. Für Mitchell Ash, der viele Jahre lang die „Wissenschaftswandlungen im deutschsprachigen Europa im Kontext der großen politischen Umbrüche des 20. Jahrhunderts" erforscht hat, ist die getrennte Betrachtung der Bereiche Wissenschaft und Politik aus zwei Gründen schwer wenn nicht sogar unmöglich,

> *„weil sie genau die Autonomie voraussetzt, deren Möglichkeit oder gar Zustandkommen durch historische Analyse geklärt werden soll. Weil es empirisch nicht richtig ist, den Wissenschaftsbereich allein als das Reich der (abstrakten oder empirischen) Wahrheit zu definieren, ohne die Machtverhältnisse zur Kenntnis zu nehmen, die auch hier zum Vorschein kommen."*[64]

---

60 Ebd., S. 11.

61 Helmut Lethen, Die elektrische Flosse Leviathans, Ernst Jüngers Elektrizität, in: Wolfgang Emmerich, Carl Wege (Hg.), Der Technikdiskurs in der Hitler-Stalin Ära, Stuttgart, Weimar 1995, S. 20.

62 Hubert Laitko, Andreas Trunschke (Hg.), Nachlese zu John Desmond Bernal, Potsdam 2003, S. 135.

63 Besonders John Desmond Bernal hat sich in seinem 1929 erschienenen Buch The World, the Flesh and the Devil. An Inquiry into the Future of the Three Enemies of the Rational Soul, mit dieser Seite der Technik auseinandergesetzt.

64 Mitchell G. Ash, Wissenschaftswandlungen und politische Umbrüche im 20. Jahrhundert, in: Ebd., S. 19-37, hier S. 19.

Mitchell Ash sieht Wissenschaft und Politik als Ressourcen, die sich gegenseitig bedingen und erstellt eine Typologie dieser Ressourcen. So erforscht er zunächst Kontinuitäten und Wandlungen im Verhältnis von Wissenschaft und Politik, um dann nach dem Verhältnis von Wissenschaftswandlungen und Wandlungen der Politik zu fragen. Seine Hauptthese ist:

> *„Betrachtet man die Wandlungen in der Wissenschaftslandschaft im zwanzigsten Jahrhundert und insbesondere die im deutschsprachigen Raum mit den Daten 1933 bzw. 1938, 1945 und 1989 symbolisierten historischen Bruchstellen, so handelt es sich dabei um etwas, das man die Um- oder Neugestaltung von Ressourcenkonstellationen oder Ressourcenensembles nennen könnte."* [65]

Hinter dieser These steht ein erweiterter Begriff der Ressource, der nicht nur das Finanzielle einschließt, sondern auch kognitiv-konzeptionelle, apparativ-institutionelle und rhetorische Möglichkeiten mit berücksichtigt. Im Kontext der Entwicklung nach dem Zweiten Weltkrieg in den beiden deutschen Staaten wird die Bedeutung dieser Ressourcen deutlicher werden.

[65] Ebd., S. 25.

3 TECHNIKWISSENSCHAFTEN IN BEIDEN DEUTSCHEN STAATEN

NEUE ANSÄTZE EINES TECHNIKWISSENSCHAFTLICHEN SELBSTVERSTÄNDNISSES

Das Interesse am alten Beckmannschen Technologiebegriff sowie dessen Weiterführung in Form einer Wissenschaft der Technologie scheint erstmals in den fünfziger Jahren, aus industriellen Entwicklungsbedürfnissen heraus, wieder konkret geworden zu sein. Zunächst existierte dieses Interesse offenbar nur innerhalb der DDR, wo die Technologie, vereinfacht verstanden als „praktische Anwendung der wissenschaftlichen Erkenntnisse im Produktionsprozess"[1], als Ressource für wirtschaftliches Wachstum gesehen wurde. Aus der Erkenntnis, dass die Entwicklung von Technik die gesellschaftlichen Prozesse beeinflusst - in sozialistischen Ländern existierte bereits ein Selbstverständnis für eine gesellschaftliche Orientierung der Wissenschaft - bildete sich Ende der 1950er Jahre eine Diskussion der marxistischen Technikphilosophie heraus, die fortan vor allem im Rahmen von regelmäßig stattfindenden Konferenzen geführt wurde.[2] Damit drehte sich die Diskussion in dieser frühen Phase im Hinblick auf Entwicklung, Einsatz, Nutzung und Folgen von Technik um die Festlegung der Rolle des Menschen und der Gesellschaftsordnung, um die Auseinandersetzung mit der bürgerlichen Technikphilosophie sowie um die Bestimmung der Merkmale der wissenschaftlich-technischen Revolution im Allgemeinen.[3] Darüber entwickelte sich im Laufe der fünfziger Jahre ein erster differenzierter Technikbegriff für die Behandlung philosophischer Fragen der Technik und der Technikwissenschaften. Zu den Gründen für diese Entwicklung heißt es bei Siegfried Wollgast und Gerhard Banse:

> *„In erster Linie sind es die materialistische Grundhaltung der Technikwissenschaftler, Techniker und Ingenieure sowie die objektive Dialektik technischer Objekte und Prozesse, [...] die genutzt werden, um den philosophischen Materialismus zu vertiefen und die materialistische Dialektik als Theorie und Methode zu präzisieren."*[4]

1 Wolfgang Pagel/Harald Zimmer, Zur Bestimmung des Gegenstandes der Wissenschaft Technologie und ihrer allgemeinen Methodologie, in: Dt. Zeitschrift für Philosophie, 11. Jg. (1963), H. 3, S. 301.
2 Siegfried Wollgast/Gerhard Banse, Philosophie und Technik, Berlin 1979, S. 16f.
3 Käthe Friedrich, Technik - Technologie - Technikwissenschaften, Cottbus 1999, S. III.
4 Siegfried Wollgast/Gerhard Banse, Philosophie und Technik, Berlin 1979, S. 17.

Die Schwierigkeiten, auf die die Philosophen dabei treffen, stellen Wolfgang Pagel und Harald Zimmer 1963 sehr eindrücklich fest:

> *„Die Wissenschaft Technologie hat heute ein beachtliches Entwicklungsniveau erreicht, jedoch liegen die Erkenntnisse weit verstreut, und deren komplexe Zusammenfassung und Darstellung fehlt [...]"*, und deshalb *„wird gewissermaßen explizit gemacht, zum Bewusstsein gebracht, was vorher implizit vorhanden war. Somit wird alles das, was vorher nur „intuitiv" befolgt wurde, der planmäßigen Verfügung zugänglich."*[5]

Ähnlich wie Siegfried Wollgast und Gerhard Banse sehen also auch Wolfgang Pagel und Harald Zimmer über die Philosophie die Möglichkeit, die Technologie auf ihrem Weg zur Wissenschaftlichkeit zu unterstützen, und stellen in diesem Sinne eine Definition der Wissenschaft Technologie zur Diskussion:

> *„Technologie ist eine Wissenschaft. Ihr Untersuchungsgegenstand ist der Produktionsprozess und ihr Inhalt sind die gedanklichen Abbilder a) der Gesetzmäßigkeiten der Wechselwirkung bei der Realisierung der Zustandsänderungen am Arbeitsgegenstand in Richtung auf das Produkt mit den vom Menschen eingesetzten Arbeitsmitteln im Rahmen der technologischen Grundverfahren sowie b) der Gesetzmäßigkeiten der Wechselwirkung bei der Kombination der technologischen Grundverfahren zu einem Produktionsprozess."*[6]

Angeregt durch die Arbeiten der Philosophen greift auch F. Hofmann, Direktor des Instituts für Technologie der Karl-Marx-Universität Leipzig, zwei Jahre später die Problematik der Begriffsbestimmung Technologie als Wissenschaft in der Zeitschrift *Die Technik* wieder auf. Hofmann teilt die bis dato vorhandenen Interpretationen einer Wissenschaft Technologie in drei große Gruppen: 1) Verstanden als „Anwendung der Naturgesetze zur chemischen und physikalischen Gewinnung und Veränderung von Arbeitsgegenständen [...] mit Hilfe von Arbeitsmitteln [...] zur Erzeugung von Gebrauchswerten", daran anknüpfend 2), jedoch erweitert um sämtliche Einflussgrößen, „die bei der Gestaltung technologischer Prozesse in der Praxis auftreten und zur Erfüllung produktionstech-

5 Wolfgang Pagel/Harald Zimmer, Zur Bestimmung des Gegenstandes der Wissenschaft Technologie und ihrer allgemeinen Methodologie, in: Dt. Zeitschrift für Philosophie, 11. Jg. (1963), H. 3, S. 302f.

6 Ebd., S. 309.

nischer Leistungen vorausgesetzt werden können", und 3) verstanden nicht nur in Beschränkung auf produktionstechnische Vorgänge, „sondern auch [auf] Funktions- und Arbeitsabläufe auf dem Gebiet der nichtmateriellen Produktion", also im Sinne einer Organisierung der Anwendung wissenschaftlicher Erkenntnisse.[7]

Dieser Anfang der sechziger Jahre eingeleitete Differenzierungsprozess führt zwar zu keiner Übereinkunft in Form einer einheitlichen Definition, jedoch zeichnen sich Tendenzen ab, die insbesondere darauf gerichtet waren den Gegenstand der technischen Wissenschaften von dem der Naturwissenschaften zwar keineswegs zu trennen, doch zumindest zu unterscheiden.[8]

An einer Weiterführung des Technologiebegriffes wurde vereinzelt auch innerhalb der Bundesrepublik gearbeitet. Auch hier führte der Weg über die Philosophie, doch orientierten sich die Entwürfe nicht am Beckmannschen Technologiebegriff. Arnold Gehlen versteht in seinem 1957 wieder aufgelegtem Klassiker *Die Seele im technischen Zeitalter*[9] die Technik als das Erkennen und Ausnutzen von Eigenschaften und Gesetzen der Natur durch den Menschen. In diesem Sinne gehört die Technik für ihn zum Wesen des Menschen.[10] Dieser Einschätzung Gehlens folgt im Grunde auch Jürgen Habermas 1968 in seiner *Technik und Wissenschaft als Ideologie*[11], denn für ihn sind nicht nur Wissenschaft und Technik im industriellen Zeitalter unweigerlich miteinander verschmolzen, sondern beide bilden für ihn zugleich auch eine Einheit mit der ökonomischen Verwertung.

Auch Klaus Tuchel[12] reiht sich in diese Definitionsansätze ein und machte sich in den sechziger Jahren an eine philosophische und sozialwissenschaftliche Erklärung des Technikbegriffes:

> *„Technik ist der Begriff für alle Gegenstände und Verfahren, die zur Erfüllung individueller oder gesellschaftlicher Bedürfnisse aufgrund schöpferischer Konstruktionen geschaffen werden, durch definierbare Funktionen bestimmten Zwecken dienen und insgesamt eine weltgestaltende Wirkung ausüben."*[13]

Ende der 1960er Jahre ist die Einheit von theoretischer Forschung und Entwicklungsarbeit in den technischen Wissenschaften, wie sie nun vermehrt genannt werden, nicht nur erkannt, sondern wird auch unweigerlich vorangetrieben. Technische Theorie und

---

7 F. Hofmann, Zur Problematik der Begriffsbestimmung Technologie als Wissenschaft, in: Die Technik, 20. Jg. (1965), H. 11, S. 731f.

8 Beispielhaft hierfür: Eberhard Jobst, Spezifische Merkmale der technischen Wissenschaft in ihrem Wechselverhältnis zur Naturwissenschaft, in: Dt. Zeitschrift für Philosophie, 16. Jg. (1968), H. 5, S. 928-935.

9 Arnold Gehlen, Die Seele im technischen Zeitalter, Hamburg 1957.

10 Günter Spur, Technologie und Management, München, Wien 1998, S. 3.

11 Jürgen Habermas, Technik und Wissenschaft als Ideologie, Frankfurt 1968.

12 Klaus Tuchel, Herausforderungen der Technik, Bremen 1967.

13 Zitiert nach: Günter Spur, Technologie und Management, München, Wien 1998, S. 3.

technische Entwicklung begannen mehr und mehr miteinander zu verschmelzen. Auch der Mitte der sechziger Jahre an der Humboldt-Universität zu Berlin institutionalisierte Problemkreis „Philosophie - Technik" am Lehrstuhl für Philosophische Probleme der modernen Naturwissenschaften lieferte diesbezüglich mehrere Beiträge.[14]

Gerade das in den 1960er Jahren innerhalb der DDR einsetzende Bestreben, die Technologie als selbstständige Wissenschaft abzugrenzen, ist die Fortführung des Mitte des 19. Jahrhunderts einsetzenden Differenzierungsprozesses, bei dem sich die Technologie von der Kameralistik löste.

Auch in den 1970er und 1980er Jahren herrschte weiterhin Uneinigkeit bezüglich eines Selbstverständnisses der Technikwissenschaften. Ebenso groß war auch die Uneinigkeit über die Bezeichnung dieser Wissenschaft. Sowohl auf bundesdeutscher Seite als auch innerhalb der DDR wurden für die heute gebrauchte Bezeichnung Technikwissenschaften bis tief in die 1990er Jahre hinein Begriffe wie die technische(n) Wissenschaft(en), die Ingenieurwissenschaft(en), die Polytechnik, die Wissenschaft der Technologie(n), die Wissenschaft der Technik oder die Technikwissenschaft(en) verwendet. Zumindest bis Anfang der 1990er Jahre wird weder eine Erklärung für die jeweilige Plural- oder Singularverwendung der Begriffe gegeben, noch gehen die Autoren im Laufe der Jahre explizit auf die Veränderung ihrer Begriffsverwendung ein. Zwar machen einige wenige wie z. B. Martin Füssel noch in den 1970er Jahren auf die begriffliche Vielfalt aufmerksam,[15] jedoch sieht man sich im Grunde bis zum ausgehenden 20. Jahrhundert einer begrifflichen Fülle für den noch weitgehend undefinierten Gegenstand der Technikwissenschaften gegenüber. Erst gegen Ende der 1990er Jahre scheint sich abschließend eine Einigkeit in Richtung der heute verwendeten Begrifflichkeit der Technikwissenschaften zu vollziehen. Die folgende Beschreibung der Entwicklung eines technikwissenschaftlichen Verständnisses richtet sich für eine eindrücklichere Darstellung des Prozesses jeweils nach den Begrifflichkeiten der Autoren.

ENTWICKLUNGEN IN DER DDR

Auch rund zwanzig Jahre nach der Wiederaufnahme des Beckmannschen Technologiebegriffes setzte sich die Diskussion über den Gegenstand und die Stellung der Wissenschaft Technologie innerhalb der DDR fort. Wie H. Eigler von der Ingenieurhochschule Wismar 1973 in einem Aufsatz feststellte, waren zwar im „Meinungsstreit" über die Wissenschaft Technologie inzwischen zahlreiche Versuche unternommen worden, die Technologie als neue und selbstständige Wissenschaft abzugrenzen, jedoch schien die einzige Gemeinsamkeit dabei die Berufung auf den Produktionsprozess.[16]

---

14 Gerhard Banse, Philosophische Fragen der technischen Wissenschaften - Probleme und Ergebnisse, in: Deutsche Zeitschrift für Philosophie, 24. Jg. (1976), H. 3, S. 310.

15 Martin Füssel, Die Begriffe Technik, Technologie, Technische Wissenschaften und Polytechnik, Bad Salzdethfurth 1978, S. 4.

16 H. Eigler, Begriffsbestimmungen der Wissenschaft Technologie als Abbild des Differenzierungs- und Integrationsprozesses bei der Wissenschaftsentwicklung, in: Die Technik, 28. Jg. (1973), H. 4, S. 262f.

Den entscheidenden Schritt zur Positionierung der Technikwissenschaft[17] innerhalb des Systems der Wissenschaften unternehmen ein Jahr darauf H. Weber, von der Kammer der Technik, und E. Jobst, Professor für dialektischen und historischen Materialismus mit Forschungsgebiet Philosophische Probleme der Technikwissenschaft. Über die Erkenntnis einer wachsenden Wechselbeziehung zu den Natur- und Gesellschaftswissenschaften sprechen sie sich dafür aus, dass keineswegs bei der traditionellen Auffassung einer Technikwissenschaft als angewandter Naturwissenschaft stehengeblieben werden dürfe.[18] Nur wenn „die Technik als eine soziale Erscheinung, als historisches Ergebnis der Auseinandersetzung des Menschen mit der Natur zur Aneignung ihrer Gesetze, ihrer Veränderung und Beherrschung betrachtet wird", kann der Gegenstand der Technikwissenschaft erfasst werden. In diesem Sinne spiegelt die Technikwissenschaft „den Prozess der Umgestaltung des Natürlichen in das Gesellschaftliche wider, den Prozess, der auf die Befriedigung der Bedürfnisse des Menschen gerichtet ist."[19] Wurden spezifische Aussagen, Begriffe und Theorien bislang fast ausschließlich auf empirischer Grundlage entwickelt, so verlangte die zunehmende Automatisierung zur Befriedigung der materiellen sowie der geistig-kulturellen Bedürfnisse nach Weber und Jobst mehr und mehr nach einer mathematisch-naturwissenschaftlichen Begründung und damit nach einem dialektischen Wechselverhältnis zwischen (natur-) wissenschaftlich-technischer und gesamtgesellschaftlicher Entwicklung.[20]

Die Diskussion um den wissenschaftlich-technischen Fortschritt hatte sich seit den frühen 1970er Jahren um die des gesellschaftlichen Fortschrittes erweitert. Neben erkenntnistheoretischen-methodologischen Problemen stehen nun auch weltanschaulich-ethische Fragen im Vordergrund, bei denen es auch die Stellung des Menschen zur Technik zu bestimmen gilt. Technik wurde spätestens seit den 1970er Jahren auch zu einem zentralen Thema der Gesellschaftswissenschaften der DDR und wurde über sie nicht nur in gesellschaftlichen, sondern auch in politischen, kulturellen und ökonomischen Kontexten behandelt.[21]

Diese Entwicklungen gingen an den Ingenieuren nicht unbemerkt vorüber. Vielmehr beobachteten diese sie mit großem Interesse, und versuchten sich der Technikwissenschaft nun vereinzelt auch von außen zu näheren. So knüpfte der Biomechaniker Gerhard Hochmuth an die Feststellung eines sich vollziehenden fortschrittlichen Wandels der Technikwissenschaft an und machte sich daran, die Ursachen und Bedingungen eines solchen, für ihn sozialökonomisch determinierten Wandels herauszustellen.

---

17 Der Begriff Technikwissenschaft wird zu diesem frühen Zeitpunkt von Weber und Jobst nur im Singular gebraucht.

18 H. Weber/E. Jobst, Die Stellung der Technikwissenschaft im System der Wissenschaften, in: Die Technik, 29. Jg. (1974), H. 8, S. 487.

19 Ebd., S. 487.

20 Ebd., S. 488f.

21 Käthe Friedrich, Technik - Technologie - Technikwissenschaften, Cottbus 1999, S. VI.

Die Ursachen sieht er auf wissenschaftsexterner Seite klar in den ökonomischen, politischen, militärischen und ideologischen Erfordernissen und Möglichkeiten. Der Hauptgrund für Hochmuth aber ist

> *„die Produktion, [bei der] die unmittelbar aus dem Arbeitsprozess und aus der Konsumtion hervorgehenden Bedürfnisse von den konkret-historischen sozialökonomischen Verhältnissen modifiziert werden und sich als Forderungen an die Technikwissenschaft zeigen."*[22]

Die Bedingungen für den Übergang „vom Probieren zum Berechnen" sieht er dagegen vielschichtiger begründet. Nicht nur, dass empirisches Vorgehen durch zu häufige Wiederholungen unökonomisch sei, wodurch es zu einer Hemmung des Entwicklungstempos komme, sondern auch die Ungenauigkeit der durch dieses Vorgehen ermittelten Ergebnisse verhindere eine Mathematisierung der Technikwissenschaft. Der daraus resultierende Drang zur Ökonomisierung gehe einher mit der Fortentwicklung der Fähigkeiten und Kenntnisse des Menschen, die gemeinsam den Fortschritt der Technikwissenschaft bedingen.[23]

Anknüpfend an die Arbeiten aus den 1960er Jahren, wurden die sich aus der Veränderung des Verhältnisses von Empirischem und Theoretischem ergebenden neuen Aufgaben sowie die Suche nach spezifischen Gesetzmäßigkeiten in der Technikwissenschaft nun vermehrt aus der Philosophie heraus bearbeitet. Bereits Karl Marx und Friedrich Engels hatten sich mit der Technik befasst, und gerade Karl Marx hatte eine Techniktheorie entwickelt, in der er produktive Tätigkeit als gesellschaftliche Arbeit verstand, womit die Technik einen integralen Bestandteil sozialen Daseins für ihn darstellte. Die philosophische Beschäftigung mit der Technik hat also bereits Tradition im Marxismus.[24]

Gerhard Banse stellte Anfang 1976 die bis dahin entwickelten philosophischen Fragestellungen, die vor allem in Auseinandersetzung mit der bürgerlichen Technikphilosophie entstanden waren, zusammen. Er unterscheidet drei Gruppen:

- Weltanschaulich-philosophische Probleme allgemeiner Art,
- erkenntnistheoretische und methodologische Probleme sowie
- wissenschaftssoziologische Probleme.[25]

---

22 Gerhard Hochmuth, Entwicklungsgesetze der Technik und der Technikwissenschaft, in: Deutsche Zeitschrift für Philosophie, 23. Jg. (1975), H. 9, S. 1194f.

23 Ebd., S. 1198f.

24 Käthe Friedrich, Technik ..., S. II.

25 Gerhard Banse, Philosophische Fragen ..., S. 308.

So subsumiert er unter der ersten Gruppe Fragestellungen im Hinblick auf eine Definition der Technikwissenschaft sowie ihrer Gemeinsamkeiten und Unterschiede zu den Natur- und Gesellschaftswissenschaften. Der zweiten Gruppe rechnet er Fragen der Methodologie technischen Konstruierens, des Zusammenhanges zwischen Konstruieren und Erkennen, sowie der Bedeutung von Intuition und Erfahrung zu. Innerhalb der dritten Gruppe verortet er dagegen Fragen sozialökonomischer Determiniertheit technikwissenschaftlicher Forschung, der Bedingungen und Gesetzmäßigkeiten der Entwicklung von Technik und Technikwissenschaft, der Beziehung Ingenieur und Gesellschaft sowie der ethischen Probleme der Ingenieurarbeit.[26] Als Fazit dieser Übersicht gelangt Gerhard Banse zu dem Schluss, dass bislang lediglich Einigkeit bezüglich der Technik als Gegenstand der technischen Wissenschaften herrscht, während schon die Frage, was Technik ist, noch nicht beantwortet sei[27] -- ein Problem, in dem Autoren wie Erwin Herlitzius und Eberhard Jobst gerade den Motor für die Entwicklung der technischen Wissenschaften sehen. Die Formulierung von Arbeitshypothesen, Problemen, Zielen und Aufgaben sollte nach ihrer Auffassung gerade zu einem einheitlichen Verständnis führen.[28] Ein Beispiel für vereinzelt erfolgte Versuche bildet u. a. ein Aufsatz von Eberhard Jobst und Ulrich Marmai aus dem Jahre 1975.[29]

Den nächsten Schritt unternahm Jobst selbst Ende der 1970er Jahre, als er erstmals auch die Funktionen der technischen Wissenschaften zu benennen versuchte:

- Auf der Grundlage empirischer und theoretischer Erkenntnisse sind technische Mittel und Prozesse gedanklich vorwegzunehmen bzw. bereits Geschaffene zu untersuchen und zu bewerten.
- Ergebnisse aus Experimenten und Beobachtungen sowie praktische Erfahrungen sind theoretisch zu verallgemeinern und in vorhandene Systeme zu integrieren bzw. zur Neuschaffung von Technik zu verwenden.
- Die Prinzipien bisher entwickelter technischer Mittel und Prozesse sind systematisch darzustellen.
- Naturwissenschaftliche Erkenntnisse sind im Produktionsprozess anzuwenden.
- Sozialökonomische Bedingungen für Entwicklung und Einsatz technischer Mittel und Verfahren sind in die ingenieurwissenschaftlichen Aussagen einzubeziehen.[30]

---

26 Ebd., S. 308ff.

27 Ebd., S. 311.

28 Erwin Herlitzius/Eberhard Jobst, Die technischen Wissenschaften und ihre soziale Funktion, in: Deutsche Zeitschrift für Philosophie, 26. Jg. (1978), H. 1, S. 19.

29 Eberhard Jobst/Ulrich Marmai, Weltanschauliche und wissenschaftstheoretische Probleme des Verhältnisses von Natur- und Technikwissenschaften, in: Deutsche Zeitschrift für Philosophie, 23. Jg. (1975), H. 6, S. 757-766.

30 Eberhard Jobst, Gegenstand und Aufgaben der technischen Wissenschaften, in: Wissenschaftliche Zeitschrift der Technischen Hochschule Karl-Marx-Stadt, 20. Jg. (1978), H. 5, S. 557f.

„Problematisch war dabei, daß [...] in den Technikwissenschaften eine allgemeine Theorie fehlte, ja daß sich ein Verständnis der Spezifik und Eigenständigkeit der Technikwissenschaften gegenüber den Natur- und Gesellschaftswissenschaften erst langsam entwickelte."[31]

Anknüpfend daran ging es Wolffgramm um die Konkretisierung der Marxschen Intention, alle Produktionsprozesse mit allgemeinen wissenschaftlichen Grundsätzen zu begründen.[32] Gerade die Produktionsprozesse ließen die Ausarbeitung einer allgemeinen Technologie als Technikwissenschaft notwendig erscheinen. Ende der 1970er Jahre lieferte Wolffgramm mit seiner *Allgemeinen Technologie* erstmals eine umfassende Darstellung der Elemente, Strukturen und Gesetzmäßigkeiten technologischer Systeme. Hier versteht er die technologische Wissenschaft als Disziplin innerhalb der sich etablierenden Technikwissenschaften. Anknüpfend an den Beckmannschen Technologiebegriff von 1772 unterscheidet er zwischen einer allgemeinen und einer speziellen Technologie, wobei nach seinem Verständnis Erstere weitestgehend vom Produktionsprozess abstrahieren sollte, während Letztere sich konkret auf diesen beziehen sollte.[33]

Abb. 23: Gliederung der Technologie als Wissenschaft

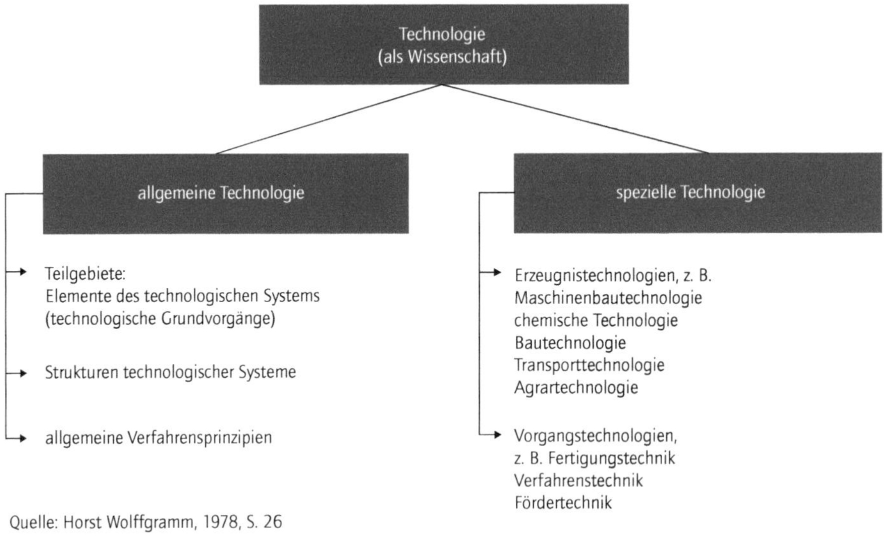

Quelle: Horst Wolffgramm, 1978, S. 26

---

31 Horst Wolffgramm, Allgemeine Technologie zwischen (technologischer) Aufklärung und (technikwissenschaftlicher) Metatheorie, in: Gerhard Banse (Hg.), Allgemeine Technologie, Berlin 1997, S. 123.

32 Ebd.

33 Horst Wolffgramm, Allgemeine Technologie, Leipzig 1978, S. 26.

In den 1980er Jahren wurde insbesondere die Entwicklung eigenständiger theoretischer Aussagen innerhalb der Technikwissenschaften verfolgt. Dabei sollten nicht mehr nur einzelne Phänomene und Zusammenhänge der Technik naturwissenschaftlich erklärt und mathematisch beschrieben, sondern erstmals auch komplexe Systeme und Prozesse als Ganzheiten theoretisch ergründet werden, wenngleich mit der Feststellung, dass die mathematisch-naturwissenschaftliche Fundierung der Technikwissenschaften in vielen Bereichen noch völlig am Anfang stand.[34] Die Theorieentwicklung der 1980er Jahre war historisch tief verwurzelt und ging auf den Methodenstreit des 19. Jahrhunderts zurück, bei dem es sowohl um den Kern als auch um die Rolle und Spezifik der Theorie im technischen Schaffensprozess ging. Nun galt es, diese Theorie weiterzuentwickeln, verstanden nicht nur als reines Aussagesystem, „sondern umfassender als eine Einheit von ideellem Abbild, geistiger Vorwegnahme und Handlungsanweisung."[35] In diesem Sinne ist die technikwissenschaftliche Tätigkeit für Banse auf existierende oder noch zu schaffende Technik gerichtet. Er versteht 1986 unter Technikwissenschaften

> *„diejenigen Wissenschaften [...], deren Objektbereich die Technik ist [...] und deren Funktion sowohl darin besteht, [...] technische Charakteristiken existierender technisch-technologischer Systeme [...] empirisch und theoretisch zu analysieren, diese Ergebnisse natur- und technikwissenschaftlich zu begründen, mathematisch zu fundieren, zu verallgemeinern sowie anwendungsgerecht aufzubereiten und darzustellen, um technische Systeme so verbessern und exakter beherrschen zu können als auch neue technische Objekte und Prozesse [...] auf der Grundlage theoretischer Erkenntnisse und Ableitungen sowie vorhandener Erfahrungen gedanklich zu synthetisieren [...] und entsprechend gesellschaftlichen Forderungen, Bedingungen und Möglichkeiten zu gestalten, zu bemessen, zu bewerten und zu optimieren."*[36]

Die Auseinandersetzung mit dem Problem der Theoriebildung führte zur Frage nach der Forschungsspezifik in den Technikwissenschaften, die auch auf der Tagesordnung der 1983 veranstalteten wissenschaftlichen Konferenz *Automatisierung – Technikwissenschaft – Persönlichkeit* stand. Volker Zimmermann zeigt hier eindrücklich, dass nicht von „der" technikwissenschaftlichen Forschung gesprochen werden kann, da diese sowohl aus Grundlagen- als auch aus angewandter Forschung bestehe, die er klar von den entsprechenden naturwissenschaftlichen Forschungsbereichen abzugrenzen sucht. Er sieht die entscheidenden Unterschiede sowohl in den Aufgaben, den Gegenständen, der

[34] Eberhard Jobst/Peter Schuttpelz, Wissenschaftlich-technischer Fortschritt, Sozialismus, Persönlichkeit, Karl-Marx-Stadt 1981, S. 27f. u. 30.

[35] Eberhard Jobst/Volker Zimmermann, Theoriengenese in den Technikwissenschaften, in: Wissenschaftliche Zeitschrift der Technischen Hochschule Karl-Marx-Stadt, 27. Jg. (1985), H. 8, S. 400 u. 404.

[36] Gerhard Banse, Erkenntnistheoretische Grundfragen der Technikwissenschaften, in: Gerhard Banse/Helge Wendt (Hg.), Erkenntnismethoden in den Technikwissenschaften, Berlin 1986, S. 13.

Wahrscheinlichkeit direkter praktischer gesellschaftlicher Beziehungen, in der Tendenz zur Interdisziplinarität sowie der zur Bewertung nach Funktionsfähigkeit und in höherer Arbeitsteilung und Spezialisierung.[37]

Gerade der durch die spezifischen Merkmale der Technikwissenschaften bedingten Interdisziplinarität nahmen sich die Philosophen immer wieder an. Viele Disziplinen der Technikwissenschaften hatten sich in der Vergangenheit relativ autark entwickelt, und auch die Integration von Wissen und die interdisziplinäre Zusammenarbeit brachten komplexe Probleme mit sich. In der Konsequenz entstanden umfangreiche Untersuchungen über die integrativen Wechselbeziehungen der Technikwissenschaften mit den Natur- und Gesellschaftswissenschaften.[38] Dabei wird den technikwissenschaftlichen Grundlagendisziplinen, wie der Technischen Mechanik, der Technischen Thermodynamik, der Elektrotechnik, der Werkstoffwissenschaft und weiteren anderen, eine integrationsfördernde Rolle zugeschrieben, da gerade durch sie die naturwissenschaftlich-mathematische Fundierung der Technikwissenschaften sowie die Herausbildung allgemeiner, disziplinübergreifender technikwissenschaftlicher Theorien und die Aufdeckung technischer Gesetze befördert werden sollte.[39]

Neben einer philosophisch-methodologischen Reflexion der Technikwissenschaften gruppierten sich Natur-, Technik- und Gesellschaftswissenschaftler um Rolf Sonnemann und Gisela Buchheim an der Technischen Universität Dresden zu einem Kollektiv der Geschichte der Technikwissenschaften, welches anders als die klassischen Technikhistoriker eher an der Untersuchung der wissenschaftlichen Tätigkeit interessiert war. Die marxistisch-leninistische Geschichtswissenschaft hat qua Parteiauftrag auch eine prognostische Funktion zu erfüllen. Das Konzept der „Wissenschaftlich-technischen Revolution", als Möglichkeit des Übergangs zum Sozialismus-Kommunismus, wies im Sinne dieses Parteiauftrages gerade den Wissenschafts- und Technikhistorikern eine maßgebliche Rolle zu. Bereits 1978 erweiterte sich der Wissenschaftsbereich *Geschichte der Produktivkräfte* an der Dresdener Universität um die Technikwissenschaftsgeschichte, worauf die Gründung des Zentrums für Geschichte der Technikwissenschaften folgte.[40] Aus diesen frühen Bemühungen entstand ab 1980 die Schriftenreihe *Dresdener Beiträge zur Geschichte der Technikwissenschaften*, die bis in die Gegenwart fortgeführt wird.

---

37 Volker Zimmermann, Zu einigen Aspekten der Klassifikation des Forschungsprozesses, insbesondere in den Technikwissenschaften, in: Wissenschaftliche Konferenz zum Thema „Automatisierung – Technikwissenschaft – Persönlichkeit", Karl-Marx-Stadt 1983, S. 104-109.

38 Vgl. Johannes Albert/Erwin Herlitzius/Frank Richter, Entwicklungs- und Entstehungsbedingungen der Technikwissenschaften. Freiberger Forschungshefte. Reihe D. H. 145, Leipzig 1982 sowie Eberhard Jobst, Das Verhältnis der Technikwissenschaften zu den Natur- und Gesellschaftswissenschaften, in: Wissenschaftliche Zeitschrift der Technischen Hochschule Karl-Marx-Stadt, 25. Jg. (1983), H. 1.

39 Eberhard Jobst, Der wissenschaftlich-technische Fortschritt und die interdisziplinäre Zusammenarbeit von Philosophen und Technikwissenschaftlern, in: Deutsche Zeitschrift für Philosophie, 33. Jg. (1985), H. 4, S. 329.

40 http//tu-dresden.de/die_tu_dresden/fakultaeten/philosophische_fakultaet/...

Innerhalb der Arbeit dieses Kollektivs kam es zu einer Verbindung von philosophischen und historischen Betrachtungen, wobei genauer hinterfragt wurde, wie sich spezifische Gebilde in der Geschichte entwickelt haben, um darüber das Wesen der Technikwissenschaften genauer zu erklären.[41] So begründete Hubert Laitko 1982 das Zustandekommen der Technikwissenschaften aus historischer Sicht damit, dass

> *„zwischen naturwissenschaftlichen Theorienfundamenten [...] und technisch-praktischer Erfahrung eine stabile, in Gestalt selbständiger Theorien und Methoden ausgeformte Verbindung [...] hergestellt [wird]. [...] Entscheidend für die Eigenart der Technikwissenschaften ist die Klammer, die naturwissenschaftliche und mathematische Voraussetzungen und praktische Erfahrungen zu einem neuartigen Ganzen zusammenfügt."*[42]

Über die Dynamisierung des Produktionsprozesses erlangten die Technikwissenschaften in der DDR eine neue Position im wissenschaftlichen Gesamtsystem. Bereits in den sechziger Jahren übernahmen die Philosophen die Verantwortung für einen erfolgreichen Selbstfindungsprozess der Technikwissenschaften, womit die zuvor dominierende Vorstellung einer wertneutralen Eigengesetzlichkeit des technischen Fortschritts durch eine programmatische Wertsensibilität abgelöst wurde.[43] Es ging um philosophische Unterstützung, aber auch um Beistand bei der Erschließung dieses Neulandes wissenschaftlichen, interdisziplinären Denkens.[44] Erst die philosophisch-methodologische, aber auch die historische Reflexion über das Wesen der Technikwissenschaften führte sie, zumindest innerhalb der DDR, aus ihrem Dasein als „angewandte Naturwissenschaft" heraus und brachte die Anerkennung als eigenständige Wissenschaft.

Rund fünfzehn Gruppen können zum Ausgang der achtziger Jahre registriert werden, die sich innerhalb der DDR mit philosophischen Problemen der Natur- und Technikwissenschaften beschäftigten. Sie waren sowohl an der Akademie für ärztliche Fortbildung – Magdeburg, der Bergakademie Freiberg, der Hochschule für Verkehrswesen Friedrich List, der Humboldt-Universität zu Berlin, den Ingenieurhochschulen Köthen und Wismar, der

---

41 Hubert Laitko, Einleitende Bemerkungen, in: Akademie der Wissenschaften der DDR (Hg.), Studien zur Entstehungsgeschichte technikwissenschaftlicher Disziplinen, Berlin 1985, S. 1f.

42 Ebd., S. 5f.

43 Gerhard Banse/Käthe Friedrich, Sozialorientierte Technikgestaltung – Realität oder Illusion? – Dilemma eines Ansatzes, in: Gerhard Banse/Käthe Friedrich (Hg.), Technik zwischen Erkenntnis und Gestaltung, Berlin 1996, S. 141.

44 Eberhard Jobst, Der wissenschaftlich-technische ..., S. 330.

Pädagogischen Hochschule Potsdam, den Technischen Hochschulen Otto von Guerike Magdeburg, Karl-Marx Stadt, Ilmenau und Merseburg, als auch an der Technischen Universität Dresden und der Akademie der Wissenschaften der DDR lokalisiert.[45]

Die Technikphilosophen und -historiker der DDR lieferten in den 1970er und 1980er Jahren vor allem einen innerwissenschaftlichen Beitrag, also eine inhaltliche Analyse der Technikwissenschaften an konkreten Beispielen.[46] Darüber wiesen sie nach, dass es in den Technikwissenschaften ebenso eigene Theorien gibt, wie in den Naturwissenschaften. Diese technikwissenschaftlichen Theorien positionieren sie zwischen den mathematischen und naturwissenschaftlichen Theorien auf der einen und der Ingenieurpraxis auf der anderen Seite.

ENTWICKLUNGEN IN DER BRD

Nachdem viele Wissenschaften seit dem Ersten Weltkrieg zunehmend und in den Jahren der nationalsozialistischen Herrschaft überwiegend mit Militär- und Rüsungstechnik verbunden waren, erschien eine Wiederherstellung des Ideologems von der „reinen" Wissenschaft wenig überzeugend. Vielmehr kam es zu einer Intensivierung der Diskussion um wissenschaftliche Ethik. In den 1950er Jahren setzte die staatliche Wissenschaftsförderung neue Schwerpunkte im Bereich gesellschaftlicher Problemlagen. Hieraus entstanden Anforderungen an die Wissenschaft, die institutionelle und disziplinäre Grenzen übersprangen.[47] Nun waren sowohl Ingenieure und Mathematiker als auch Philosophen und Politologen gefragt. Zwar hatte es an den Universitäten und Technischen Hochschulen schon seit ihren Anfängen fachliche Überschneidungen zwischen beiden Hochschultypen gegeben, diese fanden jedoch erst nach dem Zweiten Weltkrieg über das Studium generale ihre institutionelle Verankerung.[48] Damit einher ging die Expansion der Studentenzahlen sowie die Gründung weiterer Hochschulen, die sich schematisch nicht mehr am klassischen Fächerspektrum der Technischen Hochschulen oder Universitäten orientierten. Seit den 1960er Jahren bauten sich die Technischen Hochschulen über die Einrichtung philosophischer, juristischer, medizinischer und wirtschaftswissenschaftlicher Fakultäten zu Universitäten[49] aus, eine Durchmischung, die zum damaligen Zeitpunkt kaum noch auf grundsätzlichen Widerstand stieß. Zwar bestanden weiterhin Spannungen zwischen den Disziplingruppen, doch hatten diese über die institutionellen Entwicklungen und der damit einhergehenden Überwindung der

---

45 Nähere Angaben zu den jeweiligen Instituten und beteiligten Wissenschaftlern finden sich bei Käthe Friedrich, Technik - Technologie - Technikwissenschaften, Cottbus 1999, S. 111ff.

46 Vitaly G. Gorokhov, Entwicklung der Wissenschaftstheorie der Technikwissenschaften in der UdSSR, der DDR und der BRD, in: Hans-Joachim Petsche/Monika Bartíková/Andrzej Kiepas (Hg.), erdacht, gemacht und in die Welt gestellt, Berlin 2006, S. 121.

47 Wolfgang König: Utilität, Zweckfreiheit und disziplinäre Entgrenzung, in: Gerhard Banse (Hg.), Fortschritte bei der Herausbildung der Allgemeinen Technologie, Berlin 2004, S. 196.

48 Ebd., S. 197.

49 Hierzu zählten Hannover, Berlin, Braunschweig, Karlsruhe, München, Stuttgart aber auch Aachen, nur letztere behielt die Bezeichnung RWTH Aachen bei.

scharfen Trennung von reiner und praktischer Wissenschaft, klassischer und technischer Disziplinen an Brisanz verloren.[50] Diese veränderte wissenschaftsorganisatorische Situation eröffnete den Technikwissenschaften nun auch den Zugang zu den Akademien.

Der seit den 1970er Jahren immer spürbarer werdende technologische Wandel in den Industriestaaten sorgte dafür, dass sich Technologie zu einem allgegenwärtigen Schlagwort entwickelte. Während sich der Blick innerhalb der DDR dabei vor allem auf die Produktionsverhältnisse richtete, wurden in der Bundesrepublik eher wissenschaftstheoretische Begründungen gesucht. Dies zeigt auch die Fülle von Ansätzen zur Technikforschung Ende der siebziger Jahre:

- Traditionelle Technikphilosophie als Versuch, die Technik über philosophische Denkrichtungen zu erklären,
- Wissenschaftstheorie der Technik als eine Analyse der Frage, inwieweit Technikwissenschaft als angewandte Naturwissenschaft zu verstehen ist,
- Sozialphilosophie der Technik als globale Deutungen des gesellschaftlichen Gesamtzustandes unter den Bedingungen der modernen Technik,
- spezielle Soziologien als Untersuchungen der beruflichen und gesellschaftlichen Lage der Gruppe von Arbeitskräften, welche die konzeptionellen Phasen der technischen Entwicklung bestreiten sowie teilweise auch an deren Realisation beteiligt sind,
- Arbeitswissenschaft als Perfektionierung menschlicher Arbeitsleistung sowie Humanisierung des Arbeitslebens,
- Technikgeschichte als personen- und ereignisorientierte Historiographie sowie Untersuchungen zur Strukturgeschichte der Technik sowie
- Theorien des technischen Fortschritts als interdisziplinäre Ansätze mit Tendenzen zur Innovationsforschung.[51]

Innerhalb der Bundesrepublik wurde die neue Programmatik der Technikphilosophie als Wissenschaftstheorie der Technikwissenschaften mit dem von Hans Lenk und Simon Moser herausgegebenem Buch *Techne, Technik, Technologie* weiterentwickelt. Ebenso wie in der DDR, ging man auch auf westdeutscher Seite der Frage nach einem eigenständigen Wissenschaftssystem der Technikwissenschaften und dessen Kriterien nach.[52]

---

50 Wolfgang König: Utilität ..., S. 198.

51 Günter Ropohl, Eine Systemtheorie der Technik, München/Wien 1979, S. 22-27.

52 Hans Rumpf, Gedanken zur Wissenschaftstheorie der Technikwissenschaften, in: Hans Lenk/Simon Moser (Hg.), Techne, Technik, Technologie, Pullach 1973, S. 82.

So gehörte es 1973 für Hans Rumpf als Verfahrenstechniker und Mitglied der Heidelberger Akademie der Wissenschaften zu den speziellen Aufgaben der technischen Wissenschaften Lösungsmöglichkeiten für technische Aufgaben und deren systematische, mathematisch fundierte Beschreibung bereitzustellen.[53] Die dazu zu verwendenden Methoden werden von ihm vereinfacht wie folgt dargestellt:

- Analyse der Fragestellung,
- Klärung und Wahl der Bewertungsmaßstäbe,
- Feststellung sämtlicher Lösungsvarianten,
- Herausfinden von Varianten und Lösungswegen sowie
- Vergleich und Optimierung.[54]

Bezüglich der Frage einer Abgrenzung der Technikwissenschaften gegenüber den Naturwissenschaften, sieht Hans Rumpf ein Wechselverhältnis der beiden Wissenschaftsbereiche, wobei er die Beantwortung der wissenschaftlichen Frage „Wie wird etwas gemacht?" zur eigentlichen technikwissenschaftlichen Aufgabe erklärt.[55]

Seit Anfang der 1970er Jahre widmete sich auch Günter Ropohl als Assistent des Stuttgarter Produktionswissenschaftlers C.M. Dolezalek verstärkt der Frage „Was heißt Technologie?" und unternahm zunächst eine Bestandsaufnahme vorhandener Definitionen für den Technologiebegriff.[56] Anknüpfend an Beckmanns Ansatz einer Allgemeinen Technologie, der über die Entstehung technischer Einzelwissenschaften und deren Spezialisierung innerhalb der bundesdeutschen Entwicklung in Vergessenheit geraten war, bereitete Ropohl um 1972/73 einen neuen Entwurf einer Allgemeinen Technologie vor, mit dem Ziel einer individuellen, gesellschaftlichen und politischen Bewältigung der modernen Technik. Formulierbar sollte diese allgemeine Technologie mit Hilfe der drei kybernetischen Kategorien Information, Regelung und System werden.[57] Sowohl in ersten philosophischen Arbeiten als auch in den bis zu diesem Zeitpunkt vorwiegend an den Verwertungsinteressen der industriellen Praxis orientierten Technikwissenschaften erkannte Ropohl Grundlagen für eine solche Allgemeine Technologie.[58] 1975 entwarf er einen systemtheoretisch-kybernetischen Ansatz, den er dem methodischen Ansatz Rumpfs gegenüber stellte.

Ropohl hält darin eine methodologische Analyse technikwissenschaftlicher Arbeit für wenig aussichtsreich, denn nach seiner Auffassung sind sowohl die Denkansätze als auch die Problemlösungsbedingungen von Fachgebiet zu Fachgebiet zu unterschied-

---

53 Ebd., S. 95f.

54 Ebd., S. 98f.

55 Ebd., S. 92.

56 Gleichnamiger Aufsatz von Günter Ropohl, in: VDI Nachrichten, 52. Jg. (1972), H. 26, S. 11.

57 Günter Ropohl, Prolegomena zu einem neuen Entwurf der allgemeinen Technologie, in: Hans Lenk/Simon Moser (Hg.), Techne, Technik, Technologie, Pullach 1973, S. 157.

58 Ebd., S. 152f.

lich.[59] Stattdessen präsentiert er eine Systemtechnik, in der er drei Klassen differenziert: *Sachsysteme* als Inhalt der Ingenieuraufgaben (Hervorbringung technischer Gebilde sowie Versuch, Betrieb und Wartung), *Handlungssysteme* als Maßnahmen und Einrichtungen technischer Arbeit und *Zielsysteme* als Menge der Zielvorgaben.[60]

Abb. 24: Schema von Ropohl

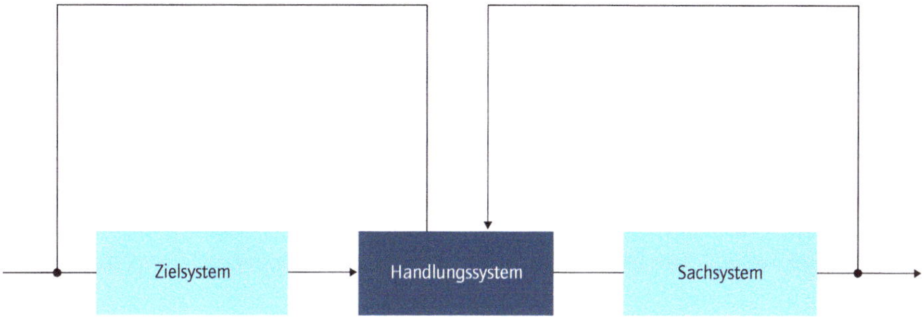

Quelle: Ropohl 1975, S. 33, Bild 15

In den Mittelpunkt seiner Betrachtungen rückt Günter Ropohl die Klasse der Handlungssysteme:

> *„In einem Handlungssystem wird gemäß einem Zielsystem ein Sachsystem verwirklicht. Dabei beeinflusst das Handlungssystem das Zielsystem, während das entstandene Sachsystem auf das Handlungssystem zurückwirkt oder gar dessen Bestandteil wird."*[61]

Somit geht er nicht von einem erkenntnisleitenden Vorgehen in den Technikwissenschaften aus, sondern von bloßem Anwenden. Ende der 1970er Jahre bietet Günter Ropohl eine Fortsetzung seines Entwurfes einer Allgemeinen Technologie in Form einer Systemtheorie der Technik. Im Anschluss an eine Zusammenfassung vorliegender Ansätze zur Technikforschung bemängelt er insbesondere die Tatsache, dass es seit den 1960er Jahren zwar vermehrt technologische Verallgemeinerungsversuche gegeben

59 Günter Ropohl, Einleitung in die Systemtechnik, in: Günter Ropohl (Hg.), Systemtechnik – Grundlagen und Anwendung, München/Wien 1975, S. 1.
60 Ebd., S. 32ff.
61 Ebd., S. 33.

habe, diese sich bislang jedoch, innerhalb der Fülle praxisbezogenen Diskussionsmaterials, wenig profiliert hätten. Zudem konstatiert er innerhalb der Ingenieurwissenschaften ein mangelndes Interesse an Gegenständen, die Bereiche der jeweiligen Spezialgebiete überschreiten. Seine Systemtheorie soll deshalb die Grundlage für eine allgemeine Technikforschung und Techniklehre sein, die, entsprechend der naturalen, humanen und sozialen Funktion der Technik, interdisziplinär angelegt ist.[62]

Auch das Streben nach terminologischer Eindeutigkeit war Ende der 1970er Jahre noch nicht abgeschlossen. So versuchte der Ingenieur Martin Füssel 1978 die Begriffe „Technik", „Technologie", „technische Wissenschaft" und „Polytechnik"[63] ebenso wie seine Kollegen unter Einbeziehung bisheriger Arbeiten voneinander abzugrenzen, jedoch nicht diese abschließend zu definieren. Nach einer historischen Aufarbeitung des Technologie-Begriffes, von Johann Beckmann und Karl Karmarsch, über Günter Ropohl u. a. kommt Martin Füssel zu dem Ergebnis, dass die aktuelle Diskussion nicht mehr durch die Bestimmung des Gegenstandes, sondern vielmehr durch Versuche der Abgrenzung gegenüber nicht-technischen Disziplinen gekennzeichnet ist.[64] Interessanterweise schließt er in seine Überlegungen auch die heute noch vorhandene Übersetzungsproblematik ein. Der fälschlicherweise häufig mit „Technologie" übersetzte englische Begriff „technology" entspricht nach Martin Füssel vielmehr dem deutschen „Technik"-Begriff, während er für eine entsprechende Übersetzung von „Technologie", vereinfacht verstanden als Lehre von den Verfahrensarten, den Terminus „Technological Science" vorschlägt.[65]

Bezüglich des Begriffs der „technischen Wissenschaften" stellt Martin Füssel fest, dass sich inzwischen zwei Varianten herausgebildet haben: die „Technik-Wissenschaft" oder die „Technik-Wissenschaften". Da sowohl die Singular- als auch die Pluralform in gleichen Kontexten bisher Verwendung fanden, mache die Nutzung des Terminus „Technikwissenschaften" als einer meta-technischen Disziplin für ihn mehr Sinn.[66]

Die Positionierung der Technikwissenschaften sieht Martin Füssel ganz klar zwischen den Natur- und Gesellschaftswissenschaften. Gerade im Vergleich zu den Naturwissenschaften können die Technikwissenschaften „noch nicht existierende Gebilde und Verfahren (Systeme) gedanklich vorwegnehmen, [...] Aussagen entwickeln und bereitstellen, um solche antizipierten Systeme erstmalig zu erzeugen."[67] Weniger klar dagegen verhält es sich mit der Bestimmung einer Wissenschaftstheorie der Technikwissenschaften. Da eine solche bis dato nicht entwickelt ist, sieht Füssel deren Aufgabe in den folgenden drei Bereichen:

62 Günter Ropohl, Eine Systemtheorie ..., S. 27 und S. 314.

63 Da der Begriff der Polytechnik für Füssel in der gegenwärtigen Technik-Diskussion keine bedeutende Rolle spielte, soll auf eine nähere Erläuterung an dieser Stelle verzichtet werden.

64 Martin Füssel, Die Begriffe Technik, Technologie, Technische Wissenschaften und Polytechnik, Bad Salzdethfurth 1978, S. 28.

65 Ebd., S. 28 f.

66 Ebd., S. 30.

67 Ebd., S. 31.

- Untersuchung des inneren Aufbaus bzw. der Struktur der einzelnen Disziplinen der Technikwissenschaften sowie der Beziehungen zwischen diesen Einzeldisziplinen.
- Untersuchung der Beziehungen zwischen den Technikwissenschaften und den sie direkt beeinflussenden Wissenschaftsbereichen sowie der Entstehung von Grenzwissenschaften.
- Analyse der Stellung der technischen Wissenschaften bezüglich ihrer Abhängigkeiten von sozialen, ökonomischen und natürlichen Subsystemen.[68]

Bei dem Versuch einer groben Klassifikation der Technikwissenschaften, unternimmt auch Füssel zunächst eine Unterscheidung zwischen allgemeinen und speziellen Technikwissenschaften, wobei Aussagen und Theorien der allgemeinen technischen Wissenschaften Teilmengen der speziellen technischen Wissenschaften bilden sollen. Hinzu kommen Grundlagen und Methoden aus der Mathematik, der Logik und anderen naturwissenschaftlichen Disziplinen. Auch die Disziplin der Technologie, die den industriellen Produktionsprozess zum Gegenstand hat, reiht Martin Füssel in dieses Klassifikationssystem ein. Einen letzten Sonderbereich bilden für ihn sogenannte Grenzwissenschaften. Sie sollen sowohl die Sprengung des Rahmens einer ursprünglichen Disziplin als auch die durch Entwicklung außertechnischer Bereiche neu entstandenen technischen Disziplinen umfassen.[69]

Den methodologischen Rahmen der Technikwissenschaften gliedert Martin Füssel in ein Drei-Stufen-Modell, welches auch die zunehmende Theoretisierung der Technikwissenschaften widerspiegeln solle:

1. „Systematische Sammlung und Darstellung sowie Verwendung von Begriffen, variablen und konstanten Größen und Größenquotienten in einem Teilbereich.
2. Zusammenstellung sowie Verwendung von Aussagen und Theoremen über einen Teilbereich, die in Form von handhabbaren mathematischen Beziehungen, Tabellen, Diagrammen und Algorithmen mittelbar oder unmittelbar benutzbar sein müssen.
3. Bildung sowie Anwendung von Aussagensystemen (Theorien) über einen oder mehrere Teilbereiche."[70]

Dieses Modell erinnert stark an die fünf Jahre zuvor von Hans Rumpf entwickelte Darstellung der Methoden, die nun bei Füssel eine stärkere Differenzierung erfahren.

---

68 Ebd., S. 33.
69 Ebd., S. 34ff.
70 Ebd., S. 37.

Abb. 25: Vorschlag für eine Klassifikation der Technik-Wissenschaften (Grobstruktur)

Technik-Wissenschaften

Grundlagen und Methoden
- 1 Graphische Methoden
- 2 Methoden der formalen Logik und der Mathematik
- 3 Naturwissenschaftliche Methoden
- 4 Größen, Einheiten und Einheitensysteme
- 5 Normung und Standardisierung

Allgemeine technische Wissenschaften
- 1 Werkstoffwissenschaft
- 2 Konstruktionswissenschaft
- 3 Maschinentechnik
  - -M aschinenelemente
  - -Ge triebetechnik
  - •
  - •
  - •
  - -K olbenmaschinen
  - -S trömungsmaschinen
- 4 Elektrotechnik
- 5 Automatisierungstechnik
  - - Meßtechnik
  - -S teuerungs- und Regelungstechnik
  - •
  - •
  - •

Technologie
- 1 Allgemeine Technologie
- 2 Spezielle Technologie
  - -S toffumformung
  - -S toffumwandlung
  - -Ene rgieumformung und Energieumwandlung (= Fertigungstechnik, physikalische und chemische Verfahrenstechnik, Energietechnik)
- 3 Planung und Organisation technologischer Prozesse

Spezielle technische Wissenschaften
- 1 Bautechnik
- 2 Gesundheitstechnik
- 3 Bergbautechnik
- 4 Hüttentechnik
- 5 Förder- und Transporttechnik
- 6 Verkehrstechnik
- •
- •
- •

Disziplinen mit Grenzwissenschaftscharakter
- 1 Arbeitswissenschaften
- 2 Umwelttechnik
- •
- •
- •

Quelle: Martin Füssel, 1978, S. 36

TECHNIKWISSENSCHAFTEN IN UNTERSCHIEDLICHEN POLITISCHEN SYSTEMEN

Der Zusammenhang von politischem Wandel und Wissenschaftswandel ist schwer zu bestimmen, doch das von Mitchell Ash entwickelte Konzept der Ressourcen, mit dessen Hilfe Kontinuitäten und Wandlungen im Verhältnis von Wissenschaft und Politik erforscht werden, scheint gerade beim Vergleich der beiden deutschen Staaten tragfähig. Denn seine Hauptthese, dass die Wandlungen in der Wissenschaftslandschaft im 20. Jahrhundert mit den historischen Bruchstellen von 1933, 1945 und 1989 die Um- oder Neugestaltung von Ressourcenkonstellationen oder Ressourcenensembles erzeugten, zeigen die unterschiedlichen Gewichtungen im Verhältnis von Technik und Staat ziemlich klar.[71] Mitchell Ash wendet einen erweiterten Begriff der Ressource an, der nicht nur das Finanzielle einschließt, sondern auch kognitiv-konzeptionelle, apparativ-institutionelle und rhetorische Möglichkeiten mit berücksichtigt.

Dem Einwand, dass bei einem so weit gefassten Ressourcenbegriff nun alles zur Ressource werden kann, setzt Mitchell Ash entgegen, dass nicht alles zu jeder Zeit Ressource ist, sondern „erst im praktischen Kontext der jeweiligen Situation entschieden (wird), was als brauchbare Ressource für die wissenschaftliche Arbeit bzw. für die Darstellung von Wissenschaft im öffentlichen Raum" etc. in Frage kommt. Als wichtigen Vorteil dieses Ansatzes beschreibt Ash, dass Wissenschaftler nicht nur als Opfer der Verhältnisse sondern auch als aktiv Handelnde verstanden werden konnen, „ohne die grundsatzliche Asymmetrie aus den Augen zu verlieren."[72] Bei der Sicht auf die beiden deutschen Staaten sind folgende der von Mitchell Ash angebotenen Ressourcen von besonderem Interesse.

- Wandlungen institutioneller Konstellationen, mit ihnen hängen auch Neuzusammensetzungen von praktischen Fertigkeiten und von Forschungsstilen zusammen. Beispiele: Umgestaltung bzw. Veränderung bestehender Institutionen wie Max Planck-Gesellschaft, Neugründung Fraunhofer, Umorganisation DFG.
- In der DDR weiter gehende Wandlungen durch Neugestaltung der Hochschulen und der AdW. In beiden deutschen Staaten „ermöglichten veränderte institutionelle Strukturen die Neukonstruierung [...] von Wissenschaftlerkarrieren [...] und vor allem von Forschungsprogrammen, die lange vor 1945 begonnen hatten."[73]
- Ideologische Neukonstruktionen bzw. Neukonstruktionen von Wissenschaften, das bedeutet vor allem die Mobilisierung der rhetorischen Ressourcen, dahinter verbirgt sich der Versuch, in allen politischen Systemen nach Umbrüchen einige Wissenschaften im Sinne der geltenden Ideologie umzuwerten. Dabei sollte geprüft werden, inwieweit sich die ‚Wertfreiheit' der Grundlagenforschung im Westen und der konkrete Inhalt der Losung ‚Wissenschaft als Produktivkraft' im Osten voneinander unterschieden.

---

71 Mitchell Ash, Wissenschaftswandlungen ..., S. 25.
72 Ebd., S. 26.
73 Ebd., S. 29.

IM MARKTWIRTSCHAFTLICHEN SYSTEM DER BRD

Die Neuordnung von Politik und Gesellschaft der Bundesrepublik war von den Erfahrungen mit der NS-Herrschaft und durch den Zweiten Weltkrieg geprägt. Die besondere Ungleichzeitigkeit des nationalsozialistischen Systems und seine widersprüchliche Einstellung zur technisch-industriellen Welt waren historisch zwar nicht einzigartig, doch die Mischung von „brutaler Ablehnung der Modernität und ihrer politischen Instrumentalisierung" trug besondere Züge.[74]

Im Nachkriegsdeutschland stellte sich neben allgemeinen Fragen zur Gestaltung der modernen Industriegesellschaft und der richtigen Balance von Stabilität und Wandel vor allem die Frage nach dem politischen Umgang mit technischem Fortschritt. Diese Frage hatte gerade in der von Rohstoffimporten abhängigen Industrie Deutschlands, und das betraf den westlichen wie den östlichen Teil gleichermaßen, einen großen Stellenwert zusammen mit Fragen der internationalen Wettbewerbsfähigkeit. In der Entwicklung der Bundesrepublik traf die Spannung zwischen Modernität und Stabilität auf die Abhängigkeit von wissenschaftlich-technischer Innovation und bestimmte damit auch die Beziehung zwischen Technik und Staat, die sich in verschiedenen Phasen der wirtschaftlichen und gesellschaftlichen Entwicklung entsprechend veränderte.[75] Ausdruck fand dies in einigen Determinanten der Technologiepolitik.

So begann in den 1950er Jahren die Neupositionierung der Technologiepolitik der Bundesrepublik. Waren in den ersten Jahren nach Kriegsende noch die alliierten Auflagen die richtungweisende Vorgabe der technologischen Entwicklung, die zunächst eingefroren werden sollte, so änderte sich dies schon Anfang der 1950er Jahre mit dem Koreakrieg und der deutlichen Herausbildung der politischen Blöcke.

Auch die Luftfahrtindustrie fasste in den 1950er Jahren wieder Fuß, der Anschluss an moderne Technologie und Fertigung erfolgte in dieser Branche vor allem über Lizenzproduktionen für die Bundeswehr, bekanntestes Beispiel ist hier sicherlich der Nachbau des amerikanischen Starfighter. Fördermittel für den zivilen Flugzeugbau stellte die Bundesregierung erst in den 1960er Jahren bereit.

Schon 1953 hatte die amerikanische Initiative Atoms for Peace mit der Weitergabe ihrer Expertisen auch in der Bundesrepublik Forschungen zur zivilen Nutzung der Kernenergie in Gang gesetzt. Begleitet war diese von einer weitgefächerten Diskussion über die Verantwortung des Wissenschaftlers, die sich seit den späten 1940er und 1950er Jahren vorwiegend als Anti-Kernwaffen-Diskurs innerhalb der Wissenschaften entwickelt hatte.[76]

---

74 Wolfgang Krieger, Technologiepolitik in der Bundesrepublik 1949-1989/90, in: Technik und Kultur, Bd. IX, Technik und Staat, S. 229.

75 Ebd., S. 230.

76 Vgl. dazu Hubert Laitko, Andreas Trunschke (Hg.), Nachlese zu John Desmond Bernal, Potsdam 2003, S. 135, dort auch der Hinweis auf Carl Friedrich von Weizsäcker, Die Verantwortung der Wissenschaft im Atomzeitalter, Göttingen 1957.

Die Gründung der Forschungszentren in Jülich, Geesthacht und Karlsruhe 1956 waren ein Signal für die Bedeutung, die der Staat der Kernenegie-Forschung beimaß. Konsequent war es dann auch, die Förderung und Beaufsichtigung dieses Forschungsfeldes in die Hand des Bundes zu geben und nicht der sonst gegebenen Länderhoheit bezüglich Wissenschaft und Forschung zu überlassen.[77] Kernenergie war damit von Beginn an ein politisch besetztes Forschungsfeld, zunächst unterstützt als Möglichkeit, wieder gleichberechtigtes Mitglied der westlichen Staatengemeinschaft zu werden, und als Garant für technologischen Fortschritt. Doch erst in den 1970er Jahren wird die Atomenergie durch die Proteste der Antiatomkraftbewegung und der Ökologiebewegung als politischer Faktor wahrgenommen.

In dieser Zeit begann eine kritische Technikdiskussion, verbunden mit der Wahrnehmung einer atomaren Bedrohung, womit die Menschheit erstmals in der Lage schien, sich selbst zu vernichten. An einer gefühlten Beschleunigung und einer verstärkt aufkommenden Umweltdiskussion bemerkten immer mehr Menschen den technischen Wandel und fürchteten eine potentielle Gefährdung der gesellschaftlichen Stabilität. In dieser Phase entstand auch der Begriff der „Globalisierung". Die genannten Probleme existierten zwar nicht erst seit dieser Phase, sondern sind lange vorher vorhanden und partiell auch diskutiert, jedoch erreichten sie um 1960/70 erstmals die Öffentlichkeit.

Konsens über das Selbstbestimmungsrecht der Wissenschaftler über ihre Forschung ist die Grundlage des Verhältnisses von Wissenschaft und Staat in der Bundesrepublik.[78] Der Einfluss des Staates kommt zwar über die Fördermittel, doch ist auch bewiesen, dass innerwissenschaftliche Entwicklungsprozesse nicht nach planbaren Mustern ablaufen und sich Fortschritt nicht allein nach der Höhe der Förderung richtet. Speziell die Eigengesetzlichkeit technischer Entwicklungen ließ die Frage aufkommen, inwieweit die demokratische Kontrolle hier überhaupt greifen kann. Technischer Fortschritt und seine Auswirkung ist nur in geringem Umfang der politischen Steuerung zugänglich. Übereinstimmung besteht darin, dass die Politik Basisinnovationen und Basistechnologien fördern soll, doch die Schwierigkeit liegt hier im Vorfeld: Eine sichere Abschätzung darüber zu bekommen, was als solch eine Basisinnovation oder -technologie anzusehen ist.

In den 1970 und 1980er Jahren setzte die veränderte Einschätzung von Technik und technischem Fortschritt Überlegungen in Gang, die schließlich zur Einrichtung des Büros für Technikfolgenabschätzung beim Deutschen Bundestag führten. Der Aufgabenbereich fokussierte dabei nicht allein die technischen Prozesse sondern sollte im Zusammenhang mit Bewertung und Einschätzung Empfehlungen an die Politik weitergeben, um die Kommunikation zwischen (Technik)wissenschaft und Parlament zu ver-

---

77 Wolfgang Krieger, S. 240f.

78 Dazu vgl. Michael Polanyi

bessern. Ursprünglich als Experiment gedacht, entwickelte sich das Büro für Technikfolgenabschätzung beim Deutschen Bundestag zu einer Konstanten im parlamentarischen Alltag.[79]

IM PLANWIRTSCHAFTLICHEN SYSTEM DER DDR

Die unmittelbare Nachkriegszeit in der DDR war beonders geprägt durch die Demontage wissenschaftlicher Einrichtungen, aber auch durch die Abwerbung bzw. Zwangsverschleppung hervorragender Wissenschaftler für die Arbeit in der UdSSR und ein Berufsverbot für alle NS belasteten Hochschullehrer mindestens bis 1947.

Technik galt zunächst vor allem als Mittel zur Überwindung vorhandener Engpässe, erst ab Mitte der 1950er Jahre griff der Staat in die Funktion der Technik ein und legte Ziele und Relevanzkriterien fest. Die Technik sollte ein Mittel sein, um die Wirtschaft der DDR mittels Rationalisierung zu modernisieren und die Arbeitsproduktivität zu erhöhen. So sollte schon in wenigen Jahren das westliche kapitalistische Wirtschaftssystem überholt werden. Die Technik wurde zu einem wichtigen Bestandteil der Wirtschaftsplanung, folgerichtig gab es auch eine staatliche Technikplanung.

Anfang der 1960er Jahre erlangte die Wissenschaft im Sinne einer Produktivkraft Wissenschaft verstärkt Beachtung, das daraus hervorgehende Konzept der wissenschaftlich-technischen Revolution unterstrich die Vorrangstellung für die wirtschaftliche Modernisierung. Wissenschaftlich-technische Revolution war dabei das Schlagwort hinter dem die Erwartung stand, dass sich durch die wissenschaftlich-technische Weiterentwicklung die Lebensbedingungen für das Volk neu gestalten ließen.

In einem Übersichtsartikel zum Thema arbeiteten Eckart Förtsch und Clemens Burrichter mehrere Punkte heraus, die das Verhältnis von Technik und Staat in der DDR bestimmten.[80] Danach gab der Staat die technische Entwicklung vor, der Antrieb durch gesellschaftliche Bedürfnisse und ökonomische Interessen fehlte, was die Entwicklung teilweise „entstellt" hat.[81] Technik galt als Produktivkraft, als angewandte Erkenntnis von Naturgesetzen. Technik war vor allem auch ein Mittel für wirtschaftliches Wachstum, dabei in enger Verbindung mit Bildung und Wissenschaft. Wissenschaft und Technik waren aus dieser Perspektive ein einheitlicher Prozess, der auch als solcher geleitet und geplant wurde. Es gab eine kombinierte Wissenschafts- und Technikpolitik, dabei wurde die Technikentwicklung aktiv gesteuert, denn die staatliche Technologiepolitik „formulierte Technikfunktionen und Technikziele und setzte politische Mittel" zur Steuerung ein.

---

79 Ausführlich zu Entstehung und Arbeit dieser Institution: Armin Grunwald/Eckardt Petermann (Hg.), Das Büro für Technikfolgen-Abschätzung für den Deutschen Bundestag, das TAB – Erfahrungen und Perspektiven wissenschaftlicher Politikberatung, Berlin 2005.

80 Eckart Förtsch/Clemens Burrichter, Technik und Staat in der Deutschen Demokratischen Republik, in: Technik und Kultur, Bd. IX, S. 205-228.

81 Ebd., S. 205.

Der Marxismus-Leninismus verband „die produktive und innovative Funktion von Technik mit der Perspektive sozialen und kulturellen Fortschritts." Der wissenschaftlich-technische Fortschritt sollte dabei helfen, die wirtschaftlichen Bedingungen zu verbessern. Die damit verbundene Erleichterung bei der Befriedigung von Bedürfnissen war für die „humane Entwicklung von Individuen und Gesellschaft" Voraussetzung, daher galt der „wissenschaftlich-technische Fortschritt als Kulturkraft."[82] Doch das Verhältnis von Staat und Technik entwickelte sich immer mehr von einem Austausch von Erwartung und Leistung zu einem der Interdependenz von politischem System, Industrie, Wissenschaft und Technik. Die Handelnden waren eine kleine politische Elitegruppe, in der Ziele, Sichtweisen und Interessen aufeinander abgestimmt wurden. Das Verhältnis von Staat und Technik wandelte sich so im Laufe von einigen Jahrzehnten zu einem geschlossenen System, das auf Anregungen von Außen kaum reagierte.

Die volle Einbindung von Wissenschaft und Technik in die Planwirtschaft führte bis zu den 1980er Jahren schließlich dazu, dass die größten Förderer der technikwissenschaftlichen Forschung und Entwicklung Kombinate und volkseigene Betriebe waren. Das staatliche Subventions- und Anreizsystem genügte allerdings nicht, um dauerhaft kritische Stimmen auszublenden. Auch in der DDR gab es technikkritische Debatten, ihre Adressaten waren die funktionalen Eliten. Dabei stand der wissenschaftlich-technische Fortschritt als solcher zur Diskussion und zur Disposition. Der Staat beachtete diese Diskussionsbedürfnisse allerdings kaum, was Förtsch und Burrichter als Anzeichen für die Steuerungs-, Legitimations- und Orientierungskrise der DDR bewerten. Es war der Politik nicht gelungen, wissenschaftliche Inventionen, technische Modernisierung und wirtschaftliche und soziale Innovationen zu einer systemstabilisierenden Einheit zu verbinden.

TECHNIKWISSENSCHAFTEN AN AKADEMIEN

IM ZENTRALEN SYSTEM DER DDR

Mit der Wiedereröffnung der ehemaligen Preußischen Akademie als Deutsche Akademie der Wissenschaften zu Berlin am 1. August 1946 begann auch eine Veränderung im Verhältnis von reiner und angewandter Wissenschaft. Denn mit der Staatsgründung der DDR am 7. Oktober 1949 war die immer weiter gehende Transformation der ehemaligen Preußischen Akademie der Wissenschaften in Berlin verbunden, die sich zu einem staatlichen Forschungsinstitut mit Ausrichtung auf die Produktion und ihre Bedürfnisse entwickelte. Daneben bestand der eigentliche Kern der Gelehrtengesellschaft weiter, die mit ihren Mitgliedern die Tradition der Akademie fortführte.

---

82 Ebd., S. 206.

Abb. 26: Siegel der Deutschen Akademie der Wissenschaften von 1949

Die Akademie in Berlin war von den Folgen des Zweiten Weltkrieges in besonderer Weise betroffen gewesen, denn sie brauchte 1945 zur Fortführung des Betriebes die Zustimmung aller vier Besatzungsmächte während die anderen Akademien sich jeweils mit einer der alliierten Mächte auseinanderzusetzen hatten. In Berlin führte das dazu, dass die Akademie den besonderen Schutz der sowjetischen Besatzungsmacht fand, was nicht allein mit ihrer geografischen Lage zusammenhing, sondern vor allem dem Interesse der Sowjets an naturwissenschaftlich-technischem Wissen geschuldet war.

In den Nachkriegsjahren hatte die Akademie zunächst auch eine wichtige Funktion als gesamtdeutsche Klammer, da ein beträchtlicher Anteil ihrer Mitglieder kriegsbedingt von Berlin weggezogen war oder in den westlichen Sektoren der Stadt lebte. 1951 traf das auf fast die Hälfte der Ordentlichen Mitglieder zu, so beispielsweise auch auf Max Planck.[83]

Im Jahr 1968 veränderte eine Satzungsänderung den Status der zu diesem Zeitpunkt außerhalb des Staatsgebietes der DDR wohnenden deutschen Mitglieder zu auswärtigen Mitgliedern, das betraf immerhin 15 Prozent der Mitglieder. Die Eigenstaatlichkeit der DDR wurde nun auch im Bereich der Akademie gezeigt. Zu diesem Zeitpunkt hatte sich allerdings auch die Organisation der Arbeit innerhalb der Akademie und ihre Gliederung soweit verändert, dass sie mit der alten Akademie nur noch wenig verband.[84]

83 Peter Nötzoldt, Die deutsche Akademie der Wissenschaften zu Berlin in Gesellschaft und Politik. Gelehrtengesellschaft und Großorganisation außeruniversitärer Forschung 1946-1972, in: Jürgen Kocka (Hg.), Die Berliner Akademien der Wissenschaften im geteilten Deutschland 1946-1990, Berlin 2002, S. 39-80, hier S. 40f.

84 Nötzold beurteilt die Veränderung der Akademie als einschneidender als alles in den annähernd 250 Jahren zuvor, ebd., S. 39.

Geblieben war das Kernstück der Akademie, die Gelehrtengesellschaft. Sie blieb klein und elitär, veränderte sich in ihrer Zusammensetzung allerdings signifikant. Die Parität zwischen Geistes- und Naturwissenschaftlern verschwand zugunsten der angewandten Wissenschaften Technik, Medizin und Landwirtschaft, und ab Ende der 1960er Jahre bestimmten Wissenschaftler mit DDR geprägten Biografien die Akademie. Dazu kam der Wandel der Akademie hin zu einer Großorganisation der Forschung, fassbar über die Zahl der Wissenschaftler, die von 91 im Jahr 1946 auf 3787 anwuchs, und die Zahl der Mitarbeiter, die von 131 auf 13.568 angewachsen war.[85]

Bei den Technikwissenschaften hatte diese Entwicklung dazu geführt, dass die 1949 eingerichtete Klasse für technische Wissenschaften schon 1954 mit Mathematik und Physik zur Klasse Mathematik, Physik und Technik zusammengefasst wurde. Die Technikwissenschaften arbeiteten orientiert an den speziellen Fachgebieten, so berichtete das Jahrbuch für 1955, „die Klasse Mathematik, Physik und Technik hat seit dem 8. Dezember 1955 eine Sektion Maschinenbau, die von Alfred Jante geleitet wird."[86]

1972 war die Mathematik als Klasse Mathematik im System der Wissenschaften separiert worden, die Technik war jetzt in der Klasse Physik in Naturwissenschaften und Technik zu finden. Technikwissenschaftler arbeiteten innerhalb ihrer Klasse in verschiedenen Arbeitsgruppen. In der AG *Technische Wissenschaften* zum Beispiel kamen 13 ordentliche und korrespondierende Mitglieder der Akademie der Wissenschaften zusammen, außerdem gehörten ihr acht ständige Gäste aus dem Hochschulwesen an. Die AG beschäftigte sich vorrangig mit der Beratung über die weitere Ausgestaltung der Programme Grundlagen der Konstruktion und Grundlagen der Technologie. Daneben sollte sie die langfristige Entwicklung der naturwissenschaftlichen und mathematischen Grundlagenforschung sowie die Entwicklung der Grundlagenforschung ausgewählter technischer Richtungen im Bereich der AdW der DDR und des Ministeriums für Hoch- und Fachhochschulwesen in den Mittelpunkt der Beratungen stellen. Forschungsprobleme im Bereich der technischen Wissenschaften sollten eruiert und unter Mitwirkung der anwesenden Hochschullehrer in die Ausbildungsprogramme Eingang finden.

Als Basis für den wissenschaftlichen Austausch bei den Treffen der AG dienten Vorträge zu verschiedenen Fragen und Problemen der Technikwissenschaften. So trug beispielsweise Kretschmar am 21. März 1974 zu „Entwicklungstendenzen der Konstruktionswissenschaft" vor, an der folgenden Diskussion beteiligten sich nach dem überlieferten Protokoll die Herren Albring, Boie, Brendel, Göldner, Kretschmar, Krull, Lichtenheld, Lotze, Merkel, Pommer, Weißmantel und Woschni.[87] Im Bericht über die Tätigkeit der

85 Ebd., S. 40.

86 Deutsche AdW, Jb. 1955, Berlin 1957, S. 55. Den Hinweis auf diese Gruppe hat uns Prof. Fratzscher in einem Gespräch am 17.10.2007 gegeben.

87 BBAW Archiv, VA 14325, Technikwissenschaften 1973-1989, Ordner 13, Bericht über die Tätigkeit der Arbeitsgruppe für 1973/1974.

Arbeitsgruppe im Jahr 1976 ist zu lesen, dass „meist in gemeinsamer Beratung mit der Klasse Physik und der Klasse Werkstoffforschung" über die Problemkomplexe, Grundlagen der Technologie, Konstruktions- und Ingenieurwissenschaft sowie Werkstoffe und Energie diskutiert wurde.[88]

Ab 1980 verstärkte der für Plenum und Klassen zuständige Vizepräsident der AdW die Anstrengungen zur Berücksichtigung der technischen Wissenschaften innerhalb der Akademie, die als geeignetes Mittel zur „Erhöhung der Wirksamkeit der AdW" angesehen wurden. Vortrags- und Diskussionsveranstaltungen zu Fragen, die mehrere Klassen berühren, sollten der „wachsenden Komplexität der technischen Entwicklung Rechnung [ge]tragen."[89]

Im Frühjahr 1987 sondierte die Akademieleitung innerhalb der verschiedenen Klassen die Stimmung zur Einrichtung einer eigenen Klasse Technikwissenschaften. Ausgehend von einem Thesenpapier zur Entwicklung der technischen Wissenschaften an der AdW der DDR als Diskussionsgrundlage für die Klassen fanden Gespräche und Beratungen statt, deren Ergebnisse im Juni 1987 bei einem Treffen von 30 Mitgliedern der mit diesem Wissenschaftsgebiet in Austausch stehenden Klassen vorgestellt wurden. Es ging darum, die Technikwissenschaften durch eine eigene Klasse in der Arbeit der AdW sichtbarer zu machen, ihnen mehr Gewicht zu verleihen. Die Meinungen dazu waren verschieden, immer wieder klang allerdings das Argument des klassenübergreifenden Charakters der Technikwissenschaften an. Ende des Jahres gingen die Ergebnisse der Beratungen dahin, die Technikwissenschaften als Beratungsgruppe in die Arbeit der Akademie einzubinden, die sich vorrangig mit Fragen der wissenschaftlich-technischen Erfordernisse für künftige Schlüssel- und Hochtechnologien sowie mit der Entwicklung, Strukturierung und Formulierung technischen Wissens befassen sollte.[90] Die Beratungsgruppe Technikwissenschaften sollte „zur Keimzelle für eine möglicherweise später zu bildende Klasse Technikwissenschaften" werden, schrieb Vizepräsident Stiller Ende Mai an den Präsidenten.

Am Leibniz-Tag 1988 berichtete Präsident Werner Scheler bereits über die theoretisch wie methodisch außerordentlich tiefgreifende Neuorientierung in den traditionellen technikwissenschaftlichen Fachgebieten Maschinenbau und Elektrotechnik, die „nach einer adäquaten Repräsentanz der Technikwissenschaften in der Akademie" verlangen.[91] Damit kündigte er die eigenständige Klasse Technikwissenschaften an, welche die AdW der DDR im Februar 1989 einrichtete, da sich „für die Profilierung der Akademieforschung [...] der Aufbau technikwissenschaftlicher Richtungen im Ensemble eines natur- und gesellschaftswissenschaftlich geprägten Potenzials als höchst

88 Ebd.

89 Ebd., Bl. 118, Schreiben Vizepräsident vom 28.1.1981.

90 Ebd. Schreiben von Prof. H. Weber an Vizepräsident Stiller vom 12.5.1988 mit der ausgearbeiteten Konzeption zur inhaltlichen Tätigkeit einer Beratungsgruppe „Technikwissenschaften", S. 3.

91 Jb. AdW der DDR 1988, Berlin 1989, S. 225.

bedeutsam" gezeigt habe, wie Akademie Präsident Scheler in seinem Bericht anlässlich des Leibniz-Tages 1989 betonte, um dann mit einigen Ausführungen zur Stellung der Technikwissenschaften innerhalb der Wissenschaftsdisziplinen fort zu fahren:

> *„Dabei war und ist entscheidend, dass diese technikwissenschaftlichen Richtungen sich nie vom theoretischen und experimentellen Zustrom aus den großen Wissenschaftsgebieten, wie der Physik, der Chemie, den Biowissenschaften und anderen Disziplinen abgekoppelt haben, sondern im Gegenteil sich weiter eng mit ihnen verbinden. Diese Entwicklung dauert an, [...] mit der Bildung der Klasse Technikwissenschaften sowie mit einigen Plenarveranstaltungen dokumentierte die Akademie die Förderung dieses Sektors, der sowohl als eigenständiges Element im Wissenschaftsgefüge als auch als Bindeglied zur Produktion große Bedeutung besitzt."*[92]

Zu den wichtigsten Aufgaben der neu eingerichteten Klasse Technikwissenschaften gehörte, „die Entwicklung der Grundlagen für die ingenieurwissenschaftlichen Bereiche des Maschinenbaus, der Elektrotechnik/Elektronik und des wissenschaftlichen Gerätebaus". Daneben sollte sie die „theoretischen Grundlagen, die für die Forschung, Entwicklung, Realisierung und Betrieb auf den Gebieten technologischer Prozesse und Verfahren sowie ihrer Ausrüstungen und Erzeugnisse erforderlich sind", weiterentwickeln.[93] Ein weiterer Schwerpunkt sollte die Behandlung von Problemen der rechnerintegrierten, flexibel automatisierten Produktion und der automatisierten Fabrik sein. Wie ernst die Arbeit auf diesem Gebiet genommen wurde, dokumentiert auch die im Jahrbuch der Akademie von 1989 genannte Wahl des Auswärtigen Mitgliedes Günter Spur und seine Zuordnung „zu den Pionieren der wissenschaftlichen Fundierung der Produktion im Maschinenbau und zu ihrer Automatisierung." Als besonderes Verdienst stellte der Eintrag heraus, dass er „frühzeitig erforderliche Forschungs- und Entwicklungsaufgaben erkannt und bearbeitet [hat], deren Lösungen für den Fortschritt in der Erhöhung des Fertigungsniveaus und der Steigerung der Fertigungseffektivität notwendig waren."

Fragen der rationellen Elektroenergieanwendung wurden unter dem Aspekt der Entwicklung und des Einsatzes von Informations- und Leistungselektronik sowie der Gestaltung bestimmter chemischer Technologien beraten. Im Mittelpunkt standen weiterhin Problemkreise der Messtechnik und der Ultrapräzisionsbearbeitung. Aus Diskussionen über die Erhöhung von Zuverlässigkeit und Verfügbarkeit großer technischer Systeme wurden Erfordernisse für die Entwicklung von Ausrüstungen und Methoden zur technischen Diagnostik abgeleitet.[94] Aus der Rückschau erscheint die Einrichtung der

---

92 Jb. AdW der DDR 1989, Berlin 1990, S. 220.
93 Ebd., S. 20.
94 Aus der Beschreibung der Klasse im Jb. AdW 1989, S. 20.

Klasse Technikwissenschaften an der Akademie der DDR eher wie ein letzter Versuch, den wirtschaftlichen Niedergang aufzuhalten, denn als Zeichen der Anerkennung ihrer Gleichberechtigung im Wissenschaftsgefüge.

IM FÖDERALEN SYSTEM DER BRD

Auf dem Gebiet der alten Bundesrepublik hatten die Akademien der Wissenschaften in München, Göttingen und Heidelberg nach dem Ende des Zweiten Weltkrieges mit Erlaubnis der jeweiligen alliierten Besatzungsmacht die Arbeit in den traditionellen Strukturen fortgesetzt. Die erste Nachkriegsgründung einer Akademie erfolgte, unterstützt von den dort zuständigen französischen Alliierten, 1949 in Mainz als Akademie der Wissenschaften und der Literatur. Schon im Namen schlug sich der inhaltliche Schwerpunkt im Bereich der Literatur nieder, die zweite Besonderheit der Mainzer Akademie war die politisch gewollte überregionale Orientierung, die Mitglieder sollten aus dem gesamten Bundesgebiet kommen. Dahinter stand die Idee, die Mainzer Akademie nach der Gründung der beiden deutschen Staaten zur Heimat der im Westen ansässigen Mitglieder der alten Preußischen Akademie werden zu lassen.

Die zweite Neugründung erfolgte zum 1. Januar 1970 in Düsseldorf, als das Gesetz über die Rheinisch-Westfälische, die heutige Nordrhein-Westfälische Akademie der Wissenschaften und der Künste (NWAWK), in Kraft trat. Damit erfuhr die seit 1950 bestehende Arbeitsgemeinschaft für Forschung des Landes Nordrhein-Westfalen eine Aufwertung, die sich vor allem hinsichtlich der finanziellen Ausstattung und des veränderten rechtlichen Status als Körperschaft des öffentlichen Rechts bemerkbar machte. Vor allem aber zeigte diese Gründung eine Besonderheit, an der sich eine neue Bewertung der Technikwissenschaften im Kanon der anderen Wissenschaften ablesen lässt. Auch diese Akademie hatte zwei Klassen, zum einen eine traditionelle Klasse für Geisteswissenschaften aber zum anderen eine Klasse für Natur-, Ingenieur- und Wirtschaftswissenschaften.

In den Jahren 1998 bis 2000 ordnete die NWAW ihre beiden Klassen Geisteswissenschaften und Natur-, Ingenieur- und Wirtschaftswissenschaften neu, da die gewachsene Bedeutung der ingenieurwissenschaftlichen Disziplinen, die zu einer Vermehrung der Lehrstühle, der Neueinrichtung von Fakultäten und Forschungsinstituten sowie der Entstehung neuer Disziplinen wie beispielsweise der Informationstechnik geführt hatte, auch Überlegungen zur Neuorganisation der Klassen innerhalb der Akademie angestoßen hatten. Da Ähnliches auch für den Bereich der medizinischen Fächer galt, sollten auch diese bei der Neuordnung der Klassen berücksichtigt werden. Ein weiteres Motiv für die Erweiterung des alten Zweiklassenmodells war die Organisation der BBAW mit fünf Klassen – darunter eine technikwissenschaftliche und eine biowissenschaftlich-medizinische – sowie die Tatsache, dass es auch an der Sächsischen Akademie in Leipzig eine technikwissenschaftliche Klasse neben den beiden traditionellen Klassen gab. Das Votum der beiden bestehenden Klassen der NWAW lautete auf Einrichtung der Klasse für Naturwissenschaften und Medizin sowie der Klasse für Ingenieur- und Wirtschaftswissenschaften neben der Klasse für Geisteswissenschaften. Die Klasse für Geisteswissenschaften stimmte zudem der Verringerung ihrer Klassenstärke von 50 auf 40 ordentliche Mitglieder zu, da ihre Mitglieder aus den medizinischen Professionen in die neue Klasse für Naturwissenschaften und Medizin übergingen. Das Kuratorium unter dem Vorsitz von Ministerpräsident Wolfgang Clement beschloss die Strukturänderung der NWAW im Dezember 1998, danach ging der Vorschlag an die Landesregierung, die den entsprechenden Änderungsantrag für das Akademiegesetz im Landtag einbrachte.[95] Am 1. April 2000 trat das Änderungsgesetz in Kraft und am 24. Mai fand die konstituierende Sitzung der neuen Klasse Ingenieur- und Wirtschaftswissenschaften statt.[96]

Abb. 27 und 28: Gebäude der NWAW Vorder- und Rückansicht

Quelle: Pressestelle der NWAW

Neben der stärkeren Betonung der Ingenieurwissenschaften bot die neue Struktur der NWAW als Akademie mit drei Klassen die Möglichkeit, mehr Mitglieder aufzunehmen, da nun jeder Klasse 40 Mitglieder zustanden. Die Zahl der ordentlichen Akademiemitglieder erhöhte sich von 100 auf 120. Das zog auch eine höhere staatliche Alimentation nach sich. Bei der Jahresfeier der NWAW im Jahr 2001 wies der Präsident, Paul Mikat, ausdrücklich darauf hin, dass die Klasse für Ingenieur- und Wirtschaftswissenschaften ganz in der Tradition der 1950 gegründeten Arbeitsgemeinschaft für Forschung stand, aus der die spätere NWAW hervorging. Die Arbeitsgemeinschaft war vom Ministerpräsidenten Nordrhein-Westfalens 1950 nicht zuletzt deswegen ins Leben gerufen worden,

95 Das war erforderlich, weil das Akademiegesetz ausdrücklich die Anzahl der Klassen und ihre Benennung festlegte, vgl. NWAW Jb. 1999, Opladen 2000, S. 75.

96 NWAW Jb. 2000, Opladen 2001, S. 11.

um damit ingenieur- und naturwissenschaftlichen „Sachverstand zur Bewältigung aktueller Gegenwartsaufgaben" zu bündeln. Die neu eingerichtete Klasse der Ingenieur- und Wirtschaftswissenschaften stellte der Präsident in eben diese Tradition.[97] 2009 richtete die NWAW eine Klasse der Künste mit den Sparten Darstellende Kunst, Architektur, Musik, Literatur und Bildende Kunst ein und nennt sich seitdem Nordrhein-Westfälische Akademie der Wissenschaften und der Künste (NWAWK).

NEUE FORMEN – DIE ADW ZU BERLIN

Abb 30: Wilhelm Kewenig 1934–1993

Die Überlegungen einer Akademiegründung im Westteil Berlins reichten bis in die Zeit nach dem Bau der Mauer und der endgültigen Teilung der Stadt im August 1961 zurück. Schon 1962 waren sie Teil des Regierungsprogramms, das den Ausbau der fehlenden wissenschaftlichen Einrichtungen in der Stadt vorsah.[98] Doch erst 1981 als es zu einem erstmals von der CDU geführten Senat unter Richard von Weizsäcker kam, legte der Senat den Akademieplan wieder auf den Tisch. Der zuständige Senator Wilhelm Kewenig verfolgte den Gedanken, im Rahmen der 1987 bevorstehenden Feierlichkeiten zu 750 Jahre Berlin eine Akademie der Wissenschaften einzurichten, die über Berlin hinausgehend nationale Strahlkraft haben sollte. Die Vorbereitungen hatten 1981 mit einem fast 80 Seiten umfassenden Bericht des Referenten der Senatsverwaltung für Wissenschaft, Helmut G. Meier zur Geschichte der Preußischen Akademie der Wissenschaften zu Berlin begonnen, in dem ihre Aufgaben und ihre Organisation vorgestellt wurden, um dann auf die Konzeption und Organisation der geplanten Akademie in West-Berlin einzugehen. Ein besonders herausgearbeiteter Punkt befasste sich mit der Frage, ob die Deutsche Akademie in Ost-Berlin als Nachfolgerin der Preußischen Akademie anzusehen sei oder ob diese erloschen sei.

Es folgten verschiedene Expertisen und Vorgespräche, die erste Konkretisierung bei einer Sitzung am 19. Dezember 1983 im Gästehaus des Senats fanden, zu dem der Senator ausgewählte Wissenschaftler eingeladen hatte. Dieser für die weitere Planung zusammengerufenen Gruppe gehörten neben Karl-Heinz Beckurts, Vorstandsmitglied und Leiter des Zentralbereichs Forschung und Technik der Siemens AG, Günter Spur von der TU-Berlin, der Präsident der Max Planck Gesellschaft, Reimar Lüst, ein Vertreter des Wissenschaftsrates, Christoph Schneider, der zuständige Senator, Wilhelm Kewenig, sowie der zuständige Senatsdirektor, Hermann-Josef Schuster, und der Referent der Se-

97 NWAW Jb. 1999, Opladen 2000, S. 75.

98 Hermann Josef Schuster, Zur Vorgeschichte des Gesetzes über die Akademie der Wissenschaften zu Berlin, in: AdW Jb. 1987, S. 226.

natsverwaltung für Wissenschaft, Helmut G. Meier, an. Weitere Wissenschaftler waren der Erlanger Historiker Michael Stürmer und der Wirtschaftshistoriker Wolfram Fischer von der FU-Berlin.

Abb 31: Karl Heinz Beckurts 1930-1986

Als Vertreter der Technikwissenschaften nahmen Günter Spur und Karl-Heinz Beckurts an diesem ersten Treffen im Dezember 1983 und den folgenden Treffen der Planungsgruppe teil. Karl Heinz Beckurts trat insbesondere für die Notwendigkeit einer stärkeren Einbindung der angewandten Forschung ein und konnte dabei auf Erfahrungen zurückgreifen, die er als Mitglied der Schwedischen Akademie der Ingenieurwissenschaften (IVA) gemacht hatte. Er betonte dabei auch die Notwendigkeit, die Kontroverse zwischen Wissenschaft und Technik innerhalb der Gesellschaft aufzugreifen und transparent zu machen, unterstrich die Notwendigkeit, die angewandten Wissenschaften in den Vordergrund zu stellen, wenn die geplante Akademie zukunftsorientierte Fragen aufgreifen wolle. Er warnte zugleich davor, sich zu sehr auf Prognosen zu verlegen, da dieses schnell in die Richtung eines Instituts für Zukunftsforschung führe, was nicht Aufgabe der Akademie sei.

Die Aufgabenstellung der Akademie sollte nach Karl Heinz Beckurts Meinung darauf gerichtet sein, die Entwicklung der wirtschaftlichen und gesellschaftlichen Strukturen zu erforschen und sich der Frage nach dem Miteinander von Wirtschaft, Technik, Wissenschaft und Gesellschaft zuzuwenden.

Günter Spur wiederum setzte sich bei diesem Treffen für die Integration der Technikwissenschaften in die Akademie ein, da er seit 1981 auswärtiges Mitglied der National Academy of Engeneering (NAE) der USA war und immer wieder gesehen hatte, wie wichtig eine nationale Vertretung seines Faches war und wie sehr diese in der Bundesrepublik fehlte. Von der Zusammenarbeit in der Akademie der Wissenschaften zu Berlin erhoffte er sich einen ersten Schritt, um diese Lücke zu schließen.

Eine wichtige Diskussionsvorlage hatte der Entwurf *Überlegungen zur Gründung einer Akademie der Wissenschaften in West-Berlin*[99] geboten, der in einem historischen Abriss die Aufgabe von Akademien umriss und dann für die Gegenwart ganz besonders ihre Funktion als Ort der Kommunikation zwischen den Wissenschaften herausarbeitete. Das öffentliche Wirken der Akademien beschrieb die Vorlage mit „Zeichen bewusster Zurückhaltung", was als Charakteristikum der westdeutschen Akademien im Gegensatz zu anderen europäischen Akademien oder der National Academy of Sciences (NAS) der USA herausgestellt wurde. Gerade die NAS repräsentiere nicht nur die Wissenschaft im internationalen Kontext, son-

99 O. 5, Entwurf, Überlegungen zur Gründung einer Akademie der Wissenschaften in West-Berlin, 1983.

dern berate auch den Congress in wissenschaftlichen Fragen, wozu die Wissenschaftspolitik ebenso wie Fragen zur Energieversorgung oder zur Wirkung von Chemikalien auf die Umwelt gehörten, führte die Diskussionsvorlage aus, um dann fortzufahren:[100]

> *„In eine Kategorie sui generis fallen die Akademien der Wissenschaften in den sozialistischen Ländern einschließlich der DDR: sie sind zugleich Akademien im „westlichen" Sinne und Wissenschaftsbehörden mit zentralstaatlichen Aufgaben sowie Trägerorganisationen für eine Vielzahl nationaler Forschungseinrichtungen, deren Arbeit im Dienst der jeweiligen sozialistischen Gesellschaft steht."*

Da sich gegen Ende des zwanzigsten Jahrhunderts die Anforderungen geändert haben, schlug das Papier als Aufgabe für die zu gründende Akademie vor, Mediator für die Aufgaben, Leistungen und die Verantwortung der Wissenschaft in die Öffentlichkeit zu sein.

Als eigenständige Aufgabe sollte daneben die Intensivierung des Gesprächs zwischen Wissenschaftlern und wissenschaftlich gebildeten Praktikern in Wirtschaft, Politik, Verwaltung und anderen Bereichen wahrgenommen werden.

Bei ihrem zweiten Treffen am 5. März 1984 diskutierte die Planungsgruppe ein von Senator Kewenig vorgelegtes Papier zur Gründung einer Akademie der Wissenschaften, danach wurden Änderungsvorschläge eingearbeitet. Im Mai verschickte der Senator ein von der Planungsgruppe erarbeitetes Positionspapier zur Gründung einer Akademie in Berlin an herausragende Wissenschaftler im In- und Ausland.[101] Die Reaktionen waren überwiegend positiv und Senator Kewenig berief einen aus 14 Mitgliedern bestehenden Gründungsausschuss, dem Horst Albach, Manfred Eigen, Wolfram Fischer, Wolfgang Gerok, Friedrich Hirzebruch, Peter Lerche, Hermann Lübbe, Hubert Markl, Gerhard Pahl, Klaus Pinkau (Vorsitz), Gerhard Seegmüller, Günter Spur, Michael Stürmer und Heinz-Günter Wittmann angehörten. Am 19. und 20. Dezember 1984 fand in einem Berliner Hotel die erste Sitzung statt, bei der es auch um die Einbindung der Technikwissenschaften in die Akademie ging. Der breiteren Öffentlichkeit stellte die Tageszeitung „Die Welt" Ende 1984 die inhaltliche Ausrichtung so vor:

> *„Die neue Einrichtung soll auch zukunftsweisend in dem Sinne arbeiten, dass technologische Entwicklungen, die Europa bisweilen erst bemerkt, wenn sie in Japan oder den USA schon den Markt beherrschen, in der ‚Alten Welt' vorausgedacht werden."*[102]

---

[100] Ebd., S. 12f.

[101] Es waren: Horst Albach, Knut Borchardt, Friedrich Cramer, Gerd Faltings, Herbert Giersch, Peter Haasen, F.A. Hayek, F Hirzebruch, Hermann Lübbe, Hubert Markl, Odo Marquard, R.L. Mössbauer, W. Nachtigall, G. Pahl, Wolfgang K.H. Panofsky, Heinrich Pfeiffer, Klaus Pinkau, Hans-Joachim Queisser, Michael Sela (Weizmann Institut), Fritz Stern, Richard von Weizsäcker, Hans F. Zacher.

[102] Die Welt vom 19.12.1984.

Am 25. April 1985 gab der Regierende Bürgermeister Eberhard Diepgen eine Regierungserklärung ab, in der er unter anderem erklärte:

> *"Die Wissenschaftslandschaft Berlin soll ergänzt werden durch die Akademie der Wissenschaften. Sie soll als Arbeitsakademie unter anderem künftige Entwicklungen der Wissenschaft aufspüren und auch Technologiefolgen abschätzen."*[103]

Im Dezember 1985 übergab der Gründungsausschuss bei einer feierlichen Veranstaltung die *Denkschrift für die Gründung einer Akademie der Wissenschaften zu Berlin*. Die Schrift betonte unter anderem, dass der auf Humboldt und Leibniz zurückgehende Akademiegedanke auch die Möglichkeit biete, „die Probleme der technischen, wirtschaftlichen und gesellschaftlichen Entwicklung in neuen Organisationsformen wissenschaftlich zu bearbeiten."[104]

Abb. 32: Titelblatt und Inhaltsverzeichnis der Denkschrift

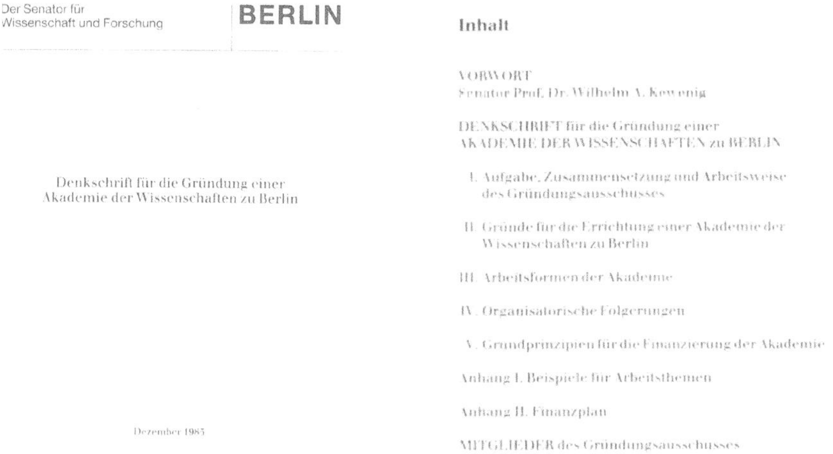

Der Senator für
Wissenschaft und Forschung

BERLIN

Denkschrift für die Gründung einer
Akademie der Wissenschaften zu Berlin

Dezember 1985

Inhalt

VORWORT
Senator Prof. Dr. Wilhelm A. Kewenig

DENKSCHRIFT für die Gründung einer
AKADEMIE DER WISSENSCHAFTEN zu BERLIN

I. Aufgabe, Zusammensetzung und Arbeitsweise des Gründungsausschusses

II. Gründe für die Errichtung einer Akademie der Wissenschaften zu Berlin

III. Arbeitsformen der Akademie

IV. Organisatorische Folgerungen

V. Grundprinzipien für die Finanzierung der Akademie

Anhang I. Beispiele für Arbeitsthemen

Anhang II. Finanzplan

MITGLIEDER des Gründungsausschusses

In den darauf folgenden Monaten war die geplante Akademiegründung im Abgeordnetenhaus von Berlin Gegenstand eingehender Beratungen und zum Teil erbitterter Kontroversen. Die Hauptargumente der vorwiegend aus dem links-alternativen Spektrum kommenden Akademiegegner richteten sich dabei auf Zweifel an der Durchführ-

[103] Regierungserklärung vom 25. April 1985, zitiert nach Hermann Josef Schuster, Zur Vorgeschichte des Gesetzes über die Akademie der Wissenschaften zu Berlin, in Jb. 1987 der AdW, Berlin 1988, S. 227.
[104] Denkschrift für die Gründung einer Akademie der Wissenschaften zu Berlin, Berlin, Dez. 1985, S. 8.

barkeit der angestrebten Interdisziplinarität, die Befürchtung, dass den Universitäten Forschungskapazitäten entzogen würden, und die als zu konservativ eingeschätzte politische Orientierung einiger der beteiligten Wissenschaftler.

Abb. 33: Arbeitssitz der Akademie der Wissenschaften zu Berlin (West), Griegstraße 5-7, Berlin-Wilmersdorf

Quelle: LAB, Foto Ingeborg Lommatzsch

Eine ganz im Ton der antiautoritären Bewegung gehaltene Streitschrift argumentierte mit dem theoretischen Konzept von Gramscis Konzept der kulturellen Hegemonie. Die Akademiegründung werteten die Gegner als Versuch der neuen Konservativen, ihren Einfluss in der intellektuellen Kultur zu sichern.[105] Innerhalb des an Gramscis Konzept der kulturellen Hegemonie ausgerichteten Argumentationsmusters stellte die Errichtung der Akademie der Wissenschaften den Schlussstein dar. Der Erfolg werde sich danach richten, ob es den neuen Konservativen gelingt, „den Schein wissenschaftlicher Neutralität und wissenschaftlicher Überparteilichkeit [...] aufrechtzuerhalten."

Auch die Organisation der Arbeitsgruppen fand bei den Kritikern keine Gegenliebe, da sie mittels einer vom Präsidenten berufenen Kommission eingesetzt werden sollten und zusätzlich an den Vorstand angebunden waren. Die Kritiker vermuteten, dass kri-

105 Helmut Dubiel u. a., Streitschrift gegen die Akademie der Wissenschaften zu Berlin. Ein Lehrstück neokonservativer Wissenschaftspolitik, hg. von der Alternativen Liste, Fraktion des Abgeordnetenhauses, Berlin 1986, dort heißt es dazu wörtlich: „Die neuen Konservativen wissen zur Zeit deutlicher als ihre linken Widersacher, dass die politische Herrschaft in modernen Massendemokratien nur dann erreicht und verteidigt werden kann, wenn sie ihrer Legitimität in der intellektuellen Kultur sicher ist." Ebd., S. 7.

tische Untergruppen so nicht entstehen können. Der Schluss bezüglich der Qualität der Antworten aus der Akademie fiel entsprechend aus: „Entweder kommen von dort gar keine Antworten oder falsche."[106]

„Die Position der Akademiegründer an ihren jeweiligen Hochschulen ist so etabliert, dass sie auch interdisziplinäre Projekte initiieren können, sie müssen sich fragen lassen, warum sie diese bislang nicht genutzt haben."[107] Die Tatsache, dass das fachübergreifende Gespräch in den Arbeitsgruppen nur einige Male im Jahr stattfinden sollte, legte für die Gegner den Verdacht nahe, dass es nicht zu gemeinsamer Forschung komme, sondern eine „Interdisziplinarität per Buchdeckel" erreicht werde.

Abb. 34: Titelblatt der Streitschrift der AL gegen die Akademie der Wissenschaften zu Berlin

[106] Ebd., S. 10.
[107] Ebd., S. 35.

Das Unzeitgemäße des Akademiegedankens betonte zugleich die Bedeutung der Forschung an den Universitäten, deren Beschneidung nicht in Kauf genommen werden dürfe. Die Streitschrift griff auch den Elitegedanken auf, mit dem die Akademiegründung danach in enger Verbindung stand und arbeitete als wesentliches Problem der Gesellschaft „die Ausbreitung der neuen Technologien im Alltag von vielen Millionen Menschen" heraus, die als zentrales Problem deren Aneignung und demokratische Kontrolle nach sich ziehen. „Die Vergesellschaftung der wissenschaftlichen Arbeit ist noch nicht so weit vorangeschritten, dass eine wissenschaftliche Vermittlung in Akademieform geleistet werden kann" hielten die Verfasser fest.[108] Daher war es aus Sicht der Akademiegegner notwendig, dieses „Projekt der Neokonservativen" zu durchkreuzen.[109]

Abb. 35: Mitglieder des Gründungsausschusses, von links: Klaus Pinkau (Vorsitz), Wolfram Fischer, Günter Spur, Horst Albach, Hermann Lübbe, Wolfgang Gerok, Gerhard Pahl, Heinz-Günter Wittmann.

Quelle: LAB, Foto Edmund Kasperski

108 Ebd., S. 58.

109 Ebd., S. 60. Weitaus handgreiflicheren Argumenten sah sich Günter Spur am 21. November 1986 ausgesetzt, als ein Bombenanschlag auf sein Privathaus seinen Wagen zerstörte und deutliche Schäden am Haus hinterließ. Dieser Anschlag stand allerdings nicht nur im Zusammenhang mit den Auseinandersetzungen um die Akademie, sondern galt auch seiner Arbeit als Automatisierungsspezialist und Leiter des Fraunhofer-Instituts, wie aus dem Bekennerschreiben einer militanten AKW Gegnergruppe hervorging. Ab diesem Zeitpunkt bekam er Polizeischutz, unter dem auch weitere Sitzungen der Akademie stattfanden.

Nach verschiedenen Ausschusssitzungen im Abgeordnetenhaus von Berlin, bei denen Gegner wie Befürworter der Akademiegründung ihre Argumente austauschten, wurde das Gesetz zur Gründung der Akademie in der 48. Sitzung des Abgeordnetenhauses am 12. März 1987 gelesen und mit den Stimmen von CDU und FDP angenommen. Es trat am 3. April 1987 in Kraft. Die konstituierende Sitzung der 30 Gründungsmitglieder der AdW zu Berlin fand am 23. Mai 1987 statt.

Am 10. Oktober 1987 wurde die AdW zu Berlin mit einem Festakt im Plenarsaal des Reichstages in Anwesenheit des Bundespräsidenten Richard von Weizsäcker eröffnet. Der Präsident der DFG, der Biologe Hubert Markl, hielt den Festvortrag mit dem Titel *Grenzen und Grenzüberschreitungen lebender Systeme*. Der amtierende Senator für Wissenschaft und Forschung, George Turner, bezeichnete als Schwerpunktgebiete der Arbeit der Akademie die Natur- und Technikwissenschaften, da Fortschritte auf diesen Gebieten einer besonders kritischen und nicht immer vorurteilsfreien Bewertung durch die Öffentlichkeit und die Medien unterliegen, George Turner benannte dabei die Bereiche Genbiologie, Informationstechnologie und Energietechnik.

Hier sollte die Akademie eine aktive Politikberatung betreiben, denn sie sollte Forschungsergebnisse bündeln, auswerten und bewerten. Senator George Turner wies in seiner Rede auch darauf hin, dass Technikfolgenabschätzung zu einem neuen, wichtigen Betätigungsfeld werde, wie die gerade eingerichtete Enquete-Kommission Technikfolgenabschätzung beim Deutschen Bundestag zeige.[110]

Ob die Kooperation an der Mauer haltmachen muss, wird die Zukunft erweisen, schrieb George Turner Anfang 1987 in „Die Welt" und fuhr fort „erste Kontakte mit dem Präsidenten der Ostberliner Akademie deuten auf eine wohlwollend-aufgeschlossene Erwartungshaltung hin, die sicherlich am Prüfstein des besonderen Status Berlins zu messen sein wird. Als gegenstandslos haben sich dagegen Befürchtungen einiger Kritiker erwiesen, [...] die reibungslose deutsch-deutsche Zusammenarbeit etwa in der altehrwürdigen naturwissenschaftlichen Akademie Leopoldina in Halle", werde beeinträchtigt.[111]

Die neugegründete Akademie der Wissenschaften zu Berlin (West) verzichtete als interdisziplinär angelegte Arbeitsakademie gänzlich auf das Klassenprinzip und richtete Arbeitsgruppen ein. Die Technikwissenschaften waren hier von Anfang an integriert, was der englische Titel *Academy of Sciences and Technology* in Berlin klar ausdrückte. Die Organisation der inhaltlichen Arbeit in interdisziplinär zusammengesetzten Arbeitsgruppen zu verschiedenen Themenbereichen verdeutlichte die Überzeugung, dass sich die Anforderungen an eine Akademie gegen Ende des zwanzigsten Jahrhunderts

[110] George Turner in Jb 1987, S. 179.
[111] Ebd., S. 184.

Abb. 36: Festakt zur Eröffnung der Akademie im Plenarsaal des Reichstagsgebäudes, 10. Oktober 1987

Oben: Am Rednerpult Horst Albach, Präsident der Akademie der Wissenschaften zu Berlin (West)

Unten: Bundespräsident Richard von Weizsäcker, der Regierende Bürgermeister von Berlin Eberhard Diepgen und Horst Albach

Quelle: LAB, Fotos Ingeborg Lommatzsch

verändert hatten. Die Akademie sollte zuallererst Verbindungsglied in die Öffentlichkeit sein, um Aufgaben, Leistungen und Verantwortung der Wissenschaft für die Gesellschaft heraus zu stellen. Eine eigenständige Aufgabe sollte daneben die Intensivierung des Gesprächs zwischen Wissenschaftlern und wissenschaftlich gebildeten Praktikern in Wirtschaft, Politik, Verwaltung und anderen Bereichen sein. Zukunftsweisende und praxisorientierte Schwerpunkte sollten die Arbeit der neuen Akademie bestimmen, dazu zählte ganz besonders die Wirkung der immer schnelleren technischen Entwicklung auf die Gesellschaft. Hier begab sich die Technikwissenschaft auf den Weg zur Politikberatung, was dem gewachsenen Selbstverständnis genauso entsprach wie der veränderten Bewertung von Seiten der Politik. Denn etwa zeitgleich hatte der Deutsche Bundestag erneut eine Enquete-Kommission für Technikfolgen-Abschätzung eingerichtet, aus der 1990 das Büro für Technikfolgenabschätzung beim Deutschen Bundestag hervorging.[112]

Sieben Arbeitsgruppen widmeten sich seit 1987 an der AdW den Themen:

- Altern und gesellschaftliche Entwicklung
- Automatisierung, Arbeitswelt und künftige Gesellschaft
- Erfolgsbedingungen von technischen Innovationen in Industrieländern
- Exodus von Wissenschaften aus Berlin
- Langfristige Chancen der Sonnenenergienutzung
- Umweltstandards: Fakten und Bewertungsprobleme am Beispiel des Strahlenrisikos
- Wechselwirkung zwischen Geometrie und Physik

Ein Argument der Akademiegegner besagte, dass eine derartige Einrichtung die Beziehungen zur DDR belasten würde. Schon im Vorfeld war allerdings ausgelotet worden, dass dies unbegründet war. Da sich die West Akademie nicht explizit in die Nachfolge der Preußischen Akademie stellte, sah die AdW der DDR keine direkte Konkurrenz in ihr. Auch die Tatsache, dass Friedrich Hirzebruch 1988 und Günter Spur 1989 zu auswärtigen Mitgliedern der AdW der DDR ernannt wurden, belegt dieses.

Da die AdW der DDR die deutsche Zweistaatlichkeit als gegeben ansah, vergab sie den Status des ordentlichen und den des korrespondierenden Mitgliedes nur an Staatsbürger der DDR, folglich galten Bürger der Bundesrepublik oder aus dem Westteil Berlins als „ausländische Persönlichkeiten", denen der Status auswärtiges Mitglied (AM) verliehen wurde.[113] Im Zuge der deutschen Einheit wurden Friedrich Hirzebruch wie Günter Spur zu ordentlichen Mitgliedern. Auch der am Leibniztag 1990 zum auswärtigen Mitglied der Biowissenschaftlichen Klasse ernannte Nobelpreisträger für Chemie, Manfred Eigen, erhielt später im Jahr den Status eines ordentlichen Mitgliedes.

---

112 Vgl. Thomas Petermann/Armin Grunwald (Hg), Technikfolgen-Abschätzung für den deutschen Bundestag, Berlin 2005, S. 12f.

113 Werner Hartkopf, Die Akademie der Wissenschaften der DDR. Ein Beitrag zu ihrer Geschichte, Biographischer Index, Berlin 1983, S. 28.

Abb. 37: Schreiben an Günter Spur mit der Ernennung zum Auswärtigen Mitglied der AdW der DDR

AKADEMIE DER WISSENSCHAFTEN DER DDR Präsident

IPK - BERLIN Eingegangen 16. OKT. 1989 Erl.

Herrn
Prof. Dr.-Ing. Dr. h.c. Günter Spur
Institutsleiter des Produktionstechnischen
Zentrums Berlin-West
Fraunhofer-Institut für Produktionsanlagen
und Konstruktionstechnik

Pascalstr. 8-9

1000 Berlin 10

Berlin, den 9. 10. 1989

Sehr geehrter Herr Professor Spur,

es ist mir eine Ehre und Freude, Ihnen mitzuteilen, daß ich Ihnen die Zuwahlurkunde als Auswärtiges Mitglied der Akademie der Wissenschaften der DDR am 26. 10. 1989 überreichen kann.
Zugleich danke ich Ihnen für Ihre Bereitschaft, einen Vortrag zum Thema: "Forschungen für die Fabrik der Zukunft" vor den Mitgliedern der Klasse Informatik, Kybernetik und Automatisierung zu halten.
Die Sitzung beginnt um 10.00 Uhr im Plenarsaal der Akademie der Wissenschaften im Hause der Akademie, Otto-Nuschke-Str. 22/23, Berlin 1086. Die Übergabe der Urkunde erfolgt anschließend in meinem Arbeitszimmer.

Mit vorzüglicher Hochachtung

Werner Scheler

Otto-Nuschke-Str. 22/23, Berlin, DDR-1086

Abb. 38: Aufnahme von Günter Spur als Mitglied AdW der DDR am 26.10.1989, der 1. Viezeprsädident der AdW der DDR, Ulrich Hofmann, überreicht die Urkunde

AUFLÖSUNG DER ADW ZU BERLIN

Am 29. Januar 1989 hatten Wahlen zum Abgeordnetenhaus von Berlin stattgefunden, bei denen die Koalition aus CDU und FDP ihre Mehrheit an SPD und AL (Alternative Liste/Grüne) verloren hatte.[114] Im März 1989 kam es zur Bildung eines rot-grünen Senats unter Walter Momper (SPD). Die Fraktion der AL hatte sich schon im Vorfeld der Gründung der Akademie der Wissenschaften als strikte Gegnerin des Projekts gezeigt und ihre Argumente in der oben genannten Streitschrift öffentlich gemacht.

Die wissenschaftspolitische Sprecherin der AL Fraktion, Hilde Schramm, hatte sich im Parlament vehement gegen die geplante Gründung ausgesprochen und sorgte bei der Regierungsbildung 1989 dafür, dass die Auflösung der Akademie Teil der Koalitionsvereinbarung von Rot-Grün wurde. Am 16. Mai 1989 stellten die Fraktionen von SPD und AL den Antrag auf Auflösung der Akademie der Wissenschaften zu Berlin, der angenommen wurde. Die Stellungnahme des Akademiepräsidenten Horst Albach im Wissenschaftsausschuss des Abgeordnetenhauses von Berlin am 19. Juni 1989 konnte daran nichts mehr ändern. Der AdW zu Berlin war so die äußerst kurze Lebenszeit von

114 Dabei war es vor allem der Erfolg der AL, die 11,1% der Stimmen erhielt, der den Wechsel ermöglichte und dem kleineren Koalitionspartner Gewicht verlieh. Die SPD hatte 41,7% der Wählerstimmen erhalten, die CDU 40,2%, die FDP hatte mit 3,5% den Einzug ins Abgeordnetenhaus verfehlt.

drei Jahren beschieden, die laufenden Vorhaben der Arbeitsgruppen konnten als Teil des Auflösungsbeschlusses innerhalb anderer Institutionen zu Ende geführt werden. Die Ergebnisse dokumentieren die in den Jahren 1991 bis 1995 erschienenen Forschungsberichte der AdW zu Berlin.[115]

Abb. 39: Der Tagesspiegel vom 16. August 1989

West-Berliner Akademie klagt gegen Auflösungsgesetz

Tsp. **Berlin.** Die Akademie der Wissenschaften zu Berlin (West) hat gestern beim Verwaltungsgericht Klage gegen das am 28. Juni vom Abgeordnetenhaus beschlossene Auflösungsgesetz eingereicht. Die Einrichtung soll zum 31. Dezember aufgelöst werden. Eine einstweilige Anordnung soll den Mitgliedern und Angestellten der Akademie Rechtsschutz bis zu einer Entscheidung in einem Hauptverfahren geben. Klage erhoben haben sowohl die Akademie als Körperschaft als auch vier ihrer Mitglieder, die die Entscheidung als Muster für alle Akademiemitglieder nutzen wollen.

Zur Frage der Auflösung der Akademie gibt es vier Gutachten, die zu jeweils stark abweichenden Ansichten über die Verfassungsmäßigkeit der Auflösung gelangten. Die Akademie sieht die Auflösung als Verstoß gegen die Forschungsfreiheit, die vom Grundgesetz garantiert wird.

Als am 9. November 1989 die Mauer fiel, hatten die Arbeitsgruppen der AdW zu Berlin gerade zwei Jahre gearbeitet und erste Ergebnisse in öffentlichen Vorträgen und Arbeitsgruppenberichten vorgestellt. Trotzdem befand sich die AdW zu Berlin bereits in einer Übergangssituation, da die politische Entscheidung zu diesem Schritt einige Monate vor dem Fall der Mauer getroffen wurde. Als das Abgeordnetenhaus von Berlin am 17. Juli 1990 das Gesetz über die Auflösung der AdW zu Berlin zum 31. Dezember 1990 verabschiedete, war dies bereits ein Schritt zur Neuordnung der Wissenschaftslandschaft der nicht länger geteilten Stadt Berlin und der im Einigungsprozess befindlichen beiden deutschen Staaten. Die aus ganz anderen Motiven in Gang gesetzte Auflösung der AdW zu Berlin war so zu einem Teil der Umgestaltung der wissenschaftlichen Institutionen im Raum Berlin und Brandenburg geworden. Der Rechtsstreit um die Auflösung der AdW zu Berlin bekam schließlich Pilotfunktion bei der folgenden Auflösung der Akademie der Wissenschaften der DDR, nachdem die politische Entwicklung am 3. Oktober 1990 zur deutschen Einheit und der um die fünf Bundesländer aus dem Staatsgebiet der ehemaligen DDR erweiterten Bundesrepublik geführt hatte.

115 Vgl. Jochen Diekmann: Sonnenenergie. Herausforderung für Forschung, Entwicklung und internationale Zusammenarbeit. Akademie der Wissenschaften zu Berlin, Forschungsbericht 1, Berlin/New York 1991, und Heinz L. Kretzenbacher/Harald Weinrich: Linguistik der Wissenschaftssprache. Akademie der Wissenschaften zu Berlin, Forschungsbericht 10, Berlin/New York 1995.

Im letzten Jahrbuch der Akademie zu Berlin für die Jahre 1990-92 sind alle Rechtsgutachten abgedruckt, die die verschiedenen Parteien zur verfassungsrechtlichen Konformität des Gesetzes zur Auflösung der AdW zu Berlin bei namhaften Staatsrechtlern in Auftrag gegeben hatten. Die Kernfrage dabei war, ob die Auflösung mit Art. 5 Grundgesetz (GG), der die Freiheit der Wissenschaft garantiert, vereinbar war.

Das von der Senatsverwaltung für Wissenschaft und Forschung in Auftrag gegebene Gutachten einer Stuttgarter Anwaltskanzlei kam zu dem Schluss, die Auflösung sei mit dem GG Art. 5 vereinbar, da die Akademie nicht den Status einer Hochschule habe.[116]

Der wissenschaftliche Parlamentsdienst des Abgeordnetenhauses fand in seiner gutachtlichen Stellungnahme teilweise einen Verstoß gegen das Verfassungsrecht gegeben, da die Überleitungsregelungen für bereits begonnene Forschungsarbeiten der Akademiemitglieder in unzulässiger Weise in die Wissenschaftsfreiheit eingriffen.

Die beiden Gutachten, die die Akademie in Auftrag gab, kamen zu dem Schluss, dass die Auflösung nicht mit dem Grundgesetz in Einklang stehe. Der Kölner Staatsrechtler Heinrich Friauf argumentierte vor allem dahingehend, dass der Auflösungsbeschluss mit Art. 5 Abs. 3 Satz 1 GG nicht zu vereinbaren sei, zudem sei die Auflösung der Akademie mit den verfassungsrechtlichen Wertungen nicht in Einklang zu bringen und stelle ein mit dem GG nicht vereinbares „Wissenschaftsrichtertum" dar.

Das Rechtsgutachten zur Rechtmäßigkeit des Gesetzes zur Auflösung der Akademie der Wissenschaften zu Berlin, das der Bonner Staatsrechtsprofessor Josef Isensee dem Präsidenten des Abgeordnetenhauses am 15. Juni 1990 übergab, stellte fest:

> *„Das Gesetz über die Auflösung der Akademie der Wissenschaften zu Berlin ist rechtswidrig."*

Das Gutachten hielt allerdings auch fest, dass sich diese Einschätzung ausschließlich auf das Auflösungsgesetz in der vorliegenden Form beziehe. Generell genieße die Akademie keine „besondere Bestandsgarantie." Der abschließende dritte Punkt dieses Gutachtens betonte die Übereinstimmung mit der gutachtlichen Stellungnahme des Wissenschaftlichen Parlamentsdienstes „in dem wesentlichen rechtspraktischen Ergebnis."[117] Mit Ausnahme des Stuttgarter Gutachtens kamen alle anderen zu dem Schluss, dass Teile des Gesetzes zur Auflösung der Akademie verfassungswidrig oder zumindest verfassungsrechtlich bedenklich waren.

---

[116] Das Gutachten wie auch die im Folgenden genannten weiteren Gutachten sind vollständig abgedruckt in: Akademie der Wissenschaften zu Berlin, Jahrbuch 1990-1992, Berlin, New York 1993.

[117] Jb. 1990-92, S. 214.

Noch einmal keimte bei den Mitgliedern der AdW zu Berlin Hoffnung auf die Rücknahme des Auflösungsbeschlusses des Senats auf, als Neuwahlen zum Berliner Abgeordnetenhaus am 6. Dezember 1990 die politischen Konstellationen veränderten. Der rot-grüne Senat verlor dabei die Regierungsmehrheit an eine große Koalition von CDU und SPD. Doch auch der neugebildete Senat hielt an dem Beschluss zur Auflösung der AdW zu Berlin fest.[118]

AUFLÖSUNG DER ADW DER DDR

Die AdW der DDR hatte einen neuen Präsidenten gewählt, den Mediziner Horst Klinkmann. Er eröffnete seine Rede zur Amtseinführung *Societas Scientiarium - Aufbruch in die Zukunft*[119] am Leibniz-Tag 1990 mit einem Hinweis auf die friedliche Revolution und die daraus erwachsenen Chancen. Er sprach von der notwendigen Neubestimmung der Akademie in der deutschen Wissenschaftslandschaft und beschwor die Unterscheidung von Wissenschaft und Wissenschaftlern zeigte die Chancen, die die Loslösung der Wissenschaft aus der ideologischen Klammer bot genauso wie deren Risiken. Er forderte vor allem die jungen Wissenschaftler der Akademie dazu auf, sich an der Debatte um die neue Struktur und das darauf gründende Statut zu beteiligen. Bei der Rede zum Leibniz-Tag 1991 resümierte der Präsident über Sinn und Zweck einer Zusammenkunft ohne eigentlich Akademie zu sein, und kam zu dem Schluss, dass schon allein die Pflicht zur Berichterstattung über das vergangene Jahr dies gebiete. Klinkmann zitierte außerdem aus dem Auftrag des damaligen Ministerpräsidenten Lothar de Mazière vom 28. September 1990, in dem es hieß:

> *„[...] mit Wirksamwerden des Beitritts der DDR zur BRD bezieht sich ihre Beauftragung als geschäftsführender Präsident auf die Akademie der Wissenschaften als Gelehrtensozietät. Sie umfasst die Aufgaben und den Zeitraum, die erforderlich sind, um die Akademie der Wissenschaften in Übereinstimung mit Art. 38 Abs. 2 des Einigungsvertrages auf eine landesrechtliche Grundlage zu überführen."*[120]

Der Präsident wies darauf hin, dass diese Phase noch nicht abgeschlossen sei, sie werde es erst mit Gründung der Berlin-Brandenburgischen Akademie der Wissenschaften (BBAW) sein.

Als zum 3. Oktober 1990 der Einigungsvertrag, die gesetzliche Grundlage der deutschen Einheit, in Kraft trat, verlor die AdW der DDR ihre frühere Funktion, da §38 Absatz 2 des Einigungsvertrages folgende Regelung festschrieb:

> *„Mit dem Wirksamwerden des Beitritts wird die Akademie der Wissenschaften der Deutschen Demokratischen Republik als Gelehrtensozietät von den Forschungsinstituten und sonstigen Einrichtungen getrennt. Die Entscheidung, wie die Gelehr-*

---

118 Das war für den Präsidenten der AdW zu Berlin, Horst Albach, der mit aller Kraft gegen den Auflösungsbeschluss gekämpft hatte, ein so schwerer Schlag, dass er sich beim späteren Neuaufbau der BBAW nicht mehr engagieren wollte.

119 Jb. AdW der DDR 1990–1991, S. 78f.

120 Zitiert nach ebd., S. 109.

tensozietät der Akademie der Wissenschaften der Deutschen Demokratischen Republik fortgeführt werden soll, wird landesrechtlich getroffen. Die Forschungsinstitute und sonstigen Einrichtungen bestehen zunächst bis zum 31. Dezember 1991 als Einrichtungen der Länder in dem in Art. 3 genannten Gebiet fort, soweit sie nicht vorher aufgelöst oder umgewandelt werden. Die Übergangsfinanzierung dieser Institute und Einrichtungen wird bis zum 31. Dezember 1991 sichergestellt; die Mittel hierfür werden im Jahr 1991 vom Bund und den in Art. 1 genannten Ländern bereitgestellt."[121]

Mit dieser Entscheidung entstand ein Vakuum, das weder die bereits aufgelöste Akademie West noch die Gelehrtensozietät ausfüllen konnte. Denn der zuständige Senator des Landes Berlin schrieb im Juli 1992 an jedes Mitglied, ob Ordentlich, Auswärtig oder Korrespondierend:

"Eine Fortführung der Gelehrtensozietät der ehemaligen Akademie der Wissenschaften der DDR in ihrer bisherigen Gestalt oder eine Überführung der annähernd vierhundert Mitglieder sieht der Staatsvertrag nicht vor. [...] Mit der Beendigung der früheren Gelehrtensozietät ist auch Ihre Mitgliedschaft erloschen."[122]

In einer Skizze zur Geschichte der heutigen Leibniz-Sozietät der Wissenschaften zu Berlin wird der Vorgang so bewertet:

„Die Berliner Landesregierung war durch den Einigungsvertrag von 1990 verpflichtet, landesrechtlich darüber zu entscheiden, in welcher Form, nicht aber ob die Gelehrtensozietät überhaupt weitergeführt werden sollte. Die von ihr mit dem Hinweis auf die Nichtberücksichtigung im Staatsvertrag unterstellte Auflösung der Gelehrtensozietät war folglich ein Bruch des Einigungsvertrages. Er blieb juristisch ohne Folgen, da die Mitglieder der Gelehrtensozietät aus individuell unterschiedlichen Gründen auf eine Klage verzichteten. Ein beachtlicher Teil der Mitglieder der Gelehrtensozietät begann noch 1992 mit Vorbereitungen für die Gründung eines eingetragenen Vereins als neuer Organisationsform der wissenschaftlichen Tätigkeit."[123]

Die Neuordnung der Wissenschaftslandschaft in der Region Berlin-Brandenburg erfolgte im Falle der Akademie nicht durch Angliederung, sondern als Neugründung, die sich aus den Traditionslinien der einen Akademie und den Innovationen der anderen zu einer bald anerkannten Institution entwickelte. Problematisch blieb dabei die Stellung

---

[121] Der vollständige § 38 in: Berlin-Brandenburgische Akademie der Wissenschaften (BBAW), Jb. 1992/93, Berlin 1994, S. 31f. Die Länder sind: Brandenburg, Mecklenburg-Vorpommern, Sachsen, Sachsen-Anhalt, Thüringen und der Ostteil Berlins.

[122] Zitiert nach ebd.

[123] Vgl. Homepage der Leibniz-Sozietät, Geschichte.

der Gelehrtensozietät, die sich in der Nachfolge der alten Akademie sah und deren Mitglieder doch nicht geschlossen in die Neugründung überführt wurden.

Der Verein konstituierte sich am 15. April 1993 als Leibniz-Sozietät und führte die seit 300 Jahren bestehende Gelehrtensozietät der Akademie der Wissenschaften in Berlin fort, ihr gehörten die bis 1990 gewählten Mitglieder der AdW der DDR an, sofern sie ihre Bereitschaft zur Mitarbeit erklärt hatten. Die Mitglieder der Sozietät arbeiten nach Tradition der Akademie in Klassen, in Arbeitskreisen und Kommissionen. Seit 1994 wurden in jedem Jahr neue Mitglieder aufgenommen, für deren geheime Wahl akademieübliche wissenschaftliche Kriterien verbindlich sind. Seit 2007 nennt sich die Gelehrtensozietät des Einigungsvertrages *Leibniz-Sozietät der Wissenschaften zu Berlin*, zu dieser Zeit waren von etwa 300 Mitgliedern fast zwei Drittel nach 1994 aus allen deutschen Bundesländern und dem Ausland zugewählt worden.

GRÜNDUNG DER BBAW

In die Neugründung der aufgelösten AdW der DDR als Berlin-Brandenburgische Akademie der Wissenschaften (BBAW) konnten Erfahrungen aus der Arbeit und der Konstruktion der Akademie West einfließen. Schon am 3. Dezember 1990 trat die Senatorin für Wissenschaft und Forschung des rot grünen Senats, Barbara Riedmüller-Seel, an Wissenschaftler aus Ost und West mit der Bitte heran, einen Vorschlag zur Gründung einer Akademie der Wissenschaften auszuarbeiten. Die Akademie sollte an die Tradition der im Jahre 1700 von Gottfried Wilhelm Leibniz gegründeten Preußischen Akademie anknüpfen.

Die Senatorin hatte angeschrieben: Horst Albach, Manfred Bierwisch, Werner Ebeling, Gottfried Geiler, Horst Klinkmann, Wolf Lepenies, Renate Mayntz, Christian Meier, Benno Parthier, Günter Spur, Uwe Wesel und Wolfgang Zapf. Mit Ausnahme von Horst Albach und Werner Ebeling nahmen die Angeschriebenen den Auftrag der Senatorin an und fanden sich in der so genannten Planungsgruppe zusammen. Hier arbeiteten nun vier aus der DDR stammende Wissenschaftler und sechs aus dem ehemaligen Westen eine Empfehlung aus, zu ihrem Vorsitzenden hatten sie den Althistoriker Christian Meier gewählt. Am 5. April 1991 legte die Gruppe einen ersten Empfehlungsentwurf vor, der daraufhin an die Präsidenten der überregionalen Wissenschaftsorganisationen und der anderen Akademien sowie an den Vorsitzenden der Konferenz der Akademien der Wissenschaften zur Begutachtung und Stellungnahme geschickt wurde.

Die abschließenden Empfehlungen der Planungsgruppe vom September 1991 berücksichtigten die Anregungen aus den verschiedenen Stellungnahmen. Ausdrücklich sprach sich die Gruppe für eine Gliederung in fünf Klassen aus. Auf Vorschlag des einzigen Technikwissenschaftlers in der Gruppe, Günter Spur, war darunter auch eine Technikwissenschaftliche Klasse. Die Klassen sollten eine große Themenvielfalt behandeln, daher sollten immer zwei oder drei Klassen gemeinsam tagen. Auch empfahl die Planungsgruppe, den auswärtigen Mitgliedern der AdW der DDR keine Anwartschaft auf Fortführung ihrer Mitgliedschaft einzuräumen, da sie sonst gegenüber den ehemaligen Mitgliedern aus der DDR bevorzugt würden.[124]

Ein Jahr nach dem Auftrag an die Planungsgruppe tagte ein gemeinsamer Regierungsausschuss der Länder Berlin und Brandenburg und fasste den Beschluss, die Akademie in Nachfolge der ehemals Kurfürstlich-Brandenburgischen Sozietät von 1700 gemeinsam neu zu konstituieren. Ein Staatsvertrag sollte die Einzelheiten regeln, insbesondere auch die angemessene Aufteilung der Finanzierung der Einrichtung zwischen den beiden Ländern. Die Berliner Senatsverwaltung für Wissenschaft und Forschung erarbeitete den Entwurf des Staatsvertrages und schickte ihn der Planungsgruppe der Akademie mit dem Auftrag zu, sich zum Namen der zukünftigen Akademie zu äußern. Von den genannten Vorschlägen kam aus Sicht der Planungsgruppe einzig *Berlin-Brandenburgische Akademie der Wissenschaften* in Betracht. Am 21. Mai 1992 unterzeichneten der Regierende Bürgermeister von Berlin, Eberhard Diepgen, und der Ministerpräsident von Brandenburg, Manfred Stolpe, im Rahmen eines kleinen Festaktes im Goldenen Saal des Rathaus Schöneberg das Vertragswerk.[125]

Abb. 40: Austauch des Staatsvertrags, Manfred Stolpe (links) und Eberhard Diepgen

Quelle: LAB, Foto; Ingeborg Lommatzsch

[124] So hatte es ursprünglich ein Beschluss des Abgeordnetenhauses und der Stadtversammlung von Berlin festgelegt, vgl. BBAW, Jb. 1992/93, S. 321.

[125] Vgl. ebd., S. 35.

Am 1. August 1992 trat der Staatsvertrag in Kraft, damit war die BBAW als Körperschaft des öffentlichen Rechts errichtet. Nun berief der Senator in Absprache mit dem Minister und auf Vorschlag der Planungsgruppe das Gremium zur Wahl der Gründungsmitglieder.[126] Am 10. und 11. Oktober 1992 trat dieses Gremium zusammen. Die Mitglieder waren: Knut Borchardt[127], Horst Fuhrmann, Horst-Franz Kern, Dieter Kind, Werner Köhler, Beate Kohler-Koch, Eckhard Macherauch, Gerhard Maess, Renate Mayntz, Joachim Milberg, Manfred Naumann, Gernot Neugebauer, Rudolf Smend, Heinz A. Staab und Rüdiger Wehner. Nach einem dritten Treffen am 12. Dezember 1992 standen die Namen der Gründungsmitglieder fest, zwei Tage später teilte sie der Vorsitzende der Gruppe, Rudolf Smend, den staatlichen Stellen mit.

Abb. 41: Gremium zur Wahl der Gründungsmitglieder

Zusammenkunft des Wahlgremiums am 10. Oktober 1992 im Gebäude der Senatsverwaltung für Wissenschaft und Forschung, Berlin, Griegstraße 5.
Untere Reihe von links: Professores Heinz A. Staab, Christian Meier, Renate Mayntz, Horst Fuhrmann, Werner Köhler, Manfred Naumann; Obere Reihe von links: Minister Hinrich Enderlein, Professores Rüdiger Wehner, Horst-Franz Kern, Dieter Kind, Eckhard Macherauch, Rudolf Smend, Gernot Neugebauer, Knut Borchardt, Senator Prof. Manfred Erhardt

Quelle: Jb. der BBAW 1992/1993, S. 36

126 Jedes Mitglied der Planungsgruppe nannte dabei drei Vertreter seines Fachgebiets, die von Günter Spur benannten Ingenieure waren: Dieter Kind, Eckhard Macherauch und Joachim Milberg.

127 Der Wirtschaftshistoriker Knut Borchardt nahm nur an der ersten Sitzung teil, danach übernahm seine Stelle Erhard Kantzenbach.

4 KONVENT FÜR TECHNIKWISSENSCHAFTEN

DIE TECHNIKWISSENSCHAFTLICHE KLASSE DER BBAW

Am 28. März 1993 nahm die BBAW mit einem Festakt anlässlich ihrer Neukonstituierung die Arbeit auf. Erster Präsident war Hubert Markl, dem Vorstand gehörten neben dem Präsidenten die Sekretare der fünf Klassen, ein Vertreter des Konvents und mit beratender Stimme der Generalsekretär an.

Die Technikwissenschaftliche Klasse (TW Klasse) wählte Günter Spur zum Sekretar, sein Stellvertreter wurde Wolfgang Förster. Die anderen Gründungsmitglieder der Klasse waren: Wolfgang Beitz, Heinz Duddeck, Otto Fiedler, Wolfgang Fratzscher, Manfred Hackeschmidt, Peter Starke, Karl Stephan und Hans-Günther Wagemann.

Das erste Projekt *Optionen zukünftiger industrieller Produktionssysteme* knüpfte an die Konzeption des Projekts der aufgelösten AdW zu Berlin *Automatisierung, Arbeitswelt und künftige Gesellschaft* an. Die erste Klassensitzung der TW Klasse fand am 5. Mai 1993 im Produktionstechnischen Zentrum (PTZ) in Berlin, Pascalstraße 8-9 statt. Die Mitglieder stellten ihren wissenschaftlichen Werdegang und ihre Arbeitsgebiete vor, anschließend diskutierten sie über mögliche Arbeitsgebiete.

Abb. 42: Produktionstechnisches Zentrum Berlin, Ort der Gründungssitzung der TW Klasse der BBAW

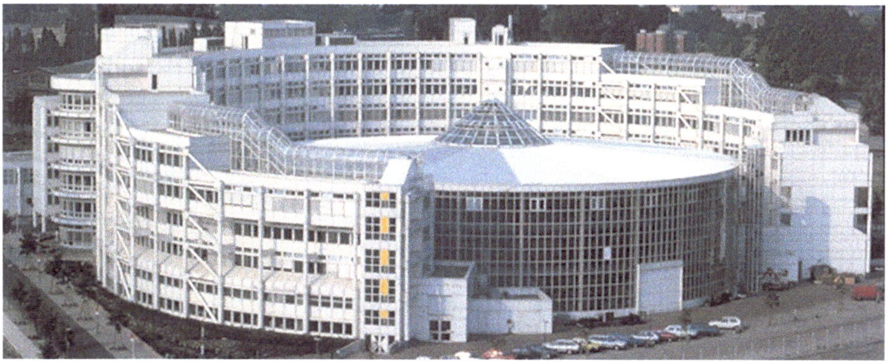

Abb. 43: Die Gründungsmitglieder der Technikwissenschaftlichen Klasse der BBAW

Günter Spur (Sekretar)

Wolfgang Beitz

Heinz Duddeck

Otto Fiedler

Wolfgang Fratzscher

Manfred Hackeschmidt

Peter Starke

Karl Stephan

Hans-Günther Wagemann

Auch die zweite Klassensitzung am 19. Juni 1993 fand im PTZ statt. Jetzt standen der Informationsaustausch der Mitglieder über ihre Erfahrungen aus der Arbeit an der AdW der DDR und der AdW zu Berlin und die Konzeption geeigneter Projekte, die dem Plenum der Akademie zur Bearbeitung vorgeschlagen werden sollten, im Vordergrund. Bei dieser Klassensitzung berichtete Günter Spur auch von seinen durch auswärtige Mitgliedschaft in den nationalen technikwissenschaftlichen Akademien der USA (1981), Schwedens (1991) und Großbritanniens (1992) geprägten Erfahrungen.

Das geflügelte „your chair is empty" stand dabei für die fehlende nationale Vertretung der deutschen Technikwissenschaften im Council CAETS wie sie Günter Spur immer wieder erlebt hatte. Nun kam erstmals die Möglichkeit der Teilnahme an den weltweiten Kooperationen der Ingenieur-Akademien über die TW Klasse zur Sprache. Die Diskussion führte zu der Überlegung, ob eine gemeinsame Repräsentanz der deutschen Technikwissenschaften zusammen mit der NWAW möglich wäre. Zusätzlicher Anstoß zu diesen Überlegungen war die Gründung des **E**uropean **C**ouncil of **A**pplied **S**ciences and **E**ngineering (Euro-CASE) am 11. Dezember 1992. Wegen der 1993 noch herrschenden Unterrepräsentanz von Technikern innerhalb der deutschen Akademien, orientierte sich die Berliner TW Klasse seit ihrer Gründung an den Gepflogenheiten der internationalen technikwissenschaftlichen Akademien, die seit 1980 von CAETS vertreten wurden.

Die Klasse beschloss, Kontakt mit der NWAW aufzunehmen und Gerhard Becker, den Präsidenten der Bundesanstalt für Materialprüfung (BAM) und Vorsitzenden des Deutschen Verbandes technisch-wissenschaftlicher Vereine (DVT)[1], zu informieren. Diesen Beschluss teilte Günter Spur am 8. Juli 1993 dem Vorstand der BBAW auf seiner 3. Sitzung mit. Der Vorstand kam zu dem Ergebnis, dass die BBAW mit der NWAW Deutschland in internationalen Technikakademie-Gremien vertreten solle und bat Günter Spur, die nötigen Schritte einzuleiten. Tags darauf fand - zum ersten Mal in den Räumen der Akademie - die dritte Sitzung der TW Klasse statt. Breiten Raum nahmen die Beratungen zur inhaltlichen Arbeit ein, nachdem das Plenum der BBAW den Antrag *Gestaltungsoptionen zukünftiger Produktionssysteme* zur Genehmigung vorgeschlagen hatte und zwei weitere Projekte zur Überarbeitung anstanden. Bezüglich der weiteren Schritte für die deutsche Vertretung bei Euro-CASE sollte eine Abstimmung vor dem Plenum erfolgen. Auch die nächste Klassensitzung am 20. September 1993 wandte sich neben der intensiven Diskussion weiterer Projektanträge unter TOP 4 der deutschen Repräsentanz bei Euro-CASE zu. Die NWAW Klasse befürwortete die gemeinsame Repräsentanz.

Bedingung seitens Euro-CASE für eine Anerkennung als deutsche Repräsentanz war allerdings, dass die BBAW Mitglied der Konferenz der Akademien der Wissenschaft ist. Dieses Kriterium konnte die gerade neugegründete BBAW erfüllen, als sie am 3. Dezember 1993 in die Konferenz der Akademien aufgenommen wurde.

---

1 In seiner Funktion als Vorsitzender des DVT hatte Euro-CASE ihm zunächst den Status eines offiziellen Beobachters zugebilligt.

Abb. 44: Aufnahme von Günter Spur in die Schwedische Akademie IVA, 1991

Auch im folgenden Jahr 1994 bestimmte die inhaltliche Arbeit die Klassensitzungen der TW Klasse, doch daneben blieb ein Punkt der Tagesordnung immer auch die Vertretung der Technikwissenschaften im internationalen Zusammenhang. Die Entwicklung zu einer gemeinsamen Repräsentanz mit den in der Klasse Natur-, Ingenieur- und Wirtschaftswissenschaften der NWAW versammelten Technikwissenschaftlern ging voran. Im BMFT-Strategiekreis[2] stellte Günter Spur den Vorschlag einer „Deutschen Ingenieurakademie" als beratendes Gremium für technologie- und forschungspolitische Fragen vor und stieß damit auf große Resonanz.[3] Unterdessen fanden Gespräche mit der NWAW statt, deren Inhalt Pläne zur Gründung einer deutschen Akademie der Ingenieurwissenschaften waren, die verwaltungsmäßig an die BBAW angebunden sein sollte.[4]

Die Notwendigkeit einer nationalen Vertretung der deutschen Technikwissenschaften hatte Günter Spur schon seit Anfang der 80er Jahre gesehen, als er auf Grund seiner internationalen Reputation immer stärker in die Arbeit der internationalen Akademien eingebunden wurde. Frühe Impulse gingen von M. E. Merchant im Jahr 1980 aus,[5]

2 Der BMFT-Strategiekreis war von Bundeskanzler Helmut Kohl 1993 zur Technologieberatung der Bundesregierung eingerichtet worden. Seinen Namen hatte der Kreis erhalten, da die Organisation über das BMFT unter Minister Krüger erfolgte.

3 Vgl. O. 80, Protokoll der 13. Klassensitzung der TW Klasse der BBAW vom 15.7.1994, S. 4.

4 Vgl. O. 80, Protokolle 14. Klassensitzung und folgende des Jahres 1994.

5 Als M.E. Merchant der erste Georg-Schlesinger-Preis verliehen wurde, thematisierte er dabei auch die fehlende nationale Vertretung der deutschen Technikwissenschaften.

konkretisiert und verstärkt wurden diese durch die Wahl Günter Spurs zum Auswärtigen Mitglied der NAE im Jahr 1981. Auch die Beteiligung von Karl-Heinz Beckurts an der Gründung der AdW zu Berlin 1983/84 und seine Erfahrungsberichte aus der IVA, der Schwedischen Ingenieursakademie, hatte die Frage nach einer deutschen Vertretung erneut aufleben lassen.

Das Fehlen einer solchen nationalen Vertretung war Günter Spur bei seinen internationalen Kontakten als Mangel begegnet, auch andere Wegbereiter der heutigen Deutschen Akademie der Technikwissenschaften berichteten, dass sie auf verschiedene Weise auf das Problem aufmerksam wurden. So erinnerte sich Franz Pischinger, während seiner Vizepräsidentschaft bei der Deutschen Forschungsgemeinschaft (DFG) in den 1980er Jahren in Washington mit der Frage einer fehlenden Deutschen Repräsentanz konfrontiert worden zu sein. Auch Günther Wilke berichtete, wie gerade die persönliche Freundschaft mit dem ehemaligen Vizepräsidenten der National Academy of Science, Jack Halpern, ihn für das Thema fehlender nationaler Vertretungen der Wissenschaft sensibilisiert hatte.[6] Daher war er schnell bereit, das Anliegen einer nationalen Vertretung der Technikwissenschaften zu unterstützen.

Die Gründung einer europäischen Vereinigung von Ingenieurakademien, Euro-CASE, im Dezember 1992 beförderte die nachhaltigen Bemühungen zur Etablierung einer Deutschen Akademie der Technikwissenschaften. Institutionelle Anbindung dafur bot die TW Klasse der 1993 neu gegründeten BBAW als deren Sekretar Günter Spur nun die Aktivitäten in Gang setzte. Der Thematisierung in der Berliner TW Klasse folgten erste Kontakte zur Düsseldorfer Akademie.

EURO-CASE

Euro-CASE vereinigte zum Zeitpunkt seiner Gründung zwölf nationale Repräsentanten der Technikwissenschaften darunter die nordischen Länder und die westeuropäischen Nachbarstaaten Deutschlands einschließlich Großbritanniens und der Schweiz. Es waren: die Royal Belgium Academy of Applied Sciences (BACAS), Danish Academy of Technical Sciences (ATV), Finnish Academies of Technologie (FACTE), Comité des Applications – Académie des Sciences (CADAS), Federation of Scientific and Technical Associations (FAST, Italien), Nederlands Forum for Techniek en Wetenschap (KNAW), Norwegian Academy of Technical Sciences (NTVA), HIDROPROJECTO (Portugal), Réal Académia de Ingeniéra (Spanien, in Gründung), Royal Swedish Academy of Engineering Sciences, The Royal Academy of Engineering (IVA) und die Swiss Academy of Engineering Sciences (STWA).

6 Vgl. O. 300, Interview Prof. Franz Pischinger, S. 1.

Laut Satzung vertritt Euro-CASE als unabhängige internationale Organisation die Interessen der anwendungsorientierten Technik- und Ingenieurwissenschaften. Mitglieder sind Akademien oder vergleichbare nationale Einrichtungen der Technik- und Ingenieurwissenschaften der EG und EFTA Staaten.[7]

Eine solche nationale Vertretung hatte die deutsche Technikwissenschaft nicht. In Ermangelung einer geeigneten Institution wurde der Vorsitzende des DVT und Präsident der BAM, Gerhard Becker, als offizieller Beobachter benannt. Gerhard Becker nahm an der Gründungsversammlung in Paris teil und vermerkte später in einem Gedächtnisprotokoll, dass von den EG-Ländern Griechenland, Luxemburg und Irland nicht vertreten waren, da in diesen Ländern keine geeigneten Institutionen vorhanden seien. Zunächst einmal erbat Gerhard Becker bei der Gründungsversammlung weiter den Beobachterstatus. Nach Gerhard Beckers Vorstellung sollte der DVT ein Budget für die Mitgliedschaft in Euro-CASE bereitstellen und klären, ob und in welchem Umfang die DFG bereit wäre, Kosten zu übernehmen. Die nächste Mitgliederversammlung des DVT sollte Klarheit herstellen, „ob der DVT formal autorisiert wird, die Vertretung der Bundesrepublik im Sinne eines ‚similar body' an Stelle einer fehlenden ‚Academy of Engineering' wahrzunehmen."[8] Doch es kam nicht zur Vertretung über den DVT, da dieser als Interessenvertretung und nicht als akademische Vertretung galt.

Die Ereignisse in Paris brachten zusätzlich Bewegung in die Diskussion um die Vertretung der deutschen Technikwissenschaften bei internationalen Organisationen. Deutschland hatte in der Beobachtungsposition kaum Möglichkeiten, auf der europäischen Ebene die Zukunft der technikwissenschaftlichen Entwicklung mit zu gestalten, obwohl es zu den führenden Nationen technikwissenschaftlicher Forschung zählte.

Während im Jahr 1996 die Vorbereitungen zur Gründung des Konvents für Technikwissenschaften innerhalb der Union in Gang kamen, trat Günter Spur in seiner Eigenschaft als Sekretar der TW Klasse der BBAW die Nachfolge von Gerhard Becker als deutscher Beobachter bei Euro-CASE an.[9] Als der Geschäftsführer der Konferenz, Thomas Kempf, im September 1996 an einer Sitzung des Steering Committee von Euro-CASE in Paris teilnahm, sah er die Dringlichkeit einer deutschen Mitgliedschaft. Neben seinen Eindrücken zu Bedeutung und Effizienz der Arbeit von Euro-CASE hielt er dies für die Mitglieder der Konferenz schriftlich fest und bestätigte, dass die Mitgliedschaft der Konferenz über den Konvent oder eine Kommission „dringend gewünscht" würde.[10] Im Herbst 1997 schließlich stand der deutschen Mitgliedschaft nichts mehr im Wege, wenn auch noch nicht geklärt war, wer für den Beitrag aufkommen sollte. Ab 1998

---

7 Zum Zeitpunkt der Euro-Case Gründung gab es die EU noch nicht, sondern die Staaten der E(uropäischen) W(irtschafts) G(emeinschaft) bildeten die EG, zu den EFTA Staaten gehörten Finnland, Norwegen, Schweden und die Schweiz.

8 Ebd., S. 2.

9 Vgl. O. 502, Schreiben des Generalsekretärs von Euro-CASE, Pierre Fillet, vom 24. April 1996 an Günter Spur mit der Mitteilung, die Mitgliederversammlung am 29. März 1996 habe dafür gestimmt, dass er den Posten des deutschen Beobachters einnehme.

10 Vgl. O. 100, Brief Kempf vom 24. September 1996 an Günter Spur.

vertrat der KTW Deutschland offiziell als Mitglied bei Euro-CASE. Schon zuvor hatte der Generalsekretär Pierre Fillet bei Günter Spur angefragt, ob er ab 1998 für einen Sitz im Vorstand zur Verfügung stehe. Auf Grund der Zusage wählte das Executive Committee Günter Spur zum neuen Mitglied, er blieb bis 2001 im Vorstand.

Abb. 45: Unterschriften der Gründungsmitglieder von Euro-CASE

POSITIONSPAPIER ZUR BEGRÜNDUNG EINER DEUTSCHEN AKADEMIE DER TECHNIKWISSENSCHAFTEN

Im März 1995 hatte Günter Spur mit dem Artikel *Zur Begründung einer Deutschen Akademie der Technikwissenschaften* den ersten öffentlichen Aufruf in der *Zeitschrift für wirtschaftlichen Fabrikbetrieb (ZWF)* platziert. Er erläuterte hierin, dass bei der Frage nach Möglichkeiten, den technologiepolitischen Dialog zu institutionalisieren, mit der Einberufung eines Strategiekreises Forschung und Technologie bereits ein erster richtungweisender Vorstoß von der Bundesregierung unternommen wurde. Jedoch gelte es, den begonnenen Dialog fortzusetzen.

> *„Mit zunehmender gesellschaftlicher Verantwortung der Ingenieure für technologische Entwicklungsprozesse stellt sich die Frage, welchen Beitrag die Technikwissenschaften künftig zur technologiepolitischen Beratung leisten sollen, und zwar auf nationaler wie auch auf europäischer Ebene. Damit angesprochen ist die Gründung einer Deutschen Akademie der Technikwissenschaften."*[11]

Günter Spur zeichnete eine Akademie, die sich aus „Entscheidungsträgern der Wissenschaft sowie auch der Wirtschaft" aus ganz Deutschland und dem Ausland zusammensetzt, mit einer Stärke von „etwa 450 Mitgliedern", eine Akademie, zu deren Aufgaben die „Beratung, Förderung von Forschungsvorhaben und insbesondere auch die Förderung des wissenschaftlichen Nachwuchses" zählen, eine Akademie, deren konkrete Aufgabenstellungen „aus wichtigen zukunftsbezogenen Fragestellungen im forschungs- und technologiepolitischen Zusammenhang" resultieren, und eine Akademie, welche die Technikwissenschaften auf europäischer Ebene repräsentiert.

Parallel zur Veröffentlichung in der ZWF wurde dieses Positionspapier, mit der Aufforderung zu einer Stellungnahme, im April 1995 an wichtige Persönlichkeiten, nicht nur aus dem Kreise der Ingenieurwissenschaften, versandt. Hierzu zählten unter anderem die Präsidenten aller Deutschen Akademien der Wissenschaften sowie die Präsidenten der Deutschen Forschungsgemeinschaft und der Fraunhofer Gesellschaft, der Bundesminister für Bildung, Wissenschaft, Forschung und Technologie, der Vorsitzende des Wissenschaftsrates, sowie die Vorsitzenden des Vereins Deutscher Ingenieure und der Hochschulrektorenkonferenz. Hinzu kamen die Mitglieder des Berliner Kreises, ein wissenschaftliches Forum für Produktentwicklung, sowie zahlreiche weitere Persönlichkeiten.

Die Bedeutung und Wirkung dieses Positionspapiers zeigte sich schon bald und auch die Tagespresse erkannte die Brisanz des Themas. So verkündete *Der Tagesspiegel* kurz nach dem Erscheinen des ZWF-Artikels eine *Eigene Akademie für die Technik*[12], während die *Frankfurter Allgemeine Zeitung* die Frage provokativ behandelte.

---

[11] Günter Spur, Zur Begründung einer Deutschen Akademie der Technikwissenschaften. In: ZWF, 90. Jg. (1995), H. 3.

[12] Artikel *Eigene Akademie für die Technik*, in: Der Tagesspiegel, 25. April 1995 und *Noch 'ne Akademie?*, in: FAZ, 4. Mai 1995.

Abb. 46: Der Tagesspiegel, 25. April 1995

Noch 'ne Akademie?

Diesmal für die Techniker

Nur wer eine Stimme hat, kann gehört werden. Die deutschen Ingenieure fühlen sich überhört in der Technologiepolitik. Nun wollen sie mit einer Stimme sprechen können: Günter Spur, Lehrstuhlinhaber für Werkzeugmaschinen und Fertigungstechnik an der Berliner Technischen Universität und Gründungsrektor der „Brandenburgischen Technischen Universität Cottbus", begründet die Notwendigkeit einer „Deutschen Akademie der Technikwissenschaften". In Deutschland sind Ingenieure in Wissenschaftsakademien selten vertreten: Nur in der Berlin-Brandenburgischen und der Mainzer Akademie gibt es Ingenieurklassen.

Deutschland, das auf Hochtechnologien angewiesen ist, kann nach Ansicht von Spur nicht auf Dauer auf eine Gemeinschaft der Technikerexzellenz, auch als Beratungsinstrument für politische Entscheidungen, verzichten. Außerdem brauche die deutsche Technik einen Ansprechpartner für vergleichbare Institutionen im Ausland. So hätten alle europäischen Staaten, aber auch Amerika und zukünftig sogar China, nationale, technisch ausgerichtete Wissenschaftsakademien. Die nationalen europäischen haben sich 1992 – um auch auf außerhalb Europas gemeinsam auftreten zu können – zum European Council of Applied Sciences and Engineering „EuroCASE" zusammengeschlossen. Deutschland hat darin mangels eigener Akademie nur Beobachterstatus.

Die Rechtsform der Akademie ist dabei ebenso offen wie ihre zukünftige Rechtsstellung im Konzert anderer deutscher Wissenschaftsorganisationen. Akademiegründungen sind hierzulande Sache der Länder. Das jeweilige Sitzland kommt für die Grundfinanzierung der regionalen Akademie auf, der Bund gibt in der Regel Zuschüsse für Forschungsprojekte. Nationale Wissenschaftsakademien, die Mitglieder aus dem gesamten Bundesgebiet gewinnen dürfen, könnten über Verträge zwischen den Bundesländern zustande kommen. Der Bund selbst hat bisher keine Gründungskompetenz. S.Sch.

Von den befragten Persönlichkeiten wurden Günter Spurs Überlegungen deutlich positiv aufgenommen.[13] Unterstützt wurde das Vorhaben sowohl von Seiten der Wissenschaft, der Wirtschaft als auch der Politik. Vor allem aber die internationalen Technikakademien, wie die NAE der USA bzw. die europäischen und internationalen Vereinigungen der Ingenieurakademien, Euro-CASE und CAETS, begrüßten die Planungen sehr. Dabei wurde das Erfordernis einer internationalen Repräsentanz, die Notwendigkeit einer nationalen Zusammenführung der Technikwissenschaften, die Förderung des strategischen Dialogs zur Technologiepolitik und -akzeptanz sowie die Notwendigkeit einer Einbeziehung der Wirtschaft hervorgehoben.

Nur wenige Vertreter von Wissenschaftsorganisationen, die sich eher skeptisch gegenüber der Einrichtung einer eigenständigen Institution für Technikwissenschaftler äußerten, argumentierten dagegen, dass die genannten Aufgaben von bisher bestehenden Akademien übernommen werden könnten und es zu einer Förderung der Separierung der Wissenschaften käme, zumal Schwierigkeiten bei der Realisierung eines fachübergreifenden Dialogs gesehen wurden.

---

13 Vgl. O. 101, verschiedene Antwortschreiben zum Positionspapier von Günter Spur.

Abb. 47: Günter Spur in der ZWF *Zur Begründung einer Deutschen Akademie der Technikwissenschaften, 1995*

Zur Begründung einer Deutschen

Technologische Strukturveränderungen der Industrie erfordern einen engen Schulterschluß von Wirtschaft, Wissenschaft und Politik. Im Rahmen einer wirksamen Technologiepolitik ist anzustreben, den Prozeß der Gewichtung und Auswahl zukunftsweisender Technologiefelder auf eine breitere und wissenschaftliche Basis zu stellen. Gefragt wird nach Möglichkeiten, den technologiepolitischen Dialog zu institutionalisieren. Die Einberufung des Strategiekreises Forschung und Technologie durch die Bundesregierung mit Repräsentanten aus Wissenschaft und Wirtschaft markierte hier einen richtungsweisenden Vorstoß.

Die Einrichtung dieses Gremiums war eine richtige Entscheidung. Sie hat in Wissenschaft und Wirtschaft deutliche Impulse für die Herausbildung weiterer standortübergreifender Initiativen zur Forschungspolitik ausgelöst. Auch dadurch hat die Technologiestrategie des Bundes an Kontur gewonnen.

Die Zusammenlegung des Bundesministeriums für Forschung und Technologie und des Bundesministeriums für Bildung und Wissenschaft ist ein weiterer und wichtiger Schritt, eine integrierte und auf Innovation gerichtete Wissenschafts- und Technologiepolitik zu erreichen.

Es geht darum, den begonnenen Dialog fortzusetzen und im Sinne eines Netzwerkgedankens organisatorisch zu verankern. Vor diesem Hintergrund ist der – auch von der Bundesregierung formulierte – Vorschlag zu verfolgen, das Modell einer Akademie der Wissenschaften für technologiepolitische Beratungsaufgaben heranzuziehen.

Die Gründung einer nationalen Akademie der Wissenschaften, die alle wissenschaftlichen Disziplinen umfaßt, wäre eine lohnende Aufgabe. Allerdings setzt eine schnelle und erfolgreiche Gründung einen weitgehenden Konsens der deutschen Wissenschaftsorganisationen voraus, auch im Hinblick auf die Anerkennung ihrer späteren Arbeit. Ob dieser Konsens kurzfristig erreicht werden kann, bleibt offen.

Institutionalisierung des technologiepolitischen Dialogs

Mit zunehmender gesellschaftlicher Verantwortung der Ingenieure für technologische Entwicklungsprozesse stellt sich die Frage, welchen Beitrag die Technikwissenschaften künftig zur technologiepolitischen Beratung leisten sollen, und zwar auf nationaler wie auch auf europäischer Ebene. Damit angesprochen ist die Gründung einer Deutschen Akademie der Technikwissenschaften.

Aus internationaler Perspektive gehören neben den Akademien der allgemeinen Wissenschaften auch die technikwissenschaftlichen Akademien zu den führenden Wissenschaftsorganisationen mit expliziter Beratungsfunktion für die jeweiligen Regierungen. Derartige Akademien bearbeiten seit Jahrzehnten aktuelle und strategische technologiepolitische Fragestellungen. Beispielhaft können folgende ausländische Akademien für Technikwissenschaften genannt werden:

- Académie des Sciences (Frankreich)
- Danish Academy of Technical Sciences (Dänemark)
- Dutch Society of Technological Sciences and Engineering (Niederlande)
- Finnish Academy of Technical Sciences (Finnland)
- Greek Chamber of Technical Sciences (Griechenland)
- Institute of Engineers of Ireland (Irland)
- National Academy of Engineering of the United States (USA)
- Norwegian Academy of Technical Sciences (Norwegen)
- Ordem dos Engenheiros (Portugal)
- Réal Académia de Ingeniéra (Spanien)
- Royal Belgian Academy of Sciences (Belgien)
- Royal Swedish Academy of Engineering Sciences (Schweden)
- Swiss Academy of Engineering Sciences (Schweiz)
- The Royal Academy of Engineering (Großbritannien)

Vor dem Hintergrund der Fortschritte bei der europäischen Integration sind die technologiepolitischen Zielsetzungen der Einzelstaaten zunehmend auch im europäischen Kontext abzustimmen. Die nationalen technikwissenschaftlichen Akademien haben sich hierzu 1992 zum „European Council of Applied Sciences and Engineering" (Euro-CASE) zusammengeschlossen. Deutschland hat in diesem Verbund bisher lediglich einen Beobachterstatus, da zum Zeitpunkt der Unterzeichnung der Gründungsurkunde keine Deutsche Akademie für Ingenieure oder eine vergleichbare Institution als Vertreter benannt werden konnte.

Von aktuellem Interesse ist darüber hinaus die neugegründete „Europäische Versammlung für Wissenschaft und Technologie", deren Ziel es ist, die Europäische Union in forschungs- und technologiepolitischen Fragestellungen

Akademie der Technikwissenschaften

zu beraten. Diese Versammlung setzt sich aus Mitgliedern verschiedener nationaler und internationaler Forschungseinrichtungen und Akademien zusammen. Eine Beteiligung deutscher Technikwissenschaftler aus Akademien in diesem Gremium ist bislang noch nicht ersichtlich.

Leitideen für eine Akademie für Technikwissenschaften

Insgesamt erwächst für die deutschen Technikwissenschaften hieraus die dringende Aufgabenstellung, sich zu einer nationalen Gemeinschaft zusammenzufinden. Hier sind Ansätze in den Landesakademien zu erkennen: Die Berlin-Brandenburgische Akademie der Wissenschaften sowie die Nordrhein-Westfälische Akademie der Wissenschaften sind in Deutschland die einzigen Akademien, die Ingenieure aufnehmen. Weiterhin berufen die deutschen Akademien der Wissenschaften ihre Mitglieder in der Regel unter Berücksichtigung des Regionalprinzips, das heißt ihr Einzugsbereich ist auf bestimmte Länder innerhalb Deutschlands begrenzt. Einzig die Berlin-Brandenburgische Akademie der Wissenschaften sowie die Akademie der Wissenschaften und der Literatur in Mainz berufen ihre ordentlichen Mitglieder satzungsgemäß aus ganz Deutschland.

In der Zusammenführung könnten für eine zu gründende Deutsche Akademie der Technikwissenschaften somit folgende Leitideen formuliert werden:

- Ein erstes kennzeichnendes Merkmal ist die Zusammensetzung ihrer Mitglieder aus Entscheidungsträgern der Wissenschaft sowie auch der Wirtschaft. Damit soll die Deutsche Akademie der Technikwissenschaften auch Mitglieder mit ingenieurwissenschaftlichem Profil aufnehmen können, die in der Wirtschaft technologiebezogene Verantwortung tragen.
- Die Deutsche Akademie der Technikwissenschaften beruft ihre Mitwirkenden aus ganz Deutschland, daneben aber auch auswärtige Mitglieder. Sie könnte einen Umfang von etwa 450 Mitgliedern erreichen, davon etwa 50 Mitglieder aus dem Ausland.
- Die Aufgaben der Deutschen Akademie der Technikwissenschaften umfassen Beratung, Förderung von Forschungsvorhaben und insbesondere auch die Förderung des wissenschaftlichen Nachwuchses. Als weitere Aufgabe stellt sich die Intensivierung der internationalen Kooperation und des Informationsaustauschs.
- Die Deutsche Akademie der Technikwissenschaften ist eine Arbeitsakademie. Ihre konkreten Aufgabenstellungen resultieren aus wichtigen zukunftsbezogenen Fragestellungen im forschungs- und technologiepolitischen Zusammenhang. Als wichtigste Arbeitsform wird daher das Arbeitsgruppenprinzip gewählt, das sich zur Lösung derartiger Aufgaben bereits in der Akademie der Wissenschaften zu Berlin sowie auch in der Berlin-Brandenburgischen Akademie der Wissenschaften bewährt hat.
- Die Deutsche Akademie der Technikwissenschaften repräsentiert die Technikwissenschaften auf europäischer Ebene. Damit angesprochen ist insbesondere die Einbindung in den Zusammenschluß der internationalen technikwissenschaftlichen Akademien. Sie strebt weiterhin eine Aufnahme in die Konferenz der deutschen Akademien der Wissenschaften an.
- Um eine hohe Akzeptanz im Verbund der deutschen Akademien zu erreichen, ist im Hinblick auf die zu wählende Rechtsform eine Gründung als Körperschaft öffentlichen Rechts zu bevorzugen. Gleichwohl eröffnen sich hier Alternativen: Zu prüfen ist eine Gründung als Kapitalgesellschaft, insbesondere als eingetragener Verein oder als Gesellschaft mit beschränkter Haftung. Vor diesem Hintergrund bestehen auch Optionen hinsichtlich der Benennung einer solchen Gemeinschaft.

Die Ingenieurwissenschaften sind auf eine weltweite Zusammenarbeit angewiesen. Ihre personelle Zusammenführung zu einer nationalen Deutschen Akademie der Technikwissenschaften bedeutete neben der internationalen Darstellung vor allem einen wichtigen Schritt zur Förderung des wechselseitigen Verbunds von Grundlagen- und Anwendungsforschung.

Der Autor dieses Beitrags

Prof. Dr.h.c.mult. Dr.-Ing. *Günter Spur*, Jahrgang 1928, ist Inhaber des Lehrstuhls für Werkzeugmaschinen und Fertigungstechnik an der TU Berlin und Leiter des Fraunhofer-Instituts für Produktionsanlagen und Konstruktionstechnik (IPK-Berlin), Gründungsrektor der Brandenburgischen Technischen Universität Cottbus sowie Sekretar der Technikwissenschaftlichen Klasse der Berlin-Brandenburgischen Akademie der Wissenschaften.

Abb. 48: FAZ, 4. Mai 1995

Eigene Akademie für die Technik

Günter Spur fordert nationale Beratungsinstitution

Die Gründung einer deutschen Akademie der Technikwissenschaften hat Professor Günter Spur angeregt. Spur, der Gründungsrektor der Technischen Universität Cottbus ist und in der Berlin-Brandenburgischen Akademie der Wissenschaften die technikwissenschaftliche Klasse leitet, untermauert seine Forderung damit, daß bisher in Deutschland die Ingenieurwissenschaftler nur in zwei Akademien die Chance haben, aufgenommen zu werden: in der Berlin-Brandenburgischen und der Nordrhein-Westfälischen.

Da es keine eigenständige Akademie der Technikwissenschaften in Deutschland gebe, könnte Deutschland bisher auch nicht in dem Europäischen Rat der Technikwissenschaftlichen Akademien vertreten sein, sondern dort nur einen Beobachterstatus einnehmen. Solche Akademien existierten in vielen Ländern. Deutschland benötige eine solche Akademie, um die Neuentwicklungen in Forschung und Technologie zu begleiten und die Bundesregierung in einem Zukunftsministerium zu beraten. Eine Akademie der Technikwissenschaften solle nicht als Honoratiorenversammlung, sondern als Arbeitsakademie gegründet werden. Als Mitglieder kämen Ingenieurwissenschaftler von den Universitäten und Verantwortliche aus technischen Bereichen der Wirtschaft in Frage.

Die Mitglieder sollten auch nicht nur aus bestimmten Regionen rund um den Sitz der Akademie, sondern aus ganz Deutschland und dem Ausland herangezogen werden. Damit werde die Akademie von Anfang an eine nationale Aufgabe wahrnehmen. Von den 450 Mitgliedern einer Akademie der Technikwissenschaften könnten 450 aus Deutschland und 50 aus dem Ausland kommen, regt Professor Spur an.

Eine Gliederung, wie sie die herkömmlichen Akademien in Klassen vornehmen, schwebt Professor Spur nicht vor. Vielmehr empfiehlt er, die Akademie in Arbeitsgruppen zu gliedern, die zeitlich begrenzte Forschungsaufträge erhalten. Er folgt damit einem Modell, das die aufgelöste West-Berliner Akademie erprobt und die neue Berlin-Brandenburgische Akademie der Wissenschaften fortsetzt. U.S.

GRÜNDUNGSPHASE DES KONVENTS FÜR TECHNKWISSENSCHAFTEN

Die Idee einer deutschen Vertretung der Technikwissenschaften, einmal visualisiert und ausgesprochen, wurde fortan mit großem Engagement verfolgt, wenngleich schon bald abzusehen war, dass die Realisierung der Idee einer technikwissenschaftlichen Akademie insbesondere aufgrund des föderativen Prinzips zahlreiche Schwierigkeiten mit sich brachte.[14] Rolf Staufenbiel brachte die drei wesentlichen Probleme in einem späteren Diskussionspapier gezielt auf den Punkt: Erstens würden die bestehenden Akademien die Gründung einer Akademie der Technikwissenschaften als eine Konkurrenzinstitution wahrnehmen und sich einer solchen Gründung widersetzen, zweitens

[14] Vgl. O. 100, Sitzung der Klasse für Natur-, Ingenieur- und Wirtschaftswissenschaften der NWAW am 13. Juli 1995, S. 8f.

waren Akademiegründungen bislang immer den Ländern vorbehalten gewesen, so dass auch von deren Seite mit Widerständen zu rechnen sei, und drittens würde der Anspruch der Politikberatung durch die Ingenieure schon von Grund auf ein Misstrauen mit sich bringen.[15]

Um das Scheitern des Unternehmens zu verhindern, wurde nun eine kleine Lösung in Form eines „Integral[s] aller Technikwissenschaftler"[16] angestrebt, welches unter dem Dach der Konferenz der Deutschen Akademien der Wissenschaften angesiedelt sein und ggf. seine Bezeichnung als Konvent oder Kommission finden sollte. Ab Mai 1995 erhielten diesbezügliche Überlegungen einen ständigen Tagesordnungspunkt bei den Sitzungen der TW Klasse der BBAW.[17] Regelmäßig diskutierten die Mitglieder den Stand der Aktivitäten, die insbesondere Günter Spur unternahm, der am 13. Juli 1995 auch im Rahmen der Sitzung der Klasse für Natur-, Ingenieur- und Wirtschaftswissenschaften der NWAW die Notwendigkeit einer nationalen Vertretung der Technikwissenschaften vorstellte. An dieser Sitzung nahmen neben weiteren Mitgliedern der Düsseldorfer Akademie, auch anderer Klassenzugehörigkeit, unter anderem auch Eugen-Georg Woschni als Mitglied der Sächsischen Akademie teil, die zum damaligen Zeitpunkt im Begriff war, die Gründung einer Klasse Technikwissenschaften vorzubereiten, sowie Thomas Kempf als Geschäftsführer der Konferenz der Deutschen Akademien der Wissenschaften. Günter Spur berichtete von der mehrheitlich positiven Resonanz auf den ZWF-Artikel, aber auch von vereinzelt zur Sprache gebrachten Gegenargumenten, die er mit den Ingenieuren der Düsseldorfer Akademie und ihren Gästen diskutierte. Im Laufe der Diskussion entwickelten die Teilnehmer klare Vorstellungen, wie eine von Günter Spur zunächst als Konvent benannte Institution aufgebaut sein müsste, wenn sie beratend zu spezifischen Problemfeldern tätig sein und die deutschen ingenieurwissenschaftlichen Interessen auch international vertreten wolle. Insgesamt gab es während der Diskussion nur wenige Beiträge, die das Vorhaben nicht unterstützten. Die Teilnehmer waren sich vielmehr einig, das Vorhaben tatkräftig voranzutreiben und den Konvent innerhalb der Union ansiedeln zu wollen. Zu den Befürwortern zählte auch Günther Wilke, Klassenmitglied und damaliger Präsident der NWAW, der zugleich versprach, sich um die Zustimmung seiner Kollegen innerhalb der Konferenz bemühen zu wollen.

Zudem trug Günter Spur seine Idee der Bündelung technikwissenschaftlicher Kompetenz im Oktober 1995 auch beim Produktionstechnischen Kolloquium in Berlin vor. Im Rahmen seines Vortrages *Marktführerschaft als Managementaufgabe* griff er das Thema vor großem Publikum erneut auf. Unterstützt wurde er bei seinen Aktivitäten in dieser Phase zunächst von den wissenschaftlichen Mitarbeiten am Fraunhofer-Institut für Produktionsanlagen und Konstruktionstechnik (IPK), Frank Zurlino und Sascha Schrö-

---

15 Vgl. ebd., Diskussionspapier zum Thema *Konvent für Technikwissenschaften*, Entwurf vom 10.8.1996 von Rolf Staufenbiel, S. 1.

16 Vgl. ebd., Sitzung der Klasse für Natur-, Ingenieur- und Wirtschaftswissenschaften der NWAW am 13. Juli 1995, S. 9.

17 Vgl. O. 80, Protokolle der TW Klasse der BBAW.

der, sowie ab Ende 1995 von Jens Nackmayr und Carsten Schröder, dem späteren ersten Geschäftsführer von acatech – Unterstützungen, die insbesondere aus Projektarbeiten am IPK und der BBAW ermöglicht wurden.

Im Juni 1995 waren die Bemühungen soweit vorangeschritten, dass sich als organisatorisches Modell die Bildung eines technikwissenschaftlichen Konvents auf der Basis der bestehenden Akademien abzeichnete. Da die Konferenz Günter Spur zu ihrer Senatssitzung im Dezember 1995 eingeladen hatte, wurde im November ein erster offizieller Antrag zur *Einberufung des Konvents Technikwissenschaftlicher Mitglieder Deutscher Akademien der Wissenschaften* erarbeitet.[18] Dieser erläuterte die Notwendigkeit der Institutionalisierung eines technologiepolitischen Dialogs und einer internationalen Interessenvertretung. Die Aufgaben eines damit innerhalb der Konferenz zu gründenden Konvents sollten „Beratung, Förderung von Forschungsvorhaben und insbesondere auch die Förderung des wissenschaftlichen Nachwuchses" sowie die „Intensivierung internationaler Kooperationen" und einen regen Informationsaustausch umfassen.[19] Der Konvent sollte damit diejenige Institution darstellen, die auf internationaler Ebene legitimiert und autorisiert ist, die Technikwissenschaften zu vertreten.

Da Günter Spur seine Einladung aus zeitlichen Gründen nicht wahrnehmen konnte, setzte sich Günther Wilke mit Nachdruck für die Idee eines technikwissenschaftlichen Konvents ein. Zwar wurden auch hier erneut Bedenken bezüglich einer Separierung auch anderer Disziplinen geäußert, dennoch empfahl der Senat der Konferenz auf seiner Sitzung am 1. Dezember 1995 dem Präsidium die Einberufung einer Gründungskommission für den *Konvent technikwissenschaftlicher Mitglieder der Deutschen Akademien der Wissenschaften*, deren wesentliche Aufgabe die Prüfung des Antrages auf Einrichtung des „Konvents" innerhalb der Konferenz sowie ggf. die Verabschiedung und Einberufung sein sollte. Das Präsidium folgte der Empfehlung des Senats, womit die Einberufung einer solchen Kommission nicht zuletzt infolge der Unterstützungen durch den damaligen Präsidenten der NWAW, Günther Wilke, und den Vorsitzenden der Konferenz, Horst Fuhrmann, zustande gekommen war.[20]

Zur Bildung dieser Gründungskommission sollte von jeder der in der Konferenz vertretenen Akademien je ein Vertreter benannt werden, während Heinz Hübner, Mitglied der NWAW, der Kommission als Jurist und Sachverständiger für Satzungsfragen angehören sollte. Der Kommission gehörten an:

---

18 Vgl. O. 100, Antrag zur Einberufung des Konvents Technikwissenschaftlicher Mitglieder Deutscher Akademien der Wissenschaften (Entwurf), November 1995.

19 Ebd., S. 2.

20 Vgl. O. 100, Schreiben von Horst Fuhrmann vom 9. November 1995 sowie Auszug aus dem Protokoll der Sitzung des Senats der Konferenz der deutschen Akademien der Wissenschaften am 1. Dezember 1995.

1. Prof. Dr. Manfred Robert Schroeder (Physik), Akademie der Wissenschaften zu Göttingen
2. Prof. Dr.-Ing. Franz Mayinger (Thermodynamik), Bayerische Akademie der Wissenschaften
3. Prof. Dr.-Ing. Dr.-Ing. Eugen-Georg Woschni (Nachrichtentechnik), Sächsische Akademie der Wissenschaften zu Leipzig
4. Prof. Dr. rer. nat. Helmut Erhardt (Experimentalphysik), Akademie der Wissenschaften und der Literatur Mainz
5. Prof. Dr.-Ing. Rolf Staufenbiel (Luft- und Raumfahrt), Nordrhein-Westfälische Akademie der Wissenschaften
6. Prof. Dr. Dr. Heinz A. Staab (Organische Chemie), Heidelberger Akademie der Wissenschaften
7. Prof. Dr. h.c. mult. Dr.-Ing. Günter Spur (Produktionstechnik), Berlin-Brandenburgische Akademie der Wissenschaften

Den Vorsitz der Kommission übernahm der Präsident der Nordrhein-Westfälische Akademie der Wissenschaften, Prof. Dr. Dr. h. c. mult. Günther Wilke (Organische Chemie).

Noch im Vorfeld der ersten Sitzung der Gründungskommission am 6. März 1996 wurde das Thema einer internationalen Vertretung technikwissenschaftlicher Interessen auch von anderer Seite aktuell. So wandte sich der neue Vorsitzende des DVT, Herbert Gassert, im Januar 1996 an den Präsidenten der BBAW und bat um Übernahme der offiziellen Mitgliedschaft in Euro-CASE, da der momentane Beobachterstatus Deutschlands ursprünglich nur vorübergehend vom DVT wahrgenommen werden sollte.[21] Mit Hinweis auf die Bemühungen der Konferenz einer deutschen Vertretung der Technikwissenschaften in den internationalen Gremien, sah sich die BBAW zu diesem Zeitpunkt außer Stande diese Funktion zu übernehmen.[22]

In Kenntnis dieser Aufforderung durch den DVT fand im März 1996 die erste Sitzung der Gründungskommission in den Räumen der NWAW in Düsseldorf statt. Neben den berufenen Mitgliedern nahmen auch Heinz Hübner als Jurist, der Geschäftsführer der Konferenz, Thomas Kempf, der Genralsekretär der NWAW, Udo Henneböhle, und ein Assistent Günter Spurs, Jens Nackmayr, an ihr teil. Nach einführenden Anmerkungen von Günther Wilke und Günter Spur gaben die anwesenden Akademievertreter jeweils Stellungnahmen ab. Darunter waren viele positive Stimmen, die die internationale Wirkungsmöglichkeit eines Konvents sehr positiv einschätzten. Es gab aber auch kritische Stimmen, die die Befürchtung äußerten, dass der Zusammenschluss der Technikwissen-

---

21 Vgl. ebd., Schreiben vom Vorsitzenden des DVT, Herbert Gassert an Dieter Simon vom 15. Januar 1996.
22 Vgl. ebd., Schreiben von Diepold Salvini-Plawen an Herbert Gassert vom 22. Januar 1996.

schaftler in einer eigenen Gruppierung den auf Interdisziplinarität angelegten Akademiegedanken unterlaufen könnte. Zudem könnten die Technikwissenschaftler zum Präzedenzfall mit Vorbildcharakter für andere Disziplinen werden. In diesem Zusammenhang trat auch die Frage auf, ob bestehende Fachverbände nicht viel eher geeignet seien, die dem Konvent zugedachten Aufgaben zu übernehmen.

In der folgenden Diskussion über den inzwischen vorliegenden, von Heinz Hübner im Haus der NWAW erarbeiteten, Statutenentwurf für den Konvent, nahmen vor allem Fragen der Mitgliedschaft im Konvent sowie die Frage der Souveränität des Konvents, breiten Raum ein. Dieser erste Entwurf eines Statuts des *Konvents für Technikwissenschaften in der Konferenz der deutschen Akademien der Wissenschaften* sah als Grundlage für die Tätigkeit des Konvents die Satzung der Konferenz. Eine Mitgliedschaft sollte nur Mitgliedern einer der in der Konferenz zusammengeschlossenen Akademien vorbehalten sein. Eine Grundfinanzierung zur Bewältigung der laufenden Geschäfte sollte danach durch die Konferenz getragen werden, während Projektmittel vom Konvent selbst zu beschaffen sein sollten. Schließlich verständigte sich die Gründungskommission darauf, die Diskussion am 9. Oktober fortzusetzen.[23] Die Zeit zwischen den beiden Sitzungen im März und Oktober des Jahres 1996 bot den Akademien die Gelegenheit für interne Diskussionen, welche sich bereits zu diesem frühen Zeitpunkt als richtungweisend erweisen sollten.

Die TW Klasse der BBAW diskutierte in ihrer Sitzung am 26. März 1996 den von der Gründungskommission bearbeiteten Satzungsentwurf.[24] Ein wesentlicher Grund der Kritik war die Tatsache, dass laut Statut lediglich Mitglieder der in der Konferenz zusammengeschlossenen Akademien auch eine Mitgliedschaft im Konvent erwerben können sollten. Da Technikwissenschaftler, abgesehen von Berlin-Brandenburg, Nordrhein-Westfalen und Sachsen, von den übrigen Akademien bislang nur vereinzelt aufgenommen wurden, hätte dies eine erhebliche Einschränkung und zugleich eine Unterdrückung vorhandenen technikwissenschaftlichen Potenzials innerhalb der Bundesrepublik bedeutet. Insgesamt gelangte die Klasse zu dem Schluss, dass das vorliegende Statut in weiten Teilen dem Ziel einer unabhängigen Ingenieurakademie widerspreche, und einigte sich darauf, den Satzungsentwurf zu überarbeiten. Auf der folgenden Klassensitzung im Juni 1996 einigten sich die Klassenmitglieder auf einen Statuten-Entwurf, welcher der Gründungskommission zur Diskussion übergeben werden sollte. In diesem Zusammenhang beteiligte sich auch die Konferenz über ihren Geschäftsführer, Thomas Kempf, intensiv an der Ausarbeitung des Statuts.

---

23 Vgl. ebd., Protokoll der Sitzung der Gründungskommission vom 6. März 1996.

24 Vgl. O. 80, Protokoll der 26. Klassensitzung vom 26. März 1996.

Mit ebenso großem Einsatz machten sich im Juli 1996 auch die Düsseldorfer Kollegen im Rahmen ihrer ingenieurwissenschaftlichen Fachgruppen I und II[25] an die Erarbeitung eines alternativen Statutenentwurfs, woran sich insbesondere Alfred Fettweis und Rolf Staufenbiel beteiligten[26]. Ähnlich wie die Berliner, fürchteten auch die Ingenieure der NWAW, dass der angestrebte Kompromiss - statt der Gründung einer eigenständigen Akademie eine Einbindung in die Konferenz zu erzielen - mit wesentlichen Einschränkungen und einer teilweise erheblichen Abhängigkeit verbunden sein könnte. Konkret wurde auch hier beklagt, nur Akademiemitglieder aus der Konferenz berufen zu können sowie die Tatsache, dass die Konferenz auch im Vorstand des Konvents Stimmrecht erhalten sollte.[27]

Auch in der Akademie der Wissenschaften und der Literatur Mainz fand im Juni 1996 unter einigen Mitgliedern technikwissenschaftlicher Fachzugehörigkeit eine Besprechung zum Thema *Konvent der Technikwissenschaften in der Konferenz der Deutschen Akademien der Wissenschaften* statt, an der unter anderem auch Thomas Kempf als Vertreter der Konferenz teilnahm. Im Ergebnis sprachen sich die Teilnehmer sehr deutlich für die Gründung eines Konvents innerhalb der Konferenz aus. Am wichtigsten erschien Ihnen über die Gründung des Konvents die Möglichkeit der Vertretung Deutschlands, als einer führenden Wissenschafts- und Industrienation, in den internationalen technikwissenschaftlichen Organisationen der wissenschaftlichen Akademien. Nach Ihrer Vorstellung sollte die Konferenz als übergeordnete Institution Mitglied in Euro-CASE und CAETS werden, während der Konvent die eigentliche Vertretung wahrnehmen sollte. Ähnlich den Bemühungen der Berliner und Düsseldorfer Technikwissenschaftler, entstand auch aus dieser Mainzer Besprechung heraus ein Statutenentwurf als Diskussionsvorlage.[28]

Weniger Einigkeit zeigte sich dagegen während der Sitzung des Präsidiums der Konferenz am 10. Mai 1996. Hier wurde unter TOP 2 das Thema *Konvent technikwissenschaftlicher Mitglieder* aufgegriffen[29], wobei erneut Bedenken gegenüber der Einrichtung des Konvents zur Sprache kamen, da „eine vertikale Splitterung nach Disziplinen nicht dem Akademiegedanken einer Zusammenführung der unterschiedlichen Fächergruppen entspreche."[30] Günther Wilke wiederum hielt dagegen, dass die Bündelung der technikwissenschaftlichen Interessen durch den Konvent „für alle Akademien sinnvoll und der Konvent gemäß dem vorliegenden Entwurf gerade interdisziplinär angelegt

---

25 Da es in der NWAW keine eigenständige Klasse für die Technikwissenschaftler gab, trafen sich die Mitglieder der verschiedenen Disziplinen regelmäßig auch in sog. Fachgruppen, um dort spezielle Belange des Faches zu besprechen.

26 Vgl. O. 100, Schreiben von Rolf Staufenbiel vom 15. August 1996 sowie Chronik „Konvent für Technikwissenschaften" zusammengestellt von der NWAW.

27 Vgl. hierzu auch ebd., Schreiben von Alfred Fettweis an die Ingenieurwissenschaftler der Rheinisch-Westfälischen Akademie der Wissenschaften vom 17.7.1996 und Entwurf vom 10.8.1996 von Rolf Staufenbiel, S. 2.

28 Vgl. ebd., Vermerk der Besprechung in der AdW Mainz am 5. Juni 1996.

29 Vgl. ebd., Auszug aus dem Protokoll der Sitzung des Präsidiums der Konferenz der deutschen Akademien der Wissenschaften vom 10. Mai 1996 in Heidelberg.

30 Zitat aus dem Protokoll der Sitzung des Präsidiums der Konferenz vom 10.5.1996.

sei."[31] Auch über die Anregung, ggf. einen Verein für die Technikwissenschaftler zu gründen, zeigte sich das Präsidium in dieser Sitzung sehr uneinig und vertagte sich bis zum Vorliegen einer Stellungnahme bzw. Empfehlung der eingesetzten Kommission.

Die in den Akademien Berlin, Düsseldorf und Mainz erarbeiteten Anregungen zum Statutenentwurf für den Konvent wurden von der Düsseldorfer Akademie in einem neuen Entwurf zusammengefasst. Dieser bildete am 9. Oktober 1996, neben einer schriftlichen Stellungnahme der durch keinen Delegierten vertretenen Göttinger Akademie, die Grundlage der Diskussionen bei der zweiten Sitzung der Gründungskommission in der NWAW.[32]

Nach erneut geäußerten Bedenken bezüglich einer Gefahr der Aufspaltung der Konferenz in einzelne Fächergruppen sowie einer durch die Delegierten abgegebenen Stellungnahme der einzelnen Akademien zum vorliegenden Statutenentwurf, einigten sich die Mitglieder der Gründungskommission, bei einer Gegenstimme, auf einen Statutenentwurf, der Senat und Präsidium der Konferenz zur Beratung und Entscheidung vorgelegt werden sollte. Daran geknüpft war jedoch keine Entscheidung bezüglich der Frage der Bezeichnung dieser Institution als Konvent oder als Kommission.[33]

Trotz dieses, über die Delegierten erzielten, eindeutigen Beschlusses innerhalb der Kommission standen nicht alle Akademien tatsächlich hinter dem erarbeiteten Statutenentwurf. Im Nachgang zur Sitzung wurde die Verabschiedung eines Statuts mehrfach moniert, wenngleich dieses lediglich einen Vorschlag an Senat und Präsidium der Konferenz darstellte und nicht etwa den Entschluss zur Gründung eines solchen Konvents bzw. einer Kommission bedeutete.[34] Die geäußerten Bedenken gegenüber dem erarbeiteten Statutenentwurf wurden auch während der Sitzung des Senats der Konferenz im Dezember 1996 laut, worauf sich dieser, genau ein Jahr nach der Einberufung einer Gründungskommission, klar gegen dessen Annahme aussprach.[35] Stattdessen sollten die einzelnen Akademien den Entwurf nun erneut beraten und Stellungnahmen darüber abgeben.

Eine kurzfristige Lösung des Problems durch die Konferenz war somit nicht mehr in Sicht, was insbesondere vor dem Hintergrund bedauerlich war, da der Geschäftsführer der Konferenz, Thomas Kempf, in Vertretung für den Gerhard Becker ablösenden Günter Spur, im September 1996 in Paris noch am Steering Committee Meeting von Euro-CASE teilgenommen hatte, und dort auf erneute Anfragen bezüglich einer nicht nachvollziehbaren, bislang fehlenden Mitgliedschaft Deutschlands von der momentanen Prüfung der Konferenz zur Einrichtung eines „Committee for Engineering" berichten konnte. Eine Nachricht, die dort sehr positiv aufgenommen wurde, zumal sich Themen in Planung befanden, die eine deutsche Beteiligung unverzichtbar machten. Und so heißt es im entsprechenden Vermerk Kempfs:

---

31 Ebd.

32 Vgl. O. 100, Protokoll der Sitzung der vorbereitenden Kommission vom 9. Oktober 1996.

33 Vgl. ebd., Protokoll der Sitzung der vorbereitenden Kommission für den Konvent der technikwissenschaftlichen Mitglieder der deutschen Akademien der Wissenschaften am 9. Oktober 1996.

34 Vgl. ebd., Schreiben von Günther Wilke an Gottfried Seebaß vom 21. November 1996.

35 Chronologische Zusammenstellung der Ereignisse zur Gründung des KTW durch die NWAW vom 21. März 2007.

„Die Mitgliedschaft der Konferenz, repräsentiert durch einen „Konvent" oder eine „Kommission für Technikwissenschaften", wird dringend gewünscht und ist unter den genannten Voraussetzungen problemlos möglich."[36]

Zur angekündigten Gründung eines solchen Konvents konnte es nach der negativen Entscheidung durch den Senat der Konferenz nun aber so schnell nicht kommen. Vor diesem Hintergrund diskutierten die Mitglieder der Berliner TW Klasse auf ihrer Sitzung am 17. Januar 1997 Alternativen, und sprachen sich für eine Deputiertenlösung aus.[37] Diese sah vor, dass alle ingenieurwissenschaftlichen Mitglieder deutscher Akademien als Abgeordnete in eine Deputiertenkonferenz berufen werden sollten. Damit sollte eine von den Akademien unabhängige Institution für die Technikwissenschaftler geschaffen werden.

KONSTITUIERENDE SITZUNG DES KONVENTS ALS AG DER NWAW UND DER BBAW

Nach einem Angebot der Leopoldina in Halle als Organisation für die Gründung einer *Deutschen Akademie der Technikwissenschaften* zur Verfügung zu stehen, trafen sich auf Initiative der BBAW im April 1997 Vertreter der Akademien aus Berlin, Düsseldorf und Leipzig, um sich über eine Vertretung der deutschen Technikwissenschaften in internationalen Organisationen zu verständigen.[38] An dieser Sitzung nahmen neben den Präsidenten der Düsseldorfer und der Berliner Akademie, Günther Wilke und Dieter Simon, auch Rolf Staufenbiel, Heinz Hübner und Udo Henneböhle von Seiten der NWAW, Gunter Bergmann von Seiten der Sächsischen Akademie der Wissenschaften, sowie Reinhard Hüttl, Günter Spur, Angelika Schuller und Diepold Salvini-Plawen von Seiten der BBAW teil.

Nach der Erklärung von Gunter Bergmann, dem Generalsekretär der Sächsischen Akademie der Wissenschaften, dass sich diese an einer Lösung außerhalb der Konferenz nicht beteiligen werde, einigten sich die Vertreter von BBAW und NWAW auf die Institutionalisierung eines Konvents in Form einer Arbeitsgemeinschaft.[39] Noch während der Sitzung konnte ein von Heinz Hübner im Vorfeld erarbeiteter Entwurf eines Vertrages über die Bildung einer Arbeitsgemeinschaft vorgelegt und diskutiert werden.[40] Für diesen *Konvent für Technikwissenschaften in der Arbeitsgemeinschaft der BBAW und der NWAW* wurde zunächst die Form der Gesellschaft des bürgerlichen Rechts gewählt, da eine Vereinslösung einen weiteren zeitlichen Verzug zur Folge gehabt hätte. Wie sehr die Zeit drängte machte nicht nur der Besuch Kempfs beim Steering Committee Meeting von Euro-CASE wenige Wochen zuvor deutlich, sondern auch die Teilnahme von

---

36 Vgl. O. 100, Vermerk von Thomas Kempf zum Euro-CASE Steering Committee Meeting in Paris, 20. September 1996.

37 Vgl. O. 80, Protokoll der 31. Klassensitzung vom 17. Januar 1997.

38 Vgl. O. 100, Vermerk von Diepold Salvini-Plawen über eine Besprechung vom 21. April 1997 in Berlin zur Bildung einer Einrichtung, die die deutschen Technikwissenschaften in internationalen Organisationen vertreten kann.

39 Vgl.e bd.

40 Vgl. O. 100, Vertrag über die Bildung einer Arbeitsgemeinschaft.

Reinhard Hüttl an einer CAETS-Tagung in Edinburgh im Mai 1997. Seine kurze Notiz an Günter Spur im Anschluss an die Veranstaltung verdeutlicht die damalige Situation sehr eindrücklich:

> *„Wir müssen die Angelegenheit Konvent für Technikwissenschaften [...] möglichst rasch zur Umsetzung bringen. Es ist geradezu unfassbar, dass das deutsche Ingenieurwesen mit seinen so beeindruckenden und einzigartigen Leistungen sich hier nicht einbringen und damit auch seine Verantwortung nicht übernehmen kann. Die deutschen Ingenieure werden tatsächlich sehnlichst erwartet [...]."*[41]

Zunächst standen der angestrebten Lösung jedoch noch rechtliche Bedenken einzelner Akademiemitglieder sowie fehlende Finanzmittel im Wege. Insbesondere die Staatskanzlei des Landes Nordrhein-Westfalen äußerte als Zuwendungsgeber der NWAW noch im Juli 1997 rechtlich und haushaltsrechtlich erhebliche Bedenken gegenüber dem erarbeiteten Vertragsentwurf zur Bildung einer Arbeitsgemeinschaft sowie zu dem dazugehörigen Statutenentwurf des Konvents für Technikwissenschaften.[42] Bis zum Oktober konnten diese durch ein persönliches Gespräch mit NWAW Vertretern und Änderungen der Entwürfe soweit ausgeräumt werden, dass „keine durchgreifenden Bedenken" mehr bestanden.[43]

Auch innerhalb der Klasse für Geisteswissenschaften der NWAW bemühte sich Günther Wilke, während einer Geschäftssitzung im Juli 1997, um die Unterstützung der geplanten Arbeitsgemeinschaft. Die Klasse, und darunter auch Paul Mikat als zukünftiger NWAW Präsident, stimmte der Gründung eines Konvents zwar grundsätzlich zu, drängte jedoch nach einem kurzen Bericht über noch bestehende Rechts- und Finanzierungsunsicherheiten auf eine Klärung dieser Angelegenheiten.[44] Auf einer abschließenden Besprechung in Düsseldorf über die Einrichtung eines Konvents, verständigten sich Günther Wilke, Reinhard Hüttl, Heinz Hübner, Rolf Staufenbiel, Diepold Salvini-Plawen und Udo Henneböhle über Einzelheiten der bevorstehenden Gründungsversammlung. Sie einigten sich unter anderem darauf, dass jede der beiden beteiligten Akademien acht Gründungsmitglieder benennen und Günter Spur zum Vorsitzenden des Vorstandes gewählt werden sollte.[45]

---

[41] Vgl. ebd., Reinhard Hüttl an Günter Spur vom 26. Mai 1997 zur Teilnahme an der 12. Tagung von CAETS.

[42] Vgl. O. 148, Schreiben der Staatskanzlei NRW (Goller) an Herrn Henneböhle vom 16. Juli 1997.

[43] Vgl. ebd., Schreiben der Staatskanzlei NRW (Goller) an Herrn Henneböhle vom 16. Oktober 1997.

[44] Vgl. ebd., Ergebnisprotokoll der Geschäftssitzung der Klasse für Geisteswissenschaften der NWAW vom 16. Juli 1997, TOP 3.

[45] Vgl. O. 148, Protokoll der Besprechung über die Einrichtung eines KTW vom 1. Oktober 1997 sowie O. 100, Vermerk über die Besprechung in Düsseldorf am 1.10.1997 von Salvini-Plawen

ZU DEN GRÜNDUNGSMITGLIEDERN DES KONVENTS GEHÖRTEN NACH BENENNUNG DER BEIDEN AKADEMIEN:	
NWAW	**BBAW**
Günther Wilke	Dieter Simon
Friedrich Eichhorn	Wolfgang Fratzscher
Alfred Fettweis	Bernd Hillemeier
Klaus Knizia	Reinhard Hüttl
Reiner Kopp	Dieter Kind
Burkhard Monien	Peter Noll
Franz Pischinger	Klaus-Peter Schmitz
Rolf Staufenbiel	Günter Spur

Am 21. November 1997 traten die 16 Gründungsmitglieder in der BBAW zur konstituierenden Sitzung des *Konvents für Technikwissenschaften in der Arbeitsgemeinschaft der Berlin-Brandenburgischen Akademie der Wissenschaften und der Nordrhein-Westfälischen Akademie der Wissenschaften*, kurz *Konvent für Technikwissenschaften (KTW)* bzw. in englischer Übersetzung *German Council of Technical Sciences*, zusammen.[46] Zur Bedeutung dieses Ereignisses schrieb Günter Spur in dem ZWF-Artikel *Konstituierung des Konvents für Technikwissenschaften:*

> *„Damit ist es nach jahrelangen Bemühungen gelungen, die Voraussetzungen zur Interessenvertretung der deutschen Technikwissenschaften im Verbund der internationalen Akademien für Technikwissenschaften zu schaffen."*[47]

Günther Wilke hatte die bevorstehende Gründung bereits am 28. Mai 1997, während der Jahresfeier der NWAW mit folgenden Worten gewürdigt:

> *„Wir hoffen, dass auf diesem Weg ein wichtiges Anliegen der Technikwissenschaftler realisiert werden kann, ein Anliegen, das auch im Zusammenhang mit Fragen zur Politikberatung gesehen werden muss."*[48]

Zunächst wurden auf der Gründungsversammlung, an der neben den Gründungsmitgliedern auch der Geschäftsstellenleiter der NWAW, Udo Henneböhle, und der Generalsekretär der BBAW, Diepold Salvini-Plawen, teilnahmen, das vorliegende Statut sowie die Wahlordnung diskutiert und überarbeitet – trotz noch vorzunehmender Nachträge

[46] Vgl. O. 103, Protokoll der konstituierenden Sitzung zum KTW vom 21. November 1997.
[47] Spur, Günter: Konstituierung des Konvents für Technikwissenschaften. In: ZWF 4/98; 93. Jg.; S. 110f.
[48] Jahrbuch 1997 der NWAW, S. 65.

Abb. 49: Die Präsidenten der Akademien und die Gründungsmitglieder des Konvents

Dieter Simon (BBAW)

Wolfgang Fratzscher

Bernd Hillemeier

Reinhard Hüttl

Dieter Kind

Peter Noll

Klaus-Peter Schmitz

Günter Spur

Günter Wilke (NWAW)

Friedrich Eichhorn

Alfred Fettweis

Reiner Kopp

Klaus Knizia

Burkhard Monien

Franz Pischinger

Rolf Staufenbiel

jedoch beide bereits angenommen und verabschiedet.[49] Zu den strittigen Punkten des Statuts zählten die Aufnahme von korrespondieren Mitgliedern und deren Ausscheiden aus dem Konvent mit dem 65. Lebensjahr bzw. mit dem Ende ihrer beruflichen Tätigkeit.[50]

Wichtiger Tagesordnungspunkt dieser Gründungsversammlung war die Wahl des Vorstandes, bei der Franz Pischinger, Günter Spur und Günther Wilke zum Vorstand des Konvents gewählt wurden, wobei Günter Spur zum Vorsitzenden gewählt wurde. Zu den Stellvertretern des Vorstands wurden Reinhard Hüttl, Reiner Kopp und Rolf Staufenbiel gewählt. In einer späteren Vorstandssitzung wurde Franz Pischinger zum stellvertretenden Vorsitzenden des Konvents ernannt.

Da die Gründungsversammlung laut ihrer Tagesordnung auch die Zuwahl weiterer Mitglieder vorsah, wurden folgende Personen im gleichen Zuge in den Konvent zugewählt: Werner Albring, Wolfgang Beitz, Heinz Duddeck, Otto Fiedler, Wolfgang Förster, Wolfgang Giloi, Peter Költzsch, Dieter Mewes, Walter Michaeli, Gerhard Pahl, Klaus Petermann, Christoph Polze, Peter Starke, Karl Stephan und Niklaus Wirth aus der TW Klasse der BBAW sowie Berthold Bosch, Manfred Depenbrock, Hans-Jürgen Engell, Walter L. Engl, Bernhard Großfeld, Dietrich Hartmann, Hartwig Höcker, Hans-Jürgen Haubrich, Herbert Hax, Erhard Hornbogen, Hans-Ludwig Jessberger, Karl Friedrich Knoche, Bernhard Korte, Kurt Kugeler, Peter Neumann und Hermann Sahm aus der Klasse für Natur-, Ingenieur- und Wirtschaftswissenschaften der NWAW. Damit hatte der Konvent eine Stärke von 47 Mitgliedern.[51]
Nach erfolgter Zuwahl wurde zugleich festgehalten, auch Mitglieder aus nicht-technikwissenschaftlichen Klassen der beiden Akademien sowie Mitglieder aus den Bereichen Industrie, Wirtschaft und aus Verbänden und Organisationen zuwählen zu wollen. Dabei sollte eine Zweidrittelmehrheit der Mitglieder der Deutschen Akademien der Wissenschaften gewahrt bleiben.[52]

Offen dagegen blieb zunächst die Frage der Finanzierung, da der Konvent bislang über keine eigenen Gelder verfügte. Mittel sollten vornehmlich über Spenden und Fördergelder von Stiftungen und Ministerien eingeworben werden. Aufwendungen für Personal- und Reisekosten sollten ursprünglich vom BMBF[53] getragen werden.[54] Da es jedoch während des gesamten Bestehens dieser Arbeitsgemeinschaft zu keiner Über-

---

49 Vgl. O. 103, Protokoll der konstituierenden Sitzung zum KTW vom 21. November 1997, S. 2f.

50 Vgl. ebd., sowie O. 148, Fax von Rolf Staufenbiel an Udo Henneböhle zur Vorbereitung der Vorstandssitzung vom 11.1.1998.

51 Zwar wurden auch die NWAW Mitglieder Fritz Führ, Heinz Hübner und Karlheinz Roik während der Gründungsversammlung zugewählt, es kam jedoch nie zu einer Mitgliedschaft dieser Personen im KTW, so dass die im Protokoll ausgewiesene Stärke von 50 Mitgliedern im Text auf 47 korrigiert wurde.

52 Vgl. O. 103, Protokoll der konstituierenden Sitzung zum KTW vom 21. November 1997, S. 2f.

53 Gemeint ist hier das Bundesministerium für Bildung, Wissenschaft, Forschung und Technologie, das bereits ab März 1995 unter der Abkürzung BMBF firmierte. Erst im Oktober 1998 erhielt es die heutige Bezeichnung Bundesministerium für Bildung und Forschung.

54 Vgl. O. 148, Protokoll der Besprechung über die Einrichtung eines KTW vom 1. Oktober 1997, S. 2.

nahme solcher Kosten von Seiten des Ministeriums kam, wurden diese - zumindest die Reisekosten - von den beiden Akademien der Arbeitsgemeinschaft ohne jegliche vertragliche Regelung, für ihre eigenen Mitglieder getragen.

Direkt im Anschluss an die Gründungsversammlung gaben die BBAW und die NWAW jeweils Pressemitteilungen zur Gründung des KTW heraus. Insbesondere die beiden Akademiepräsidenten Dieter Simon und Günther Wilke engagierten sich nur wenige Tage nach der Gründung, vor allem im Bereich der Politik auf die Gründung des KTW aufmerksam zu machen.

Dieter Simon bat in einem Schreiben an Staatssekretär Fritz Schaumann um Unterstützung bei der Klärung der Frage einer finanziellen Unterstützung durch das BMBF,[55] während Günther Wilke bei Persönlichkeiten wie Johannes Rau, Ministerpräsident des Landes Nordrhein-Westfalen, Anke Brunn, Ministerin für Wissenschaft und Forschung des Landes Nordrhein-Westfalen, sowie bei Horst Fuhrmann auf die Gründung des KTW hinwies.[56]

Noch Ende 1997 begannen die Arbeiten. Um zu einem arbeitsfähigen Konvent heranwachsen zu können, mussten zunächst die organisatorischen Grundlagen erarbeitet werden. Hierzu zählte unter anderem die Änderung des vorhandenen Statuts sowie die Zuwahl weiterer, vor allem nichtakademischer, Mitglieder, um zu einem arbeitsfähigen Konvent heranzuwachsen. Die Düsseldorfer Vorstandsmitglieder Kopp, Pischinger, Wilke und Staufenbiel kümmerten sich noch im Dezember 1997 um eine schnelle Bearbeitung und nahmen eine entsprechende Aufgabenverteilung vor.[57] Als Vorstandsvorsitzender bemühte sich Günter Spur intensiv um finanzielle Unterstützung von Seiten des Bundesministeriums. So nahm er im Januar 1998 zusammen mit Franz Pischinger bei Herrn MinDirig. Walter Döllinger im BMBF in Bonn einen Termin wahr, bei dem das Anliegen des Konvents geschildert werden konnte. Unter dem Eindruck einer wohlwollenden Gesinnung des BMBF und der Zusicherung einer Informierung von Staatssekretär Fritz Schaumann waren die Bemühungen in vollem Gange, zumal auch Günther Wilke beim Ministerpräsidenten Johannes Rau einen Antrag auf Anschubfinanzierung eingereicht hatte.[58]

Die erste Vorstandssitzung des KTW, an der auch Paul Mikat als neuer Präsident der NWAW teilnahm, fand am 14. Januar 1998 in den Räumen der Düsseldorfer Akademie statt. Neben einer Erörterung des überarbeiteten Statutenentwurfs und Diskussionen neuer Vorschläge für Zuwahlen wurden auch Berichte über die laufenden Bemühungen zur Finanzmittelbeschaffung abgegeben. In diesem Zusammenhang berichtete Rolf Staufenbiel auch von Überlegungen der Düsseldorfer Ingenieure, dem Konvent ein

55 Vgl. O. 102, Schreiben von Dieter Simon an Fritz Schaumann vom 27.11.1997.

56 Vgl. O. 148, Schreiben von Günther Wilke an Johannes Rau, Anke Brunn und Horst Fuhrmann vom 26. November 1997.

57 Vgl. O. 148, Protokoll der Sitzung des Teilvorstands des KTW am 3.12.1997 in Düsseldorf.

58 Vgl. O. 103, Protokoll der 2. Sitzung des KTW vom 5. Februar 1998, S. 2.

Abb. 50: Pressemitteilung der Akademien

Jägerstraße 22/23
10117 Berlin
Tel.: (0 30) 20 37 02 41
Fax: (0 30) 20 37 05 00
http://www.bbaw.de
e-mail: nickel@bbaw.de

bbaw Berlin-Brandenburgische Akademie der Wissenschaften Presse- und Öffentlichkeitsarbeit

21. November 1997

INFO

PRESSEMITTEILUNG
BBAW-PR-15/97

Konstituierung des Konvents für Technikwissenschaften

Berlin-Brandenburgische Akademie der Wissenschaften und Nordrhein-Westfälische Akademie der Wissenschaften konstituieren den

Konvent für Technikwissenschaften

Die Berlin-Brandenburgische Akademie der Wissenschaften und die Nordrhein-Westfälische Akademie der Wissenschaften haben sich für die Vertretung und Förderung der Technikwissenschaften auf nationaler und internationaler Ebene in der Rechtsform einer Gesellschaft bürgerlichen Rechts zu einer Arbeitsgemeinschaft zusammengeschlossen und unter dem privatrechtlichem Dach dieser Arbeitsgemeinschaft einen *Konvent für Technikwissenschaften* gegründet..

Am 21. November 1997 fand im Akademiegebäude die *Konstituierung des Konvents für Technikwissenschaften* durch 16 Mitglieder aus sechs Bundesländern statt.

Die Gründungsversammlung wählte Prof. Dr. Günter Spur zum Vorsitzenden des Konvents, als Mitglieder des Vorstandes Prof. Dr. Günther Wilke, und Prof. Dr. Franz Pischinger. Prof. Dr. Dieter Simon wurde zum Vertreter der beiden Akademien im Vorstand des Konvents bestellt.

Bislang sind Deutschlands Technikwissenschaftler in internationalen Organisationen wie EUROCASE[1] und CAETS[2] nicht vertreten, da ein nationales Gremium, das durch seine Mitgliedschaft in diesen Organisationen die Interessen deutscher Technikwissenschaften wahrnehmen könnte, bisher nicht existierte. Die beiden Akademien hatten sich daher zur Gründung des Konvents für Technikwissenschaften entschlossen.

In den *Konvent für Technikwissenschaften* können Technik- und Naturwissenschaftler aus allen deutschen Akademien der Wissenschaften als ordentliche Mitglieder gewählt werden; daneben können auch Technikwissenschaftler, die nicht einer dieser Akademien angehören - auch aus der Wirtschaft - mit vollem Stimmrecht zugewählt werden.

Aufgabe des Konvents ist die Vertretung der deutschen Technikwissenschaften auf nationaler und internationale Ebene. Der Konvent soll die Entwicklung von neuen Schwerpunkten der technikwissenschaftlichen Forschung initiieren und insbesondere interdisziplinäre Projekte fördern. Ihm obliegt weiter die Aufgabe im Dialog mit den Natur- und Geisteswissenschaften die Rolle zukunftsweisender Technologien für Wirtschaft und Gesellschaft einzubringen.

[1] European Council of Applied Sciences and Engineering
[2] Council of Academies of Engineering and Technological Sciences

Kuratorium zu geben. Hier sollten Industrievertreter, die sich zwar nicht an einer aktiven Arbeit im Konvent beteiligen können, dennoch in den Konvent eingebunden werden.[59]

Auf der Mitgliederversammlung im Februar 1998 konnte das überarbeitete Statut des Vorstands abschließend verabschiedet werden. Auf dieser Grundlage sollte nun eine Eintragung des Konvents in das Vereinsregister erfolgen[60]; ein Vorhaben zu dessen Erfüllung es während des gesamten Bestehens der Arbeitsgemeinschaft aber nie kommen sollte.

Auch die Bemühungen um die Erweiterung der Mitgliederbasis fanden in Form der Berufung eines Zuwahlausschusses einen eigenen Tagesordnungspunkt. Diesem gehörten neben Bernd Hillemeier, Erhard Hornbogen, Reinhard Hüttl, Klaus Knizia und Peter Noll auch Franz Pischinger, Günter Spur, Günther Wilke und Dieter Simon an. Die Agenda dieses Ausschusses sah es vor, dass die Zuwahl von Mitgliedern anderer Akademien mit technikwissenschaftlichem Hintergrund oberste Priorität erhalten sollte und erst danach auch Professoren und Praktiker, die keine Akademiezugehörigkeit aufweisen konnten, zugewählt werden sollten. Kaum verfolgt werden sollte dagegen zunächst die Zuwahl von korrespondierenden Mitgliedern.[61]

Die Finanzierung blieb das eigentliche „Problemkind" des Konvents, denn die Mittel für die laufenden Geschäfte sowie für Vorhaben sollten von ihm selbst beschafft und bewirtschaftet werden. Die beiden Akademien der Arbeitsgemeinschaft hatten zunächst die Finanzierung der Gründungsversammlung übernommen und bezahlten im weiteren Verlauf auch die Reisekosten ihrer Mitglieder zu den Konventssitzungen. Bei der NWAW wurden die Reisekosten teilweise auch von der *Gesellschaft der Freunde und Förderer der Nordrhein-Westfälischen Akademie der Wissenschaften e. V.* getragen.[62] Darüber hinausgehende Zahlungen konnten von den Akademien nicht geleistet werden. So wurden die wissenschaftlichen Mitarbeiter zur Erledigung des operativen Tagesgeschäfts des KTW aus Projekten der BBAW sowie des IPK bezahlt. Zudem hatte die BBAW 1999 die Möglichkeit in Aussicht gestellt, dem KTW einen jährlichen Betrag in Höhe von 10.000 DM als Grundfinanzierung zu zahlen, jedoch war dies an die Voraussetzung geknüpft, dass auch die NWAW einen entsprechenden Betrag zur Verfügung stellte. Beide Akademien prüften die Möglichkeiten finanzieller Unterstützung des Konvents, doch letztlich ohne Erfolg. Der NWAW war zudem durch die Staatskanzlei des Landes Nordrhein-Westfalen die finanzielle Unterstützung des KTW untersagt worden.[63] Ihr finanzieller Beitrag erfolgte jedoch über die Einwerbung von Spendengeldern für die Veranstaltung von Symposien.

---

59 Vgl. O. 103, Protokoll der 1. Vorstandssitzung des KTW vom 14. Januar 1998.

60 Vgl. ebd., Protokoll der 2. Sitzung des KTW am 5. Februar 1998, S. 1.

61 Vgl. ebd., Protokoll der 2. Sitzung des KTW am 5. Februar 1998, S. 1f.

62 Vgl. O. 100, Chronik „Konvent für Technikwissenschaften" zusammengestellt von der NWAW, S. 3.

63 Vgl. O. 148, Protokoll der Sitzung der Arbeitsgruppe „Satzungsentwurf für die Technikwissenschaften in der Union", S. 1.

Abb. 51: Statut des Konvents vom 5. Februar 1998

Statut

Konvent für Technikwissenschaften

(Stand 5. Februar 1998)

§ 1 Name, Sitz

1) Der Verein führt den Namen „Konvent für Technikwissenschaften". Er soll in das Vereinsregister eingetragen werden.

2) Sitz des Vereins ist Berlin.

§ 2 Zweck des Vereins

Der Konvent ist ein Zusammenschluß unter dem Dach der Arbeitsgemeinschaft der Berlin-Brandenburgischen Akademie der Wissenschaften und der Nordrhein-Westfälischen Akademie der Wissenschaften. Er nimmt die Interessen der Technikwissenschaften auf nationaler und internationaler Ebene wahr und vertritt diese Interessen insbesondere in CAETS[1] und Euro-CASE[2]. Der Konvent ergreift Initiativen zur Förderung der Technik und verdeutlicht die Rolle zukunftweisender Technologien für Wirtschaft und Gesellschaft. Dazu wird eine enge Zusammenarbeit zwischen den grundlagen- und anwendungsorientierten Technikwissenschaften sowie der Dialog mit den anderen Wissenschaften angestrebt.

§ 3 Mitgliedschaft

1) Technikwissenschaftliche und naturwissenschaftliche Mitglieder der deutschen Akademien der Wissenschaften können Mitglieder des Konvents werden. Der Konvent entscheidet nach Information der Akademien der Arbeitsgemeinschaft über die Annahme des Antrags auf Mitgliedschaft.

2) Zur Erfüllung seiner Aufgaben kann der Konvent weitere Mitglieder berufen. Die Berufung erfolgt in Abstimmung mit den Akademien der Arbeitsgemeinschaft; eine Zweidrittelmehrheit der Mitglieder aus deutschen Akademien der Wissenschaften muß gewahrt bleiben.

3) Der Konvent kann korrespondierende Mitglieder berufen. Ein Mitglied kann auf eigenen Antrag durch die Mitgliederversammlung zum korrespondierenden Mitglied erklärt werden. Korrespondierende Mitglieder haben kein Stimmrecht.

---

[1] Council of Academies of Engineering and Technological Sciences (=CAETS)

[2] European Council of Applied Sciences and Engineering (=Euro-CASE)

Fortsetzung Abb. 51

4) Die Geschäftsordnung regelt die Beendigung von Mitgliedschaften und die Erhebung von Beiträgen.

§ 4 Mitgliederversammlung

1) Die Mitgliederversammlung besteht aus den Mitgliedern, einschließlich der korrespondierenden. Sie wählt den Vorstand. Sie berät und beschließt über Zielsetzung, Arbeitsweise und Vorhaben des Konvents, stellt den Haushaltsplan fest, nimmt den Bericht des Vorsitzenden entgegen und erteilt Entlastung. Im übrigen beschließt sie die Geschäftsordnung und gegebenenfalls die Einsetzung von Kommissionen.

2) Die Mitgliederversammlung fällt ihre Beschlüsse mit einfacher Mehrheit der Stimmen der erschienenen stimmberechtigten Mitglieder, soweit nicht eine von der Mitgliederversammlung beschlossene Geschäftsordnung anderes bestimmt.

3) Der Vorsitzende des Vorstandes beruft mindestens einmal im Jahr die Mitglieder des Konvents unter Mitteilung der Tagesordnung mit einer Frist von mindestens zwei Wochen schriftlich zu einer Mitgliederversammlung ein. Außerordentliche Mitgliederversammlungen finden statt, wenn dies im Interesse des Konvents erforderlich ist oder wenn die Einberufung einer derartigen Versammlung von einem Fünftel der stimmberechtigten Mitglieder schriftlich vom Vorstand verlangt wird. Hierfür sind Gründe anzugeben.

4) Beschlüsse sind unter Angabe des Ortes und der Zeit der Versammlung sowie des Abstimmungsergebnisses in einer Niederschrift festzuhalten; die Niederschrift ist vom Vorsitzenden des Vorstandes zu unterschreiben.

5) Beschlüsse im schriftlichen Verfahren sind zulässig und erfordern zu ihrer Gültigkeit entgegen § 32 BGB nicht die Zustimmung aller Mitglieder.

§ 5 Vorstand

1) Der Konvent wird von einem Vorstand geleitet, der aus mindestens drei stimmberechtigten Mitgliedern des Konvents besteht. Er wird auf drei Jahre von den stimmberechtigten Mitgliedern gewählt. Einmalige Wiederwahl ist zulässig. Für jedes Vorstandsmitglied ist ein Vertreter zu wählen. Dem Vorstand gehört ein Präsident der Akademien der Arbeitsgemeinschaft als geborenes Mitglied an.

2) Der Vorstand wählt aus seinem Kreis einen Vorsitzenden und einen stellvertretenden Vorsitzenden. Die Amtszeit beträgt drei Jahre. Einmalige Wiederwahl ist zulässig.

3) Der Vorsitzende vertritt den Konvent zusammen mit dem stellvertretenden Vorsitzenden, bei dessen Verhinderung mit einem weiteren Vorstandsmitglied. Dies gilt für den stellvertretenden Vorsitzenden entsprechend. Der Vorstand besorgt die Verbindung zu

Fortsetzung Abb. 51: Statut des Konvents vom 5. Februar 1998

den Akademien der Arbeitsgemeinschaft, insbesondere wird für öffentliche Stellungnahmen Einvernehmen hergestellt.

4) Der Vorstand faßt seine Beschlüsse mit einfacher Mehrheit der Erschienenen. Bei Stimmengleichheit entscheidet die Stimme des Vorsitzenden.

5) Der Vorsitzende und die Mitglieder des Vorstandes sind ehrenamtlich tätig.

§ 6 Mittelbewirtschaftung

1) Mittel für die laufenden Geschäfte und die Vorhaben des Konvents sind von dem Konvent zu beschaffen und zu bewirtschaften.

2) Verpflichtungen dürfen nur eingegangen werden, wenn die Finanzierung sichergestellt ist.

3) Der Vorstand erstellt eine Finanzplanung, die von der Mitgliederversammlung beschlossen wird. Der Vorstand hat Jahresabrechnung und Geschäftsbericht der Mitgliederversammlung zur Genehmigung vorzulegen.

§ 7 Geschäftsstelle

Den Ort der Geschäftsstelle des Konvents regelt die Geschäftsordnung des Konvents im Einvernehmen mit den Akademien der Arbeitsgemeinschaft.

§ 8 Satzungsänderungen

Änderungen der Satzung bedürfen der Zustimmung der Akademien der Arbeitsgemeinschaft.

Damit war der Konvent in seiner Grundfinanzierung auf sich selbst gestellt und musste versuchen, extern an Gelder zu gelangen. So gab es, neben den Überlegungen ein Kuratorium zu bilden, auf der zweiten Mitgliederversammlung auch die Idee, einen Förderverein zu gründen, der sich am Kollegium der früheren AdW zu Berlin e.V. orientieren sollte.[64] In diesem Verein waren natürliche und juristische Personen vereint, die die Arbeit der Akademie durch Mitgliedsbeiträge, Spenden und Vermächtnisse unterstützen wollten. Der Verein verzichtete in seiner Satzung ausdrücklich darauf, auf die wissenschaftliche Arbeit der Akademie Einfluss zu nehmen. Zum Zeitpunkt der Auflösung der AdW zu Berlin waren 53 Personen und 26 Firmen Mitglied des Kollegiums.[65]

Doch zunächst konzentrierten sich die Bemühungen darauf, Mittel vom BMBF zu erhalten. Ein erstes Gespräch zwischen dem Vorsitzenden des Konvents, Günter Spur, und Bundesminister Jürgen Rüttgers fand am 8. Mai 1998 in Bonn statt und zeigte, dass

64 Vgl. O. 103, Protokoll der 2. Sitzung des KTW am 5. Februar 1998, S. 3f.
65 Vgl. Jb. AdW zu Berlin 1988, S. 493ff.

die Ziele des Konvents zwar begrüßt, eine Förderung desselben jedoch noch für verfrüht angesehen wurde. Zudem führten Günter Spur und Franz Pischinger auch Gespräche mit Staatssekretär Fritz Schaumann sowie Ministerialdirigent Walter Döllinger, dem Leiter der Unterabteilung Luft-/Raumfahrt, Mobilität, Produktorientierte Technologieentwicklung.[66] Trotz der Ablehnung einer direkten Förderung des Konvents, hatte Staatssekretär Schaumann beim Gespräch im Mai 1998 sein Bemühen zur Erreichung eines Konsenses zwischen dem KTW und der Konferenz der Deutschen Akademien der Wissenschaften zugesagt. Bis zur Klärung dieser Frage sollte die Eintragung des Konvents in das Vereinsregister zunächst zurückgestellt werden.[67]

Das eigentliche Problem der kurzfristigen Bemühungen um eine Grundfinanzierung ergab sich daraus, dass in den laufenden Haushalten der Bundes- und Landesbehörden keine entsprechenden Titel vorgesehen waren, so dass das Problem einer unmittelbaren Anschubfinanzierung nicht grundlegend gelöst werden konnte. Immer wieder wandte sich der KTW an Vertreter des BMBF und versuchte zumindest eine minimale Grundfinanzierung von 35.000 DM zu erwirken.[68]

Nachdem die Bundestagswahl am 27. September 1998 einen Regierungswechsel ankündigte, bedeutete dies zwar die Möglichkeit nun doch noch Förderungen zu erhalten, zunächst einmal war die Konsequenz aber ein weiterer zeitlicher Verzug, ehe überhaupt mit einer Entscheidung zu rechnen war. So thematisierte die Vorstandssitzung tags darauf die Problematik und verständigte sich, dass erneut eine Anfrage an das BMBF gestellt werde müsste.[69] Zwar suchten Rolf Staufenbiel und Günter Spur den als Nachfolger von Fritz Schaumann berufenen Staatssekretär Uwe Thomas im August 1999 auf,[70] doch blieben die anhaltenden Verhandlungen mit dem BMBF zur finanziellen Unterstützung des KTW auch bis Ende des Jahres 1999 ohne Ergebnis, so dass es spätestens zu diesem Zeitpunkt zu der Einsicht kam, dass eine Legitimierung des KTW ohne ein festes Budget nicht zu erreichen war. Das Gespräch mit den aus der Industrie kommenden Mitgliedern des KTW, bezüglich einer finanziellen Förderung seitens der Wirtschaft zu suchen, schien zum damaligen Zeitpunkt zwar überlegenswert,[71] wurde jedoch nicht als richtiger Weg zur Anerkennung durch die Bundesregierung gesehen. Anders als dies später bei acatech der Fall sein sollte, konzentrierten sich die Bemühungen zur Grundfinanzierung beim KTW im Grunde ausschließlich auf öffentliche Gelder.

Die ungeklärte Finanzierungsfrage gestaltete auch die KTW-Mitgliedschaft bei Euro-CASE schwierig. Als Vorsitzender des Konvents nahm Günter Spur am 27.2.1998 erstmals

66 Die Gespräche fanden am 29. Januar und am 12. Mai 1998 statt.
67 Vgl. O. 103, Protokoll der 2. Vorstandssitzung des KTW am 14. Mi 1998, S. 1f.
68 Vgl. O. 102, Haushaltsplan für das Jahr 1999 des KTW vom 24. November 1998, Auflistung bisheriger Kontakte Staufenbiels zum BMBF vom 23. Oktober 1999 und deren Ergänzung vom 5. November 1999 sowie Schreiben von Günter Spur an Staatssekretär Uwe Thomas vom 18. November 1999.
69 Vgl. O. 103, Protokoll der 4. Vorstandssitzung des KTW vom 28. September 1998, S. 1.
70 Vgl. O. 102, Schreiben von Günter Spur an Staatssekretär Uwe Thomas vom 9. Januar 1999 und Schreiben von Rolf Staufenbiel an ORR Mendemeier vom 16.10.1999.
71 Vgl. O. 103, Protokoll der 5. Mitgliederversammlung des KTW vom 2. Dezember 1999, S. 1.

die internationale Vertretung der deutschen Technikwissenschaften im Rahmen einer Euro-CASE Sitzung wahr. Die Frage der Finanzierung der Mitgliedschaft war zu diesem Zeitpunkt allerdings noch nicht geklärt. Aus dieser Situation heraus unterbreitete Clemens Zintzen, der Präsident der Konferenz, den Vorschlag, dass diese anstelle des Konvents die Mitgliedschaft in Euro-CASE wahrnehmen, und dort durch einen Delegierten des Konvents vertreten werden sollte. Bereits im Juni 1998 wurde diesem Verfahren der Delegation zu Euro-CASE, infolge der Gespräche von Clemens Zintzen mit Staatssekretär Fritz Schaumann und Günter Spur, durch die Konferenz zugestimmt.[72] Damit konnte der Konvent als eine von der Konferenz anerkannte Arbeitsgemeinschaft der BBAW und der NWAW bestehen bleiben, während der Mitgliedsbeitrag über die Konferenz vom BMBF übernommen werden sollte. Weitere finanzielle Mittel wurden von der Konferenz jedoch nicht zur Verfügung gestellt. Auch Reisekosten im Rahmen der Euro-CASE Aktivitäten wurden nur begrenzt übernommen. Die Anerkennung durch die Konferenz bedeutete zum damaligen Zeitpunkt allerdings keine weitere Annäherung der beiden Institutionen. Stattdessen wies die Konferenz noch einmal explizit darauf hin, dass eine Integration des KTW in die Konferenz weder sinnvoll noch realisierbar sei.[73] In diesem Zusammenhang stellte der Präsident der BBAW, Dieter Simon, sehr deutlich den Willen zur Unterstützung des Konvents unter Beweis, als er die Bereitschaft zur Vorfinanzierung des Mitgliedsbeitrages für Euro-CASE signalisierte, nachdem sich die Zahlung desselben wegen langwieriger Verwaltungsvorgänge beim BMBF verzögert hatten.[74]

Dennoch hatte es der Konvent geschafft, nun durch seinen eigenständig benannten Delegierten, Günter Spur, in Euro-CASE vertreten zu werden, welcher begleitet vom Geschäftsführer der Konferenz, Dieter Hermann, die offizielle Vertretung im Board übernahm. Zu Günter Spurs Stellvertreter wurde Franz Pischinger bestimmt. Die anhaltend angespannte Situation aber machte eine konstruktive Zusammenarbeit von KTW und Konferenz scheinbar unmöglich.[75] Daraus ergab sich eine gewisse Unzufriedenheit unter den Vorstandsmitgliedern der Arbeitsgemeinschaft und der Wunsch nach offizieller Betrauung mit der Vertretung der Bundesrepublik. Eine Beteiligung in internationalen Gremien schien nur über eine direkte Legitimierung sowie über eine Bereitstellung von Mitteln zur Deckung von Beitragszahlungen, Reise- und Aufwandskosten sowie zur Mitwirkung bei internationalen Projekten möglich.[76] Jedoch blieben auch diese Forderungen des KTW an Vertreter des BMBF ohne Erfolg, so dass man sich zunächst mit der Rolle als Delegierter der Konferenz zufrieden geben musste.

---

72 Vgl. O. 102, Schreiben von Clemens Zintzen vom 2. Juli 1998.
73 Ebd.
74 Vgl. ebd., Schreiben von Dieter Simon vom 15. Juli 1998.
75 Vgl. ebd., Schreiben von Clemens Zintzen an Günter Spur vom 26. Oktober 1999.
76 Vgl. O. 102, Schreiben von Rolf Staufenbiel an ORR Mendemeier.

Die internationale Orientierung des Konvents beschränkte sich aber nicht nur auf eine Mitgliedschaft in der europäischen Vereinigung Euro-CASE. Die Vision der Zukunft sah auch eine Mitgliedschaft bei CAETS, dem weltweiten Zusammenschluss internationaler Technikakademien, vor. Gleiches Interesse bestand auch an einer Mitgliedschaft im *European Science and Technology Assembly (ESTA)*, dessen Ziel die Beratung der europäischen Union in forschungs- und technologiepolitischen Fragen ist. Eine Einflussnahme von deutscher Seite sollte hier über die Inanspruchnahme eines der vier Sitze von Euro-CASE erreicht werden.

Trotz der arbeitsintensiven Klärung sämtlicher organisatorischer Fragen zum Aufbau eines arbeitsfähigen Konvents, stand die inhaltliche Arbeit im Vordergrund. Kurze Zeit nach der Gründung des KTW lag eine Konzeptbeschreibung des Konvents für Technikwissenschaften vor, nun folgte eine erste Formulierung der Zielsetzungen des Konvents. Das erarbeitete Konzeptpapier ging auf die Beratungen der ingenieurwissenschaftlichen Fachgruppe der NWAW und hier insbesondere auf die Bemühungen von Rolf Staufenbiel zurück.[77] Dieses Konzept zur Struktur und zu den Zielen des KTW, erschien für die Integration von Mitgliedern in Form einer Corporate Identity und zur Akquisition von Mitteln unverzichtbar, sollte jedoch erst nach der Sicherung einer dauerhaften Finanzierung offiziell proklamiert werden.[78]

Laut Statut hatte es sich der Konvent zur Aufgabe gemacht, die Interessen der Technikwissenschaften auf nationaler und internationaler Ebene zu vertreten. Zudem sollten auch Initiativen zur Förderung der Technik ergriffen und die Rolle zukunftsweisender Technologien für Wirtschaft und Gesellschaft verdeutlicht werden. Dazu sollte eine enge Zusammenarbeit zwischen den grundlagen- und anwendungsorientierten Technikwissenschaften sowie ein Dialog mit anderen Wissenschaften angestrebt werden, um so die Schwerpunkte der technikwissenschaftlichen Forschungssysteme zu definieren. Bei der Bearbeitung sollten interdisziplinär angelegte Projekte der zunehmenden Komplexität der Probleme Rechnung tragen.

Die Umsetzung dieser Ziele sollte vor allem über die Zusammensetzung der Mitglieder des Konvents erreicht werden. Denn die Mitglieder sollten sich sowohl aus Entscheidungsträgern der Wissenschaft wie auch der Wirtschaft zusammensetzen. So zählte der Konvent Ende 1999 bereits 68 Mitglieder, von denen sechs Universitätsprofessoren ohne Akademiezugehörigkeit waren, 53 gehörten einer Akademie an (25 der BBAW, 27 der NWAW und 1 der Mainzer Akademie) und 9 waren Industrievertreter. Bis 2000 kamen jeweils zwei Mitglieder aus der BBAW und der NWAW hinzu. Dem Charakter einer Akademie entsprechend, sollten jedoch sämtliche Anstrengungen unternommen werden, in der Arbeit von Politik und Interessengruppen unabhängig zu bleiben.

77 Vgl. ebd., Schreiben von Rolf Staufenbiel vom 8. September 1998 sowie Entwurf zur Situation des KTW vom 5. September 1998.

78 Vgl. O. 103, Protokoll der 5. Mitgliederversammlung des KTW vom 2. Dezember 1999, S. 3.

Eine weitere Strategie zur Umsetzung der Ziele bestand auch in der Wahl des Arbeitsgruppenprinzips, welches sich bereits in der AdW zu Berlin und auch in der BBAW bewährt hatte. Die Aufgabe der Arbeitsgruppen sollte die Definition von Aufgaben, die Strukturierung von Arbeitsprogrammen sowie die Durchführung von Workshops und Symposien sein.

VERANSTALTUNGEN DES KTW

Trotz erheblicher finanzieller Schwierigkeiten während der gesamten dreieinhalb Jahre, in denen die Arbeitsgemeinschaft Konvent für Technikwissenschaften bestand, gelang die Ausrichtung dreier großer Veranstaltungen. Dies ist nicht allein aufgrund der angespannten Finanzlage außerordentlich beachtlich, sondern auch, da es sich bei allen Mitgliedern um beruflich noch sehr aktive und damit vielbeschäftigte Professoren und Wirtschaftsvertreter handelte. War nicht nur der Aufbau des Konvents mit großem, nicht zuletzt unentgeltlichem Arbeitseinsatz verbunden, so verlangten die inhaltlichen Vorbereitungen und die Organisationen dieser Veranstaltungen ein erhebliches Maß an Arbeitsbereitschaft sowie einen starken Glauben an die Sache. Zwischen 1999 und 2000 konnten zu den Themen *Selbstverständnis der Technikwissenschaften, Abfallenergieverwertung* sowie *Prozessinnovationen und Rationalisierung* aktuelle Ergebnisse der verschiedensten Forschungsfelder der Mitglieder der Arbeitsgemeinschaft präsentiert und diskutiert werden. Der Kreis der Teilnehmer und Referenten beschränkte sich dabei keineswegs nur auf KTW-Mitglieder, sondern schloss auch externe Wissenschaftler ein, um einen geeigneten Austausch zu gewährleisten.

Ein gutes Jahr nach seiner Gründung, am 14. und 15. Januar 1999, veranstaltete der KTW sein erstes Symposium in den Räumen der NWAW. Es war als interne Veranstaltung zum Zwecke der Selbstreflexion angelegt. Gezielt handelte es sich hierbei also nicht um eine offizielle Veranstaltung, zu der auch Vertreter des öffentlichen Lebens geladen wurden, sondern vielmehr um den Auftakt für die eigene, inhaltliche Arbeit, eine Art Selbstfindungsprozess.[79] Ermöglicht wurde die Durchführung über eine finanzielle Unterstützung der *Alfried Krupp von Bohlen und Halbach-Stiftung*, für die sich insbesondere Günther Wilke eingesetzt hatte[80], ebenso wie für eine Verwendung der Restmittel dieser Spende zur Finanzierung einer Mitgliederversammlung im unmittelbaren Zusammenhang mit der zweiten großen Veranstaltung des KTW.[81] Unter dem Titel *Technik und Technikwissenschaften, Selbstverständnis - Gesellschaft - Arbeit* widmeten sich die Symposiumsteilnehmer aktuellen Themenbereichen der Technik bzw. der Technikwissenschaften. Seinen Ursprung hatte das Symposium in der im März 1998 ins Leben gerufenen, von Günter Spur geleiteten, gleichnamigen Arbeitsgruppe der BBAW.

---

79 Vgl. O. 103, Protokoll der 5. Vorstandssitzung des KTW vom 30. November 1998, S. 2.
80 Vgl. O. 148, Schreiben von Hennebõhle an Kempf vom 8. Januar 1999.
81 Vgl. ebd., Schreiben von Günther Wilke an Berthold Beitz vom 24. November 1999.

Innerhalb des KTW wurden die Themenfelder inhaltlich in drei Arbeitskreise mit jeweils einem verantwortlichen Leiter aufgeteilt, die sich darüber hinaus auch maßgeblich an den organisatorischen Vorbereitungen der Veranstaltung beteiligten:[82] AK *Grundsatzfragen* (Leitung: Heinz Duddeck), AK *Gesellschaft und Technik* (Leitung: Reinhard Hüttl) und AK *Arbeit und Technikwissenschaft* (Leitung Reiner Kopp).[83] Für die Beiträge des Symposiums konnten vor allem die Protagonisten der aktuellen Diskussion um eine Theorie der Technikwissenschaften gewonnen werden, womit diese Veranstaltung zugleich das Forum für einen direkten Austausch und damit für ein gemeinsames Fortführen der Diskussion bot. So befassten sich in Berlin Günter Ropohl, Gerhard Banse, Hans Poser, Günter Spur und Alfred Fettweis in den Vorträgen mit dem Verständnis von Technikwissenschaften im Wandel der Zeit sowie mit den Methoden. Auch wurde eine philosophische Einordnung der Technikwissenschaften im Kontext zu anderen Wissenschaften vorgenommen.

Bei der Betrachtung des wechselseitigen Beziehungsgeflechts zwischen Gesellschaft und Technik, stellten Fritz F. Steininger, Klaus Kornwachs, Klaus Vieweg, Martin Weisheimer und Hubert Peter Johann ein breites thematisches Spektrum vor, das von Biodiversität über rechtliche Aspekte zur Techniksteuerung bis hin zur Technikfolgenabschätzung und zur Nachhaltigkeit der Energietechnik reichte. Themen, die damals wie heute zu den großen ihrer Zeit zählten und zählen und deshalb auch heute noch zu den Schwerpunkten der Arbeit von acatech gehören.

Die Wechselwirkungen von Technik und Arbeit wurden vor allem auf volkswirtschaftlicher Ebene betrachtet. Bernd Gottschalk, Georg Zinn, Jürgen Rabe und Rolf Staufenbiel erläuterten hierbei die Ursachen des sektoralen Strukturwandels mit seinen Auswirkungen. Die Automobilindustrie lieferte beispielhaft einen Einblick in die technologischen Innovationen und verdeutlichte die Relevanz für die Beschäftigungssituation.

Die an drei Halbtagen gehaltenen 14 Fachvorträge brachten dem Konvent insgesamt eine sehr positive Resonanz. Zudem wurden alle Vorträge auch in einem Beitragsband zum Symposium veröffentlicht. Gute neun Jahre später zeigte sich, dass dieses Symposium Vorläufer einer groß angelegten Konferenz der heutigen Deutschen Akademie der Technikwissenschaften gewesen ist. Als diese 2008 die Konferenz *Technisches Wissen* veranstaltete, knüpfte ein Großteil der Teilnehmer an die damaligen Diskussionen um ein Selbstverständnis der Technikwissenschaften an.

Im Dezember des Jahres 1999 beteiligte sich der KTW, neben der VDI-Gesellschaft Energietechnik, als Mitveranstalter an einer von der BBAW-Arbeitsgruppe *Strategien zur Abfallenergieverwertung* organisierten Konferenz in der Berliner Akademie. Am 2. und 3. Dezember 1999 referierten und diskutierten die Mitglieder der Arbeitsgruppe und externe Spezialisten in 15 Vorträgen zum Thema *Abfallenergieverwertung – ein Schritt von der Energie zur Entropiewirtschaft.* Unter den Referenten waren Wolfgang Fratzscher,

---

82 Vgl. O. 120, Schriftwechsel der Arbeitsgruppenleiter.

83 Vgl. O. 103, Protokoll der 3. Vorstandssitzung des KTW vom 29. Juni 1998, S. 2f.

Abb. 52: Einladung zum ersten Symposium des Konvents und Programm

BERLIN-BRANDENBURGISCHE AKADEMIE DER WISSENSCHAFTEN
Jägerstraße 22/23
10117 Berlin

NORDRHEIN-WESTFÄLISCHE AKADEMIE DER WISSENSCHAFTEN
Palmenstraße 16
40217 Düsseldorf

Der Konvent für Technikwissenschaften ist eine Arbeitsgemeinschaft der Berlin-Brandenburgischen und der Nordrhein-Westfälischen Akademien der Wissenschaften in der Konferenz der deutschen Akademien der Wissenschaften.

Referenten

Prof. Dr. sc. phil. Gerhard Banse,
BTU Cottbus, Allgemeine Technikwissenschaften

Prof. em. Dr.-Ing. Dr.-Ing. E. h. Heinz Duddeck,
TU Braunschweig, Bauingenieurwesen

Prof. em. Dr. Dr. h. c. mult. Alfred Fettweis,
Ruhr-Universität Bochum, Nachrichtentechnik

Dr. Bernd Gottschalk,
Verband der Automobilindustrie e. V.

Prof. Dr. rer. nat. habil. Reinhard Franz Hüttl,
BTU Cottbus, Bodenschutz und Rekultivierung

Prof. Dr.-Ing. habil. Hubert Peter Johann,
Mannesmann AG, Düsseldorf

Prof. Dr.-Ing. Reiner Kopp,
RWTH Aachen, Bildsame Formgebung

Prof. Dr. phil. habil. Klaus Kornwachs,
Zentrum für Technik und Gesellschaft Cottbus, Technikphilosophie

Prof. Dr. phil. Hans Poser,
TU Berlin, Technikphilosophie

Dipl.-Ing. Jürgen Rabe,
Sachsenring AG, Zwickau

Prof. Dr.-Ing. Günter Ropohl,
J. W. Goethe-Universität Frankfurt/Main, Allgemeine Technologie

Prof. em. Dr. h. c. mult. Dr.-Ing. E. h. Dr.-Ing. Günter Spur,
TU Berlin, Produktionstechnik

Univ.-Prof. em. Dr.-Ing. Rolf Staufenbiel,
RWTH Aachen, Luft- und Raumfahrt

Prof. Dr. rer. nat. Fritz F. Steininger,
Forschungsinstitut und Naturmuseum der SNG, Frankfurt/Main

Prof. Dr. jur. habil. Klaus Vieweg,
F.-A.-Universität Erlangen-Nürnberg, Recht und Technik

Prof. Dr.-Ing. habil. Martin Weisheimer,
Institut für Wirtschaftsforschung, Halle/Saale

Univ.-Prof. Dr. rer. pol. Karl Georg Zinn,
RWTH Aachen, Volkswirtschaftslehre

Organisation

Dipl.-Ing. Carsten Schröder
Projektgruppe der BBAW
Selbstverständnis der Technikwissenschaften
Telefon (030) [illegible]
Telefax (030) 391 19 27
[illegible]

Einladung

Der

Konvent für Technikwissenschaften

veranstaltet ein Arbeitssymposium

Technikwissenschaften und Technik
Selbstverständnis • Gesellschaft • Arbeit

am
14. und 15. Januar 1999

in der Nordrhein-Westfälischen Akademie der Wissenschaften,

Karl-Arnold-Haus, Haus der Wissenschaften, Palmenstraße 16, Düsseldorf.

Donnerstag, 14. Januar 1999

14.00 Uhr Eröffnung
G. Spur

I. Halbtag: Selbstverständnis der Technikwissenschaften

14.15 Uhr Einführung in das Thema
H. Duddeck

14.30 Uhr Verständnis von Technikwissenschaften im Wandel der Zeit
G. Ropohl

15.00 Uhr Zu den Methoden der Technikwissenschaften
G. Banse

– Kaffeepause –

15.45 Uhr Technikwissenschaften im Kontext der Wissenschaften
H. Poser

16.15 Uhr Inhalte und Aufgaben der Technikwissenschaften
G. Spur

16.45 Uhr Technikwissenschaftliche Forschung
A. Fettweis

17.15 Uhr Abschlußdiskussion
H. Duddeck

– Empfang –

Freitag, 15. Januar 1999

II. Halbtag: Technik und Gesellschaft

9.00 Uhr Einführung in das Thema
R. F. Hüttl

9.15 Uhr Naturwissenschaften, Biodiversität und Technik
F. F. Steininger

9.45 Uhr Technikfolgenabschätzung als Selbstvergewisserung
K. Kornwachs

10.15 Uhr Technik und Recht
K. Vieweg

– Kaffeepause –

11.00 Uhr Technik und Nachhaltigkeit am Beispiel der Energiefrage
M. Weisheimer

11.30 Uhr Ökoeffizienz: Ziel des betrieblichen Umweltschutzes
H. P. Johann

12.00 Uhr Abschlußdiskussion
R. F. Hüttl

– Imbiß –

III. Halbtag: Technik und Arbeit

13.30 Uhr Einführung in das Thema
R. Kopp

13.45 Uhr Technologieentwicklung in der Automobiltechnik und ihre Bedeutung für die Beschäftigungssituation
B. Gottschalk

14.15 Uhr Langfristiger Strukturwandel der Wirtschafts- und Arbeitsverhältnisse und die Bedeutung der technischen Entwicklung
K. G. Zinn

– Kaffeepause –

15.00 Uhr Ein mittelständisches Unternehmen – von der Gründung bis zum Börsengang
J. Rabe

15.30 Uhr Hochschule und Arbeitsmarkt
R. Staufenbiel

16.00 Uhr Abschlußdiskussion
R. Kopp

16.30 Uhr Schlußworte
G. Spur

Um Antwort auf beiliegender Karte wird bis zum 31. Dezember 1998 gebeten.

Klaus Lucas, Reinhard Hüttl, Arne Stahl, Klaus Knizia, Martin Weisheimer und Ortwin Renn. Die Thematik wurde im Zusammenhang mit der Minderung der Ressourceninanspruchnahme und der Umweltbelastung durch die menschliche Gesellschaft betrachtet.

Im Vordergrund der Betrachtungen stand dabei das Ende der Wandlungsketten, der Ausstoß von Abfallenergie an die Umgebung. Dieser legte einen Paradigmenwechsel von der Energie- zur Entropiewirtschaft nahe. In entsprechenden Untersuchungen hatte sich gezeigt, dass die Entropie im Unterschied zu der Erhaltungsgröße Energie Hinweise liefert, welche technischen Systeme auf eine dauerhafte, umweltgerechte Entwicklung zielten. Ebenso konnte gezeigt werden, dass ein bestimmtes aber beeinflussbares Maß an Abfallenergie unvermeidbar ist.

Abb. 53: Einladung zu der Konferenz Abfallenergieverwertung

Allgemeine Hinweise

Veranstaltungsort:
Berlin-Brandenburgische
Akademie der Wissenschaften
Jägerstraße 22/23
(Nähe Gendarmenmarkt)
10117 Berlin

Veranstaltungszeit:
Donnerstag, 2. Dezember 1999, 13^{00} - 18^{00} Uhr.
Freitag, 3. Dezember 1999, 9^{00} - 14^{00} Uhr.

Tagungsgebühr:
50 DM Unkostenbeitrag (am Tagungsort zu entrichten).
Die Pausenversorgung ist Bestandteil der Tagungsgebühr. Es wird ein zusammenfassendes Konferenz-Papier zu den Tagungsbeiträgen ausgegeben.

Ansprechpartner:

Allgemein:
Berlin- Brandenburgische
Akademie der Wissenschaften
Interdisziplinäre Arbeitsgruppe
„Strategien zur Abfallenergieverwertung"
Jägerstr. 22/23
10117 Berlin

Anmeldung und Tagungsorganisation:
Dr.-Ing. K. Michalek
Altenhaßlau, Bergstr. 15a
63589 Linsengericht
Tel: 06051/75622
Fax: 06051/75622

BERLIN-BRANDENBURGISCHE AKADEMIE
DER WISSENSCHAFTEN

Arbeitsgruppe „Strategien zur
Abfallenergieverwertung
- ein Beitrag zur Entropiewirtschaft"

Einladung zur
Interdisziplinären Konferenz
am 2./3. Dezember 1999
in Berlin

Abfallenergieverwertung
- ein Schritt von der Energie-
zur Entropiewirtschaft

Mitveranstalter sind
der Konvent für Technikwissenschaften
und die VDI-Gesellschaft Energietechnik

Mit den Folgen des produktionswirksamen organisatorischen und technischen Fortschritts in den westlichen Industrieländern beschäftigte sich am 21. November 2000, auf den Tag genau drei Jahre nach der konstituierenden Sitzung des KTW, das unter dem Titel *Maß statt Masse – Strategien für mehr Beschäftigung zwischen Rationalisierung und Kundennähe* veranstaltete zweite Arbeitssymposium des Konvents im Rahmen von sechs Vorträgen in Berlin. Zu den Vortragenden zählten Jörg Baetge, Gregor Morfill,

Erich R. Reinhardt, Gunther Reinhart, Günter Spur sowie Bernhard Walke, während Reiner Kopp, Rolf Staufenbiel und Karl R. Kegler Organisation und inhaltliche Akzentuierung der Tagung übernommen hatten.

Abb. 54: Einladung des Symposiums Maß statt Masse

In den Räumen der BBAW wurden die Möglichkeiten einer individuell angepassten Güter- und Ideenproduktion diskutiert. Der Fokus dieses über eine Spende des *Stifterverbandes für die deutsche Wissenschaft* finanzierten Symposiums lag auf den Sektoren „Güterproduktion", „Banken, Versicherungen, Informationsdienstleistungen" und dem „Gesundheitssektor". Letztgenannter Bereich zählt heute bei acatech innerhalb des Themennetzwerks Gesundheitstechnologien zu den Arbeitsschwerpunkten. Hervorgegangen waren die in der BBAW präsentierten Ergebnisse aus der Projektgruppe *Arbeit und Technik* der NWAW, die sich zudem maßgeblich an der Organisation der Veranstaltung beteiligt hatte.[84]

Neben der Durchführung der beiden Symposien und einer Konferenz hatte der KTW auch die Organisation von zwei Euro-CASE Veranstaltungen übernommen, den Workshop *Sustainable Use of Water in Europe: Flood Management and Flood Forecasting* im PTZ in Berlin und den am 10. November 1999 in der NWAW in Düsseldorf stattfindenden Workshop *Automotive Industry: Key Drivers and Criteria for Location: The Influence of Transport Systems*.[85]

84 Vgl. O. 122, Protokollnotiz der Projektgruppe „Arbeit und Technik" vom 19. Mai 2000.
85 Vgl. O. 103, Protokoll der 8. Vorstandssitzung des KTW vom 2. Dezember 1999, S. 3.

VERHANDLUNGEN MIT DER UNION

Mit Beginn des neuen Jahrtausends kam Bewegung in die Entwicklung des KTW, die schließlich zur Neugründung desselben als Konvent unter dem Dach der Union der Akademien führen sollte. Doch zunächst fanden innerhalb der Arbeitsgruppe der NWAW und der BBAW Gespräche statt, deren Protokolle einen Eindruck der Stimmung und der teilweise auseinander liegenden Positionen bezüglich der weiteren Arbeit des Konvents und seiner institutionellen Anbindung vermitteln. Wie häufig in solchen Situationen, hatten die Probleme mit den unterschiedlichen Vorstellungen der Beteiligten über die Ziele, das Erreichen derselben und die Zukunft zu tun.

Im Februar 2000 konnte Günter Spur der TW Klasse der BBAW noch keine weiteren Fortschritte bei der Anerkennung des Konvents als nationale Vertretung der Technikwissenschaften mitteilen. Da bisher keine Anerkennung durch den Bund erfolgt war, musste die öffentlichkeitswirksame Darstellung des KTW weiter warten. Es gab zwar eine Stellungnahme des BMBF zum KTW und seinen Zielen, doch die hielt das Ministerium noch unter Verschluss. Der KTW trat auf der Stelle und konnte in dieser Lage nur schwer Mittel für die weitere Arbeit einwerben. Über die Zuarbeit von Projektmitarbeitern der BBAW sowie die Unterstützung innerhalb der Verwaltung des IPK-Berlin der Fraunhofergesellschaft wurde die Erledigung des operativen Tagesgeschäfts des KTW ermöglicht. Die NWAW hatte auf Grund der Initiative von Günther Wilke Mittel von der *Alfried Krupp von Bohlen und Halbach Stiftung* erhalten, die die Finanzierung des ersten Symposiums des KTW sowie die Durchführung einer Konferenz in Kooperation mit der BBAW sicherten.

Am 1. März 2000 fand in Düsseldorf die 9. Vorstandssitzung des KTW statt, auf der die Probleme des Konvents und Möglichkeiten zu ihrer Lösung ebenfalls auf der Tagesordnung standen.[86] Im Vorfeld dieser Sitzung fanden sich die Düsseldorfer KTW Mitglieder Reiner Kopp, Franz Pischinger, Rolf Staufenbiel, Günther Wilke sowie der Präsident der NWAW, Paul Mikat, und Ministerialrat Udo Henneböhle zu einer Besprechung zusammen. Im Rahmen dieser Zusammenkunft erklärte Präsident Mikat bei der kommenden Präsidiumssitzung der Union am 12. April 2000 einen Antrag zur Einbindung des KTW stellen zu wollen.[87]

Auch die Diskussion im Vorstand des KTW ergab, dass ein letzter Versuch unternommen werden sollte, die Technikwissenschaften unter das Dach der Union zu bringen. Hierzu sollte eine Arbeitsgemeinschaft für Technikwissenschaften im Rahmen der Union (ATU) eingerichtet werden. Der Versuch, den KTW bei der Konferenz, jetzt *Union der deutschen Akademien der Wissenschaften* (Union), anzusiedeln, war seinerzeit am Widerstand einiger Länderakademien gescheitert. Ein erneuter Versuch, den KTW in

---

86 Die TOP waren: 1) Begrüßung und Feststellung der Anwesenheit, 2) Genehmigung des Protokolls der 8. Vorstandssitzung, 3) Jahresbericht 1999, 4) Arbeitssymposien des Konvents, 5) Zielsetzungen des Konvents, 6) Vorschläge für die Neuwahl des Vorstandes, 7) Verschiedenes.

87 Vgl. O. 148, Besprechungsprotokoll zur weiteren Vorgehensweise hinsichtlich des Konvents für Technikwissenschaften vom 1. März 2000.

seiner bestehenden Form an die Union anzubinden, schien vor diesem Hintergrund wenig Erfolg versprechend. Daher sollte mittels der ATU eine neue Form zur Präsentation der Technikwissenschaften gefunden werden. Der KTW sollte als Institution nicht in die ATU übernommen werden, seine Mitglieder allerdings schon.

Die Vorteile dieser Lösung sollten für die Union in der Aufwertung der eigenen Bedeutung durch die Vermehrung der Aufgaben liegen. Denn sie sollte in breiterem Stile als zuvor auf die Kompetenz von Technikwissenschaftlern zurückgreifen können, die internationale Repräsentation der Technikwissenschaften konnte bei der Union verbleiben und ging nicht an verschiedene Interessenvertretungen verloren. Von Nachteil bei diesem Modell konnte für die Union die finanzielle Belastung werden, die bis hin zur Haftung reichen konnte.

Aus Sicht der Technikwissenschaften stellten sich die Vor- und Nachteile dieses Modells etwas anders dar: Die Technikwissenschaften erhielten eine stärkere Legitimierung und konnten sich international als vollwertiges Mitglied einbringen. Die Rechtsform des Vereins konnte das Einwerben von Mitteln für Projekte und anderes erleichtern, wenn die ATU als gemeinnütziger Verein arbeitete. Die Vertretung über die Union bedeutete gegenüber den anderen Akademien einen Statusverlust.

Als Bedingung für die Neugründung der Arbeitsgemeinschaft wurde ein Statut genannt, das sich an dem des KTW orientieren aber auf die Gemeinnützigkeit hin erweitert werden sollte. Die finanzielle Unabhängigkeit musste sicher gestellt sein, es sollte keine Finanzierung durch die Union geben, und der Haftungsausschluss musste vereinbart werden. Die Bundesregierung sollte für die Kosten, die im Zusammenhang mit der internationalen Vertretung der Technikwissenschaften entstanden, aufkommen. Die Mitglieder des KTW sollten direkt in die ATU aufgenommen werden, das Recht zur Kooptation weiterer Mitglieder, auch nicht-akademischer, lag dann bei der ATU. Die Union sollte darüber informiert werden und zudem das Recht haben, eigene Vorschläge zu unterbreiten. Ein Mitglied des Präsidiums der Union sollte als Kontrollorgan in den Vorstand der ATU entsandt werden.[88]

Bereits im Vorfeld der Präsidiumssitzung der Union, dem die Präsidenten aller Akademien der Wissenschaften angehören, signalisierte dessen Vorsitzender, Clemens Zintzen, eine grundsätzliche Bereitschaft zur Aufnahme der Technikwissenschaften.[89] Diese Sitzung vom 12. April 2000 sah infolge des Antrages von Paul Mikat unter Punkt 5 der Tagesordnung eine Behandlung des KTW vor. Der Präsident der NWAW, berichtete über die Probleme des KTW und erbat noch einmal die Einbindung der Technikwissenschaften innerhalb der Union. Die Abstimmung darüber fiel positiv aus und die Union beauftragte nun eine Kommission, in die jede Akademie ein Mitglied delegierte, einen Entwurf für die künftige Rechtsform der Technikwissenschaften in der Union zu erarbei-

88 Vgl. O. 102, Zusammenfassung der Diskussion durch Rolf Staufenbiel vom 07.03.2000.
89 Vgl. O. 148, Schreiben von Clemens Zintzen an Paul Mikat vom 22.03.2000.

ten. Für die BBAW nahm der Sekretar der TW Klasse, Reinhard Hüttl, teil, die NWAW vertrat Paul Mikat, die Sächsische Akademie Eugen-Georg Woschni, die Heidelberger Willi Jäger, die Bayerische Horst Lippmann, die Göttinger Michael Buback und die Mainzer Akademie vertrat Clemens Zintzen.

Unterdessen versuchte der KTW weiterhin, die benötigten Finanzmittel für die eigenständige Arbeit einzuwerben. Zwar konnte der Geschäftsführer der Union, Dieter Herrmann, Mitte März 2000 bestätigen, dass diese einen Antrag auf Übernahme des Mitgliedbeitrages bei Euro-CASE für das laufende Jahr beim BMBF gestellt habe, jedoch lautete das Fazit Günter Spurs in der Sitzung der TW Klasse der BBAW am 19. Mai 2000, dass die Haushaltssituation nach wie vor angespannt sei, da das BMBF bislang keinen Titel eingeräumt habe.

Am 3. August 2000 traf sich die AG *Satzungsentwurf für die Technikwissenschaften in der Union* zum ersten Mal in der NWAW in Düsseldorf. Bei diesem ersten Treffen verwies der Präsident, Clemens Zintzen, auf den Beschluss des Präsidiums der Union, einen Satzungsentwurf für die mögliche Einrichtung eines Konvents für Technikwissenschaften unter dem Dach der Union erarbeiten zu lassen, da sich das bisherige Konzept einer AG der BBAW und der NWAW ohne Einbindung nicht bewährt habe. Der KTW habe keine Eigenfinanzierung für seine Ziele und Aufgaben erreichen können, Veranstaltungen seien bisher durch die von der NWAW eingeworbenen Drittmittel finanziert worden. Gerade Paul Mikat erläuterte nochmals die Gründe für die Einrichtung des Konvents und verdeutlichte dazu eingehend die Rolle zukunftsweisender Technologien in Wissenschaft und Wirtschaft sowie die Notwendigkeit eines institutionalisierten Ansprechpartners für nationale und internationale Gremien. Im Anschluss an eine Diskussion über die Möglichkeiten zur Integration des Technikkonvents unter dem Dach der Union wurden von der AG *Satzungsentwurf* erste Leitlinien formuliert, die unter anderem folgende Inhalte hatten:

- Der großen Bedeutung Deutschlands im Bereich technologischer Entwicklungen steht eine geringe Präsenz technischer Disziplinen innerhalb der Akademien gegenüber.
- Alle Länderakademien sollten von einer solchen Initiative profitieren.
- Die angestrebte Lösung muss in jedem Falle eine Entwicklung in Richtung einer Akademie der Technikwissenschaften ausschließen.
- Es besteht keine Möglichkeit zur Finanzierung durch die Akademien.
- Die angestrebte Integration kann nur in Form eines eingetragenen Vereins der Union erfolgen.

Abschließend wurde der Geschäftsführer der Union, Dieter Hermann, beauftragt, eine Satzung für einen eingetragenen gemeinnützigen Verein zu entwerfen, um daran anknüpfend die Diskussionen fortzusetzen.[90]

Auf der Sitzung der TW Klasse der BBAW am 13. Oktober 2000 konnte Reinhard Hüttl vom Abschluss der Arbeiten am Entwurf der Satzung berichten, auf deren Grundlage die Gründung des Konvents für Technikwissenschaften als eigenständiger Verein in der Union erfolgen sollte. Alle derzeitigen Mitglieder des KTW sollten Gründungsmitglieder dieses neuen Konvents werden.

Am 24. Oktober 2000 trat die AG *Satzungsentwurf Technikkonvent* erneut in der NWAW zusammen und verabschiedete nach einigen Änderungen und Ergänzungen einvernehmlich den Satzungsentwurf,[91] der nun dem Präsidium der Union zugeleitet wurde. In einem gemeinsamen Gespräch von Mitgliedern des KTW und der AG Satzungsentwurf verständigte man sich im November 2000 auch in diesem Rahmen auf den erarbeiteten Satzungsentwurf.[92]

Als der KTW am 21. November 2000 zu seinem dritten Arbeitssymposium *Maß statt Masse – Strategien für mehr Beschäftigung zwischen Rationalisierung und Kundennähe* zusammenkam, war dies das letzte Treffen in der alten Rechtsform. Am 1. Dezember 2000 beschloss das Präsidium der Union die Gründung des *Konvents für Technikwissenschaften der Union der Deutschen Akademien der Wissenschaften*. Die Verabschiedung der Satzung durch das Präsidium der Union am 3. April 2001 beendete diesen Teil der Gründung.

EIN NEUES SELBSTVERSTÄNDNIS DER TECHNIKWISSENSCHAFTEN

Im Laufe des 20. Jahrhunderts hatte sich in den Technikwissenschaften immer mehr die Vorstellung von der Wissenschaftlichkeit der Technik herausgebildet. Die neunziger Jahre schienen nicht nur verstärkt zum Nachdenken über Technikwissenschaften anzuregen, sondern auch ihre wissenschaftstheoretische Begründung sowie ihr Selbstverständnis in einem Prozess des aktiven Austauschs zwischen Ingenieuren, Philosophen und Historikern zu befördern.

Der feste Bezug zu den Naturwissenschaften war unwidersprochen, doch konnte nun auch eine klare methodische Abgrenzung gezogen werden. Daher kam es auch nicht mehr zu einer bloßen Reduzierung der Technikwissenschaften auf angewandte Naturwissenschaften. Offen blieb jedoch die Frage nach dem Selbstverständnis der Technikwissenschaften, welchem sich inzwischen zwar zahlreiche Ansätze näherten, doch fehlte noch immer eine einheitliche Formulierung.

---

90 Vgl. O. 148, Protokoll der Sitzung der Arbeitsgruppe „Satzungsentwurf für die Technikwissenschaften in der Union".

91 Vgl. ebd., Kurzprotokoll über die Sitzung der Arbeitsgruppe „Satzungsentwurf Technikkonvent" am 24.10.2000.

92 Vgl. ebd., Schreiben von Dieter Hermann an die Mitglieder der Arbeitsgruppe „Satzungsentwurf Technikkonvent" vom 30. Oktober 2000.

Abb. 55: Die Präambel der Satzung und die Unterschriften der Gründungsmitglieder

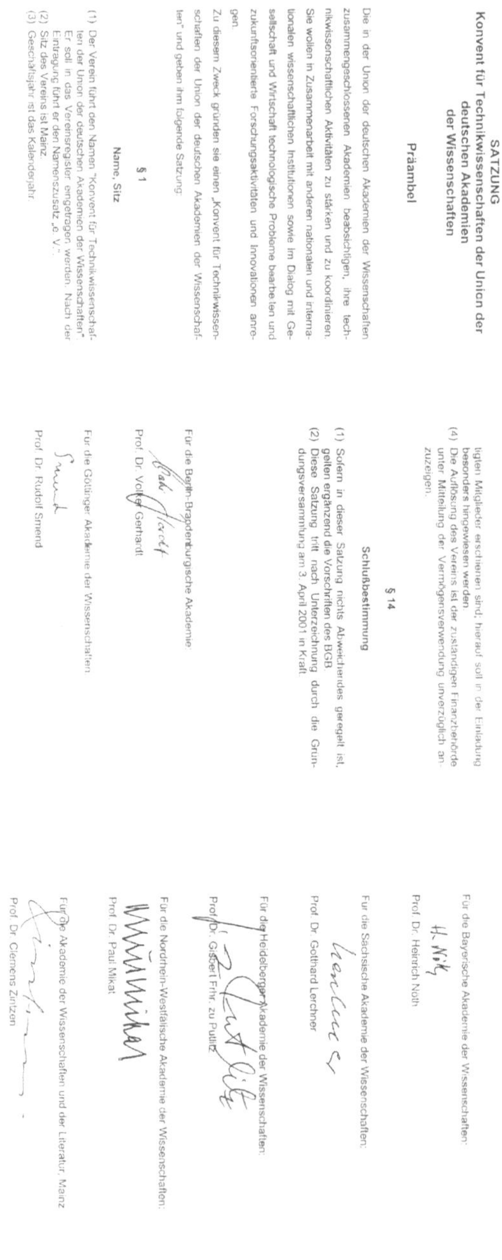

SATZUNG
Konvent für Technikwissenschaften der Union der deutschen Akademien der Wissenschaften

Präambel

Die in der Union der deutschen Akademien der Wissenschaften zusammengeschlossenen Akademien beabsichtigen, ihre technikwissenschaftlichen Aktivitäten zu stärken und zu koordinieren. Sie wollen in Zusammenarbeit mit anderen nationalen und internationalen wissenschaftlichen Institutionen sowie im Dialog mit Gesellschaft und Wirtschaft technologische Probleme bearbeiten und zukunftsorientierte Forschungsaktivitäten und Innovationen anregen.

Zu diesem Zweck gründen sie einen „Konvent für Technikwissenschaften der Union der deutschen Akademien der Wissenschaften" und geben ihm folgende Satzung:

§ 1

Name, Sitz

(1) Der Verein führt den Namen "Konvent für Technikwissenschaften der Union der deutschen Akademien der Wissenschaften". Er soll in das Vereinsregister eingetragen werden. Nach der Eintragung führt er den Namenszusatz „e. V.".
(2) Sitz des Vereins ist Mainz.
(3) Geschäftsjahr ist das Kalenderjahr.

tigten Mitglieder erschienen sind; hierauf soll in der Einladung besonders hingewiesen werden.
(4) Die Auflösung des Vereins ist der zuständigen Finanzbehörde unter Mitteilung der Vermögensverwendung unverzüglich anzuzeigen.

§ 14

Schlußbestimmung

(1) Sofern in dieser Satzung nichts Abweichendes geregelt ist, gelten ergänzend die Vorschriften des BGB.
(2) Diese Satzung tritt nach Unterzeichnung durch die Gründungsversammlung am 3. April 2001 in Kraft.

Für die Berlin-Brandenburgische Akademie:
Prof. Dr. Volker Gerhardt

Für die Göttinger Akademie der Wissenschaften:
Prof. Dr. Rudolf Smend

Für die Bayerische Akademie der Wissenschaften:
Prof. Dr. Heinrich Nöth

Für die Sächsische Akademie der Wissenschaften:
Prof. Dr. Gotthard Lerchner

Für die Heidelberger Akademie der Wissenschaften:
Prof. Dr. Gisbert Frhr. zu Putlitz

Für die Nordrhein-Westfälische Akademie der Wissenschaften:
Prof. Dr. Paul Mikat

Für die Akademie der Wissenschaften und der Literatur, Mainz
Prof. Dr. Clemens Zintzen

Im Jahr 1989 begann eine vierteilige Symposienreihe mit historischen und theoretischen Bezugspunkten zur Entwicklung der Technikwissenschaften.[93] Auf der Suche nach den Gründen für ein bislang uneinheitliches Selbstverständnis diagnostizierte Ropohl im Rahmen des ersten Symposiums 1989 eine Grundlagenkrise der Technikwissenschaften,[94] deren Symptome er wie folgt schilderte:

- Das Fehlen einer allgemeinen technologischen Disziplin sui generis.
- Der Mangel an einführenden und orientierenden Überblicksdarstellungen.
- Die unreflektierte Begrifflichkeit originärer technologischer Begriffe.
- Die fehlende stimmige Klassifikation des Gegenstandsbereichs der Technikwissenschaften, sowohl in der Bezeichnung der Fachbereiche als auch bei der Abgrenzung der jeweiligen Inhalte.
- Der Mangel an methodologischer Reflexion.
- Die Vernachlässigung genetischer Zusammenhänge.
- Die Vernachlässigung der ökotechnischen und soziotechnischen Verwendungszusammenhänge.
- Die Verdrängung der Ziel- und Wertproblematik.[95]

Der Beitrag von Günter Ropohl stand für den Anfang einer neuen und beschleunigten Phase der Entwicklung eines Selbstverständnisses der Technikwissenschaften, das sich nach dem Ende der deutschen Teilung mit vereinten Kräften vollzog. Die tiefere Ursache für die Grundlagenkrise lag nach Günter Ropohl vor allem in einer einseitigen Paradigmenwahl, wobei Paradigma hier im Sinne von Thomas S. Kuhns als das Selbstverständnis einer Wissenschaft verstanden wurde:

> *„Das technologische Paradigma konzeptualisiert mit der Systematisierung technisierbarer Arbeitsfunktionen eine Techniktheorie sui generis und thematisiert damit zugleich die sozioökonomische Einbettung von Arbeit und Technik."*[96]

Die Grundlagenkrise präsentierte sich nach Günter Ropohl nun aber gerade in der Konfrontation mit der gesellschaftlichen Legitimationskrise des technischen Fortschritts, der die Technikwissenschaften mit völliger Sprachlosigkeit begegneten. Die Forderung nach der zeitgemäßen Ausgestaltung eines neuen technologischen Paradigmas knüpft

93 Die vier Symposien fanden 1989 in Göttingen, 1996 in Cottbus, 1997 in Halle und 1998 in Kassel statt. Zugehörige Publikationen: Müller/Troitzsch (Hg.) 1992, Banse (Hg.) 1997, Müller (Hg.) 1999, Banse/Müller (Hg.) 2001.

94 Günter Ropohl verstand in diesem Zusammenhang unter Technikwissenschaften vereinfacht die Praxis technischen Erfindens, Entwickelns, Planens, Konstruierens und Produzierens.

95 Günter Ropohl, Die Grundlagenkrise der Technikwissenschaften oder: Die neue Aktualität des Johann Beckmann, in: Hans-Peter Müller/Ulrich Troitzsch (Hg.), Technologie zwischen Fortschritt und Tradition, Frankfurt a. M. 1992, S. 42 ff.

96 Ebd., S. 48.

Günter Ropohl an eine Bereinigung der Symptomatik sowie an programmatische Ideen Johann Beckmanns.[97]

Zu ähnlichen Ergebnissen gelangte Mitte der 1990er Jahre auch der Technikhistoriker Wolfgang König über den Versuch einer historischen Theorie der Technikwissenschaften. Ähnlich wie Günter Ropohl 1989 stellte auch er fest, dass es immer noch „kein gemeinsames tragfähiges theoretisches und methodisches Dach, [über] keine Metawissenschaft Technikwissenschaft" gibt.[98] Vielmehr gehe es in den Technikwissenschaften „primär um Erkenntnis, um die Produktion gesicherten Wissens über ihren Erkenntnisgegenstand, die Technik", welches zur Beschreibung und Erklärung von Struktur und Funktion technischer Gegenstände sowie natürlich auch zur technikwissenschaftlichen Ausbildung genutzt wird.[99]

Gleiches stellte 1996 auch Klaus Kornwachs in seinem Beitrag zu einer Theorie der Technik fest. Er bescheinigte nach wie vor bestehende Probleme, die zum einen einer fehlenden Wissenschaftstheorie der Ingenieurwissenschaften geschuldet sind, und zum anderen auch durch ein fortwährendes Spannungsverhältnis zwischen den Ingenieur-, Natur-, Sozial- und Geisteswissenschaften existent sind.[100]

In Fortführung der 1989 begonnenen Symposienreihe zu Johann Beckmanns ursprünglichem Begriff der „Allgemeinen Technologie" und seiner Bedeutung heute, stellte Gerhard Banse 1996 fest, dass es zwar zahlreiche Ansätze aus den unterschiedlichsten Wissenschaftsdisziplinen gibt, bislang jedoch keine Einigung gelungen ist. Aufgrund des breiten Spektrums der Ansätze sei nun zu klären, ob man unter einer Allgemeinen Technologie beschreibende Systematisierungen und Verallgemeinerungen oder vielmehr „Aussagensysteme im Sinne einer technikwissenschaftlichen Metatheorie bzw. im Sinne einer Grundlagentheorie oder -lehre der Technikwissenschaften" verstanden wissen will.[101]

Die Antwort sah Horst Wolffgramm im Hinblick auf eine Allgemeine Techniklehre in einer Mischung aus beidem. Zum einen erkannte er in der Entwicklung der Systemtheorie und Kybernetik einen wesentlichen Beitrag für eine Herausbildung, hielt aber auch die Entwicklung einer allgemeinen Techniktheorie zur Ordnung des inzwischen unglaublich angewachsenen Erkenntnisfundus in den Einzeldisziplinen der Technikwissenschaften für unumgänglich.[102] Ende der neunziger Jahre positionierte Wolffgramm die Technikwissenschaften erst am Beginn der strukturellen Phase.

---

97 Ebd., S. 50.

98 Wolfgang König, Technikwissenschaften, Chur 1995, S. 332.

99 Ebd., S. 333 u. 335.

100 Klaus Kornwachs, Vom Naturgesetz zur technischen Regel – ein Beitrag zu einer Theorie der Technik, in: Gerhard Banse/Käthe Friedrich (Hg.), Technik zwischen Erkenntnis und Gestaltung, Berlin 1996, S. 13.

101 Gerhard Banse, Vorwort, in: Gerhard Banse (Hg.), Allgemeine Technologie zwischen Aufklärung und Metatheorie, Berlin 1997, S. 11.

102 Horst Wolffgramm, Allgemeine Technologie zwischen (technologischer) Aufklärung und (technikwissenschaftlicher) Metatheorie, in: Gerhard Banse (Hg.), Allgemeine Technologie zwischen Aufklärung und Metatheorie, Berlin 1997, S. 127.

Abb. 56: Gliederung der Technikwissenschaften

Quelle: Horst Wolffgramm, in Gerhard Banse, 1997, S. 131

Die Technikwissenschaften gliederte Horst Wolffgramm in drei wesentliche Gebiete, die Wissenschaften von den technischen Systemen, die Technologiewissenschaften und die Wissenschaften vom Arbeitsgegenstand, wobei er die Allgemeine Techniklehre als metatheoretischen Bereich der Technikwissenschaften verstand: Die Allgemeine Technologie sollte den Zweig der Technologiewissenschaften bilden, der allgemeine und übergeordnete Technikprinzipien herausarbeitet, also denjenigen Teil, der für den Übergang in die strukturelle Phase verantwortlich ist.[103]

Mitte der neunziger Jahre kam es in der Klasse Technikwissenschaften der BBAW vermehrt zu Überlegungen und einem aktiven Austausch über den Begriff der Technikwissenschaften. Im Rahmen seines Akademievortrages an der BBAW *Thesen zum Selbstverständnis der Technikwissenschaft* im Dezember 1997 und in der im Jahr darauf folgenden Publikation *Technologie und Management* erklärte Günter Spur die Technikwissenschaft infolge ihres voranschreitenden Wandlungsprozesses zu einem Innovationsgradienten, durch den sowohl die Richtung der technologischen Entwicklung als auch die Geschwindigkeit des technologischen Wandels bestimmt werde. Günter Spur sah im verfügbaren technologischen Innovationspotential den Schlüssel zu wirtschaftlichem Wachstum.[104]

Abb. 57: Aufgaben der Technikwissenschaften

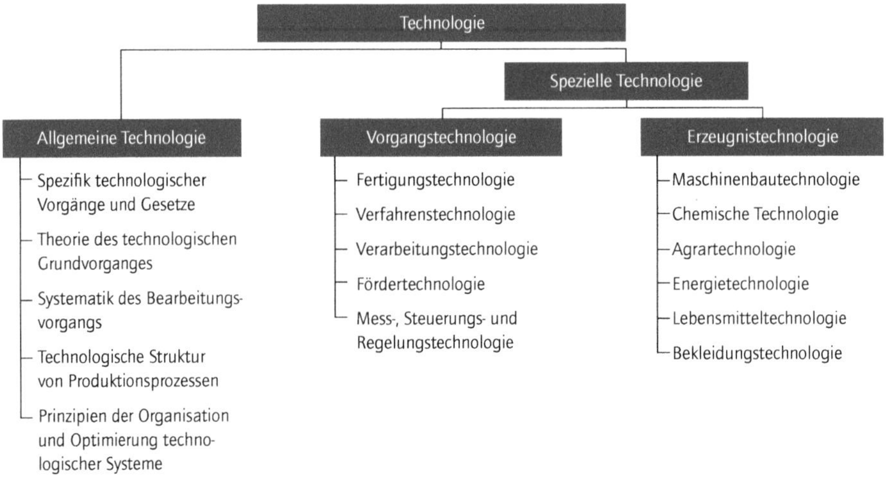

Quelle: Günter Spur, Technologie und Management 1998, S. 54

Die Entwicklung von Technik begreift Spur als permanent wirkenden schöpferischen Vorgang. Dabei ist die Forschungsmethodik insbesondere durch die Wechselwirkung zwischen industrieller Praxis und Erkenntnis leitender wissenschaftlicher Theorie geprägt.

[103] Siehe hierzu auch Horst Wolffgramm, Allgemeine Technologie, Teil1 und 2, Hildesheim 1994 und 1995.
[104] Günter Spur, Thesen zum Selbstverständnis der Technikwissenschaften. Akademievortrag am 11. Dezember 1997, in: BBAW, Berichte und Abhandlungen Band 5, Berlin 1998, S. 227f.

Aufgabe der Technikwissenschaft ist sowohl die Erfassung der Erscheinungsformen technischer Systeme als auch die Entwicklung von Modellen zum theoretischen Verständnis. Dabei bildet die Anwendungsorientierung der Technikwissenschaften ein bis in die Methodik übergreifendes Moment.[105] Es sind die Erkenntnisdefizite in der Methodik technikwissenschaftlicher Forschung, die eine Systematik, Begriffsvertiefung sowie Positionierung der Technikwissenschaft innerhalb des Systems der Wissenschaft erforderlich machen. Gerade hier zeigt sich eine noch in den Anfängen steckende Entwicklung zu disziplinärer Eigenständigkeit.[106] Damit sprach sich auch Günter Spur für die Entwicklung einer Systemtheorie der Technikwissenschaft aus, die er mit der Reflexion von Theorie und Praxis sowie mit Grundlagen- und anwendungsorientierter Forschungsmethodik verknüpft sehen wollte.[107]

Abb. 58: Systemtheorie der Technik im Forschungsfeld

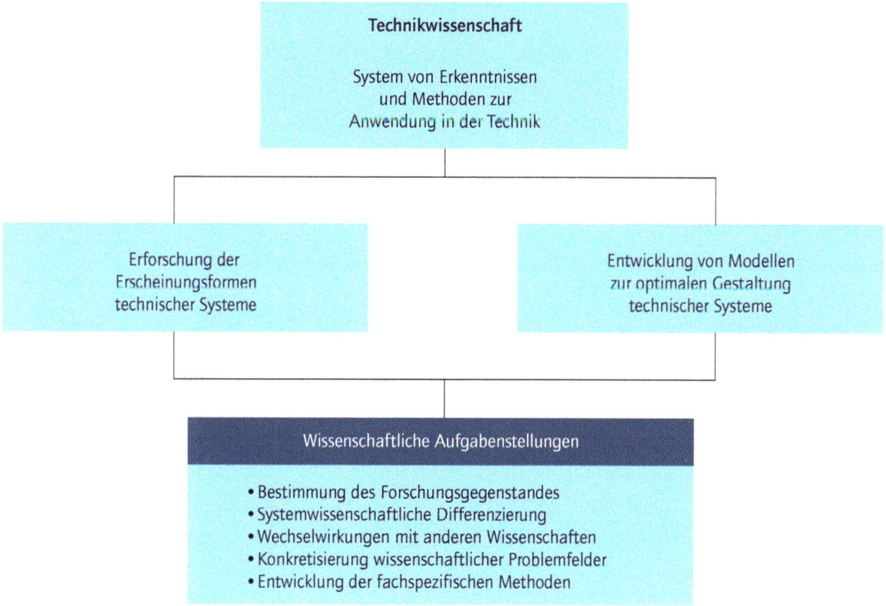

Quelle: Günter Spur, 1998, S. 55

105 Ebd., S. 229.

106 Günter Spur, Technologie und Management, München/Wien 1998, S. 53 und Ders., Thesen zum Selbstverständnis ..., S. 232.

107 Günter Spur, Technologie ..., S. 54f.

An der BBAW wurde 1998 die Projektgruppe *Selbstverständnis der Technikwissenschaften* eingerichtet, den Auftakt der Arbeit hatte der Akademievortrag des Gruppenleiters Günter Spur im Dezember 1997 markiert. Mit dem Ziel, die aktuell in vielen Bereichen geführte Diskussion zu bereichern, sowie die Integration einzelner technikwissenschaftlicher Disziplinen und eine interdisziplinäre Verknüpfung mit anderen Wissenschaftsbereichen zu befördern, machte sich die Projektgruppe gemeinsam mit den Mitgliedern des Arbeitskreises *Grundsatzfragen zum Selbstverständnis der Technikwissenschaften* des Konvents für Technikwissenschaften, an eine Selbstreflexion der Technikwissenschaften. Angestrebt wurde eine interne Konsensfähigkeit bezüglich des zugrunde liegenden Forschungsgegenstandes sowie die Verständigung auf einen Entwurf zur Systematisierung der Technikwissenschaften als Grundlage für eine interdisziplinäre Diskussion.[108] Ausgeweitet wurde die Diskussion auf technikphilosophische, technikhistorische, industriesoziologische und naturwissenschaftliche Sichtweisen, da Experten aus unterschiedlichen Wissenschaftsgebieten in der Projektgruppe mitarbeiteten, um den interdisziplinären Austausch zu fördern.

An diesem Gemeinschaftsprojekt der BBAW und des KTW waren neben dem Leiter Günter Spur auch Gerhard Banse, Heinz Duddeck, Joachim Ebert, Alfred Fettweis, Wolfgang Fratzscher, Käthe Friedrich, Bernd Hillemeier, Reinhard Hüttl, Peter Költzsch, Wolfgang König, Reiner Kopp, Klaus Kornwachs, Wolf-Hagen Krauth, Peter Noll, Klaus Pinkau, Franz Pischinger, Christoph Polze, Hans Poser, Günter Ropohl, Carsten Schröder, Dieter Simon, Peter Starke, Rolf Staufenbiel, Fritz F. Steininger, Klaus Vieweg, Hans-Günther Wagemann, Martin Weisheimer und Karl Georg Zinn beteiligt.[109] Im Juni 1998 zeigte ein Expertengespräch bei folgenden Punkten Übereinstimmung:

- Wissen über Technikwissenschaften ist nur als implizites Wissen in einzelnen Wissenschaftsdisziplinen bzw. bei einzelnen Experten vorhanden, jedoch nicht öffentlich gemacht worden.
- Sowohl in der Technikphilosophie als auch in der Wissenschaftstheorie finden die Technikwissenschaften nur unzureichend Berücksichtigung.
- Die Anwendung ist das Spezifikum der Technikwissenschaften und unterscheidet sie von den Naturwissenschaften. Die Nutzung naturwissenschaftlicher Erkenntnisse und die Anwendung naturwissenschaftlicher Methoden in der Technik führen zu einer Technikwissenschaft.
- Eine Reduzierung der Technikwissenschaften vor allem auf mathematisierte Naturwissenschaften muss überwunden werden, während zugleich eine technikwissenschaftliche Grundlagendisziplin, in Form einer Allgemeinen Technologie, zu entwickeln ist.[110]

---

[108] Vgl. O.80, „Tätigkeitsbericht der Projektgruppe Selbstverständnis der Technikwissenschaften" der BBAW.
[109] Vgl. O.85, Protokolle der Arbeitsgruppentreffen.
[110] Vgl. O.80, „Tätigkeitsbericht der Projektgruppe Selbstverständnis der Technikwissenschaften" und Jahrbuch Berlin-Brandenburgische Akademie der Wissenschaften (BBAW) 1998, Berlin 1999, S. 306.

Bereits im Januar 1999 konnten im Rahmen eines von beiden Institutionen gemeinsam veranstalteten Arbeitssymposiums *Technik und Technikwissenschaften, Selbstverständnis - Gesellschaft - Arbeit* die drei großen Themenbereiche „Selbstverständnis der Technikwissenschaften", „Gesellschaft und Technik" und „Technik und Arbeit" erörtert werden. Die im Beitragsband gesammelten Referate des Symposiums knüpften an das bestehende Wissen zum Thema an, einleitend hatte Heinz Duddeck zuvor das Feld umrissen und festgestellt: „Da ist offenbar noch viel zu tun"[111], eine Feststellung, die auf die gesamten neunziger Jahre zutraf.

Gerhard Banse referierte im Rahmen des Symposiums zu den Methoden der Technikwissenschaften. Er sah im Entwurfs- bzw. Konstruktionshandeln den „Prototypen" technikwissenschaftlichen Handelns. Die Dimensionen der Technikwissenschaften und damit vor allem ihre Differenziertheit in der Vielzahl einzelner Disziplinen sowie ihre Vielgestaltigkeit im Rahmen der von ihr zu erfüllenden Zwecke und Aufgaben bedingten zugleich eine methodische Vielfalt. Um diese dennoch in gewissem Maße übersichtlich zu gestalten, unterschied Banse zwischen den Untersuchungs- und den Entwurfsmethoden. Während erstere zur Gewinnung qualitativer und quantitativer Aussagen über Beobachtung, Messung etc. sehr stark den experimentellen Naturwissenschaften ähneln, sind die Entwurfsmethoden zur Optimierung und Findung neuer technischer Lösungen vielmehr für die Organisation vorhandenen Wissens und für die Generierung fehlenden Wissens zuständig, aber auch für den Übergang vom deskriptiven, beschreibenden Wissen zu präskriptivem, Handlungsleitendem Wissen verantwortlich.

Im Rahmen des Symposiums thematisierte Günter Spur auch die Rolle der Technikwissenschaften als Innovationsbeschleuniger und forderte eine innovationsorientierte Wissenschaftslehre der Technik. Als Innovationsgradient würden die Technikwissenschaften eine entscheidende Schlüsselfunktion in der wirtschaftlichen Entwicklung einnehmen; eine Tatsache, die auch die Aufmerksamkeit der Gesellschaft in zunehmendem Maße auf die Leistungsfähigkeit der Technikwissenschaften lenkte.[112]

Auch Günter Ropohl sprach die zahlreichen noch offenen Fragen an und bemerkte provokant, dass die hin und wieder gebrauchte Bezeichnung der „Ingenieurwissenschaften" kaum in ihrem Sinn durchdacht scheine, ebenso wie die Tatsache, dass die Ingenieur- und Technikwissenschaften nur im Plural auftreten, es aber vor allem an grundlegenden Orientierungen zur Spezifik des Faches fehle. So unterschied Günter Ropohl die drei Bereiche Naturwissenschaften, Technikwissenschaften und Technik, wobei die Technikwissenschaften den Vermittlungsbereich zwischen den beiden anderen Bereichen darstellen sollten. Zwar ist es richtig, dass die Technikwissenschaften angewandte Wissenschaften sind, aber sie wenden keinesfalls nur die Erkenntnisse aus den Naturwissenschaften, sondern auch aus der Ökonomie und den Human- und Sozi-

---

[111] Heinz Duddeck, Selbstverständnis der Technikwissenschaften, Einführung in das Thema, in: Technik und Technikwissenschaften, Berlin 1999, o. S.

[112] Günter Spur, Inhalte und Aufgaben der Technikwissenschaften, in: Ebd., o. S.

alwissenschaften an. Was die Anwendung dieses Wissens im Bereich der Technikwissenschaften tatsächlich bedeutet, bedürfe noch einer Klärung. Gerade an dieser Stelle fehlte Günter Ropohl eine Wissenschaftstheorie der Technikwissenschaften, an deren Entwicklung nach seiner Auffassung lediglich in der DDR gearbeitet worden war.[113]

Ähnlich wie 1989 sah er die Technikwissenschaften auch Ende der neunziger Jahre tief in einer Grundlagenkrise. In der Konsequenz seiner neun Jahre zurückliegenden Ergebnisse forderte Ropohl eine Reform der Ingenieurausbildung und damit verbunden einen radikalen Paradigmenwechsel im Selbstverständnis der Technikwissenschaften. Überspezialisierung und Isolation hätten die Technikwissenschaften in eine Krise befördert, in der sie selbst unfähig geworden seien, sich den aus den Problemen der Technisierung erwachsenen gesellschaftlichen und politischen Herausforderungen zu stellen.[114]

Die Ende der 1990er Jahre in Gang gesetzte Begründung eines Selbstverständnisses der Technikwissenschaften fand auch im ersten Jahrzehnt des neuen Jahrhunderts keinen Abschluss, doch kam es jetzt zu interdisziplinärem Austausch. Auch die Technikgeschichte leistete inzwischen befruchtende Beiträge beispielsweise zur Disziplingenese und -struktur der Technikwissenschaften. So stellte König 2006 eine heterogene Struktur der Technikwissenschaften fest, die er historisch begründete. Er fasste ganz allgemein Wissenssystem und Wissenschaftlergemeinschaft mit dem Begriff Disziplin zusammen, wobei er speziell die Disziplingruppe der Technikwissenschaften, vor dem Hintergrund des bisher entwickelten Technikwissenschaftsverständnisses, „als eine in unterschiedlichen Formen institutionalisierte Wissenschaftlergemeinschaft, die den Gegenstandsbereich der vorhandenen und möglichen Technik mit spezifischen Methoden und Zielsetzungen analysiert und systematisiert" verstand,[115] das Ganze vor dem Hintergrund sich verändernder politischer und gesellschaftlicher Leitbilder.

Die Doppelaufgabe des „Erkennens und Gestaltens" bedingte für König eine den Technikwissenschaften innewohnende Spannung zwischen Theorieorientierung und Praxisbezug, die sich auch in uneinheitlichen Benennungen (Maschinenbau, -wesen, -lehre, -technik, -wissenschaft) wiederfindet. Zudem kann noch heute in den Technikwissenschaften unter Theorie und Praxis sehr Unterschiedliches verstanden werden, während gerade hier über eine Unterscheidung zwischen Grundlagenforschung und angewandter Forschung Abhilfe geschafft werden kann. Unter Grundlagenforschung ist in den Technikwissenschaften sowohl die theoretische Systematisierung als auch die empirische Erkundung neuer Technikfelder zu verstehen. Hier ist der Blick also nicht auf eine konkrete Anwendung gerichtet. Ganz anders bei der angewandten Forschung, die konkrete Entwicklungsaufgaben verfolgt und dabei stark durch ökonomische Vorgaben beeinflusst ist. Diese heterogene Struktur der Technikwissenschaften wurde historisch begründet, so dass eine Systematisierung nur nachträglich und zugleich auch nach je-

113 Günter Ropohl, Der Wandel im Selbstverständnis der Technikwissenschaften, in: Ebd., o. S.

114 Günter Ropohl, Wie die Technik zur Vernunft kommt, Amsterdam 1998, S. 29ff.

115 Wolfgang König, Struktur der Technikwissenschaften, in: Gerhard Banse/Armin Grunwald/Wolfgang König/Günter Ropohl (Hg.), Erkennen und Gestalten, Berlin 2006, S. 38f.

weils anderen Kriterien erfolgen kann. König selbst unterschied in seinem Vorschlag zwischen produktorientierten, funktionsorientierten und berufsfeldorientierten Technikwissenschaften.[116]

Abb. 59: Gliederung der Technikwissenschaften

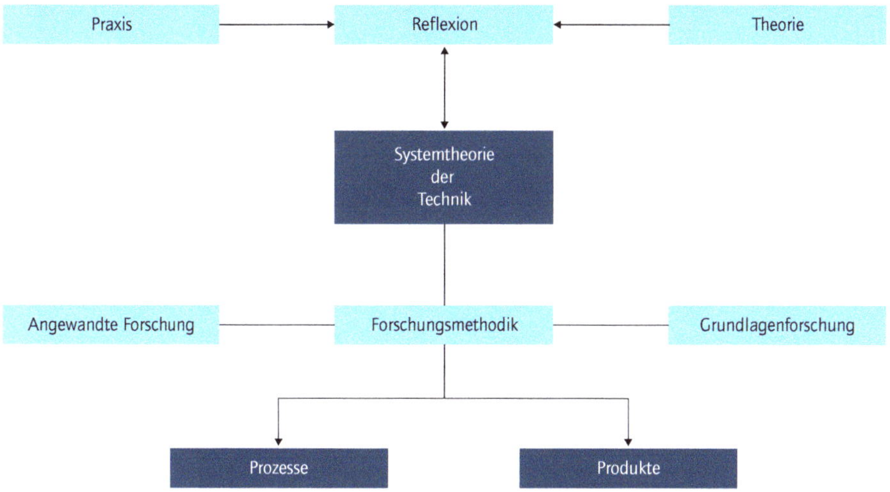

Quelle: Wolfgang König, in Banse/Grunwald/König/Ropohl (Hg.), 2006, S. 41

Die Ziele der Technikwissenschaften sieht Wolfgang König wesentlich anders gelagert als bei anderen Wissenschaften. Zur klassischen Welterkenntnis tritt bei den Technikwissenschaften die Zielsetzung der Weltgestaltung. Es geht also nicht nur um das Erkennen des Vorhandenen, sondern auch um das Gestalten des Neuen.[117] Zu den Natur- und Geisteswissenschaften tritt somit eine dritte große Wissenschaftsgruppe der Handlungswissenschaften – sie gestalten das Neue –, zu der nach Wolfgang Königs Verständnis neben den Technikwissenschaften auch die Medizin, Pharmazie, Umweltwissenschaften, Agrarwissenschaften, Sozialwissenschaften, Wirtschaftswissenschaften sowie die Rechtswissenschaften zählen. Neben die praktischen und kognitiven Ziele stellt er auch soziale Ziele, wobei diese drei Ziele eng miteinander verschränkt und ihre Grenzen fließend sind.

[116] Vgl. ebd., S. 39ff.

[117] Wolfgang König, Ziele der Technikwissenschaften, in: Gerhard Banse/Armin Grunwald/Wolfgang König/Günter Ropohl (Hg.), Erkennen und Gestalten, Berlin 2006, S. 84.

Abb. 60: Ziele der Technikwissenschaften

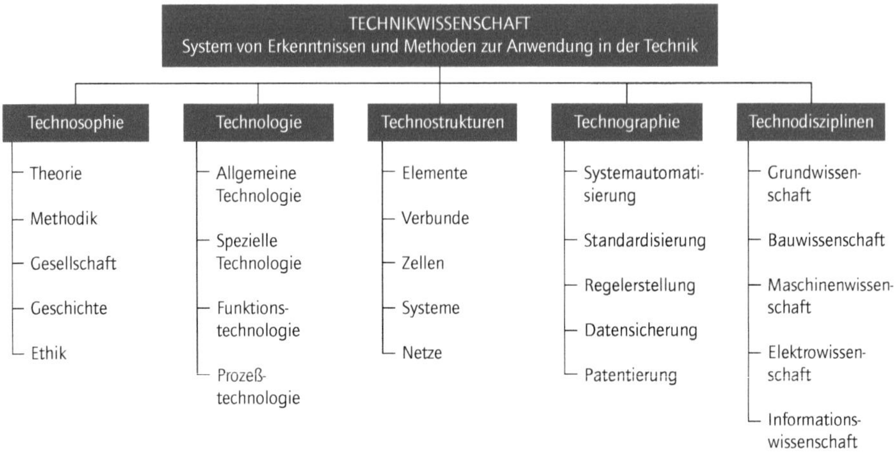

Quelle: Wolfgang König, in Banse/Grunwald/König/Ropohl (Hg.), 2006, S. 86

An der Entwicklung einer Allgemeinen Technologie beteiligte sich seit dem ausgehenden 20. Jahrhundert auch die Leibniz-Sozietät, eine freie Vereinigung von Natur-, Geistes- und Sozialwissenschaftlern, die sich in der Tradition der 1700 gegründeten Brandenburgischen Sozietät der Wissenschaften und der späteren Akademie der Wissenschaften der DDR sieht.[118] Im Jahre 1999 regte ihr Mitglied Ernst-Otto Reher ein interdisziplinäres Vorhaben zur „Allgemeinen Technologie" an. Neben einigen Veröffentlichungen zeigten auch zwei Symposien, die der Arbeitskreis *Allgemeine Technologie* der Klasse Naturwissenschaften 2001 und 2004 ausrichtete, Stand und Fortschritt der Diskussion.[119] Das Vorhaben wird von der Leibniz-Sozietät als langfristiges, interdisziplinäres Projekt gefördert.[120]

Neben einer vermehrten Organisation solch interdisziplinärer Projekte lieferte aber vor allem die Philosophie bzw. exakter die Technikphilosophie inzwischen vermehrt Beiträge. Zwar haben Philosophie und Technik spätestens seit den fünfziger Jahren in Deutschland ein enges Verhältnis entwickelt, doch wurde immer wieder die Vermutung geäußert, dass wesentliche Fragen nach einem grundlegenden Verständnis von Technik und ihrer Wechselwirkung mit der menschlichen Existenz bislang nicht oder nicht

118 Ausführlicher zur Geschichte der Leibniz-Societät unter III, S. 87.

119 Berichte der Symposien sind jeweils in den Sitzungsberichten der Leibniz-Sozietät herausgegeben worden: Gerhard Banse/Ernst-Otto Reher (Hg.), Allgemeine Technologie – Vergangenheit, Gegenwart, Zukunft, Berlin 2002 und Banse (Hg.), Fortschritte bei der Herausbildung der Allgemeinen Technologie, Berlin 2004.

120 Ernst-Otto Reher, Einige Betrachtungen zur Konzeptualisierung der Allgemeinen Technikwissenschaft, ergänzt durch das Beispiel der Kunststofftechnologie, in: Hans-Joachim Petsche/Monika Bartiková/Andrzej Kiepas (Hg.), Erdacht, gemacht und in die Welt gestellt, Berlin 2006, S. 49.

ausreichend beantwortet wurden. Eben dieser Fragen hat sich die Technikphilosophie angenommen und im Jahre 2000 eine gleichnamige, von Klaus Kornwachs herausgegebene Reihe begründet, die bis ins Jahr 2006 bereits auf 16 Bände angewachsen war.[121] Einen weiteren technikphilosophischen Beitrag lieferte das *Handbook Philosophy of Technology and Engineering Sciences*, in dem die Frage nach dem Wesen der Technikwissenschaften aus der internationalen Perspektive diskutiert wird.[122]

In den ersten Jahren nach der Gründung von acatech gehörte die Frage nach dem Selbstverständnis der Technikwissenschaften weiter zu den Themen, denen im Arbeitskreis Technikwissenschaften und Innovation nachgespürt wurde. Heute haben neue Ansätze zur Klärung des Sachverhalts ihren festen Platz im Themennetzwerk Grundfragen der Technikwissenschaften gefunden.

---

121 Eine Übersicht zu allen bisher erschienenen Bänden findet sich unter http://www.lit-verlag.de/reihe/techni

122 Anthonie Meijers (ed.): Handbook Philosophy of Technology and Engineering Sciences, Oxford 2009.

5 DEUTSCHE AKADEMIE DER TECHNIKWISSENSCHAFTEN

GRÜNDUNGSVERSAMMLUNG DES KONVENTS FÜR TECHNIKWISSENSCHAFTEN DER UNION

Nachdem die wissenschaftstheoretische Diskussion über die Technikwissenschaften und ihr System gegen Ende des 20. Jahrhunderts zu Übereinstimmungen bezüglich der Eigenständigkeit dieser Wissenschaften und ihrer besonderen Merkmale geführt hatte, die im beginnenden 21. Jahrhundert erweitert und ausgebaut werden konnten, kam es nach der Wende zu diesem Jahrhundert auf der organisatorischen Ebene der Technikwissenschaften zu Veränderungen, die in wenigen Jahren zur Deutschen Akademie der Technikwissenschaften führten. Hier gewann die Entwicklung an Tempo nachdem die anfangs hohen Hürden auf der organisatorischen Ebene genommen waren. Das klare Leitbild für die inhaltliche Arbeit, das die Idee von acatech transportierte, das übergeordnete Ziel, nationale Akademie der Technikwissenschaften zu werden, und nicht zuletzt die hohe Motivation aller Beteiligten führten schließlich zum Erfolg. Das Leitbild, der Innovationskreislauf, knüpfte an theoretische Überlegungen zum Selbstverständnis der Technikwissenschaften an und entwickelte ein pragmatisch umsetzbares Konzept für die Gestaltung der inhaltlichen Arbeit.

Im April 2001 beendete die Verabschiedung der Satzung des Konvents für Technikwissenschaften der Union der Deutschen Akademien durch das Präsidium der Union den ersten Teil der Gründung. Der zweite Teil begann mit der konstituierenden Sitzung des Konvents am 6. Juni 2001 in der NWAW in Düsseldorf, eine schwierige Phase auf dem Weg der Technikwissenschaften zu einer eigenständigen nationalen Akademie fand damit ihren Abschluss. Auf dieser Sitzung wurde der Vorstand des neuen KTW gewählt, dem neben den beiden geborenen Mitgliedern, dem Vorsitzenden der Union, Clemens Zintzen, und seinem Stellvertreter, Rudolf Smend, drei weitere Mitglieder und drei Stellvertreter angehören sollten. Der Vorschlag fiel auf drei Mitglieder der TW Klasse der BBAW, nämlich Günter Spur, Joachim Milberg (in Abwesenheit) und Reinhard Hüttl, sowie auf drei Mitglieder der Klasse Ingenieur- und Wirtschaftswissenschaften der NWAW, nämlich Franz Pischinger, Reiner Kopp und Günther Wilke. Die anschließende Wahl erfolgte schriftlich. Mit 14 Stimmen erhielt der abwesende Joachim Milberg die meisten, gefolgt von Franz Pischinger mit 13 und Reiner Kopp und Günther Wilke mit jeweils 11 Stimmen, letzterer trat nun zugunsten von Reiner Kopp zurück, die anwesenden Gewählten nahmen die Wahl an. Eine Unterbrechung der Sitzung gab dem Vorstand die Gelegenheit sich zur Wahl eines Vorsitzenden zurück zu ziehen. Er wählte Joachim Milberg zum Vorsitzenden des Vorstandes und Franz Pischinger zum stellvertretenden Vorsitzenden. Im Anschluss erfolgte die Wahl der stellvertretenden Vorstände, hier entfielen jeweils 17 Stimmen auf Günter Spur und Günther Wilke, gefolgt von Günter Pritschow mit 16 Stimmen, alle Drei nahmen die Wahl an. Nun konnte der Verein den Antrag auf Eintrag in das Vereinsregister stellen und die Anerkennung der Gemeinnützigkeit beantragen.

In der konstituierenden Sitzung wurden erste Anregungen und Überlegungen zur inhaltlichen Arbeit im Jahr 2001 geäußert. So sollten aus technikwissenschaftlichen Symposien Projekte hervorgehen, für die Drittmittel eingeworben werden sollten. Bedeutung wurde den Themenbereichen Nachwuchsförderung, Ingenieurbedarf und Faszination Technik bzw. Naturwissenschaften zugesprochen. Hohe Priorität sollte die Gewinnung von Mitgliedern aus anderen Länderakademien und die Frage der Finanzierung bekommen. In der Startphase betreute die Geschäftsstelle der Union den Konvent und seinen Vorstand bei der Organisation, Vorbereitung und Protokollierung der Sitzungen. Der Stifterverband stellte Mittel für die Startfinanzierung bereit, deren Verwaltung die NWAW übernahm.

Im Anschluss an diese konstituierende Sitzung legte eine Vorstandssitzung die nächsten Schritte fest. Zuerst sollte die schriftliche Anfrage des Vorsitzenden der Union an Joachim Milberg klären, ob dieser die Wahl in den Vorstand des Konvents und das Mandat als Vorsitzender des Vorstandes annehmen würde. Mit dem Vorliegen der schriftlichen Zusage wollte die Union eine Pressemitteilung über die Gründung, die Ziele und die Aufgaben des Konvents für Technikwissenschaften herausgeben.[1] Joachim Milberg nahm die Wahl in den Vorstand des Konvents an und erklärte sich nach einer Bedenkzeit auch dazu bereit, den Vorsitz zu übernehmen.

Zunächst verzögerten allerdings die Einwände des Amtsgerichts die Eintragung des Vereins in das Register und damit auch den Antrag auf Gemeinnützigkeit. Das Gericht monierte vor allem die Satzungsbestimmung, dass die Mitglieder des alten Konvents als Mitglieder des neuen Konvents der Union gelten sollten. Jedes Mitglied musste deshalb seinen Austritt aus dem alten und den Beitritt in den neuen Konvent einzeln erklären. Außerdem äußerte das Gericht Bedenken gegenüber der Wahl des Vorstandes in einer Blockwahl, so dass zum Februar 2002 eine Mitgliederversammlung einberufen wurde, um die erforderlichen Satzungsänderungen zu bestätigen. Bis zu diesem Zeitpunkt hatten die Mitglieder die Möglichkeit aus dem alten Konvent auszutreten und die Mitgliedschaft im neuen Konvent zu beantragen; diese Möglichkeit nahmen 70 der 72 Mitglieder wahr.

---

1 Vgl. O. 158, Protokoll der Sitzung des Vorstandes vom 6. Juni 2001, S. 2.

Im Januar 2001 fand ein informelles Gespräch zwischen Reinhard Hüttl und Staatssekretär Uwe Thomas vom BMBF statt, der zunächst ein Hintergrundgespräch zwischen Vorstandsmitgliedern des Konvents und Spitzenvertretern von VDI und DVT anregte.[2] Das Ministerium wollte die Unterschiede zwischen Konvent, VDI und DVT vor einer finanziellen Unterstützung geklärt wissen, um nicht in die Lage zu kommen, eine Konkurrenzsituation zwischen diesen Institutionen zu finanzieren. Bei einem Gespräch im BMBF konnten die Bedenken ausgeräumt werden. Bei einem weiteren Gespräch im BMBF am 26. Juni 2001 verdeutlichten die Vorstandsmitglieder Clemens Zintzen und Franz Pischinger die Notwendigkeit einer eigenen Geschäftsstelle des Konvents. Sie machten dabei klar, dass die Union nur in der Startphase organisatorische Unterstützung gewähren könnte und eine erfolgreiche Einwerbung von Mitteln aus der Industrie eine Grundfinanzierung durch das BMBF voraussetze. Das Ergebnis des Gesprächs brachte die Empfehlung, einen Antrag auf Startförderung beim BMBF zu stellen.[3] Dieser ging im Juli 2001 beim BMBF ein, worauf das Ministerium im Oktober 2001 die Finanzierung der Geschäftsstelle mit jährlich 125.000 € für zwei Jahre bewilligte. Die Förderung sollte im März 2002 beginnen, für die inhaltliche Arbeit musste der Konvent eigene Mittel bereitstellen.

Am 14. September 2001 tagte der Vorstand in München und beschloss konkrete Schritte zum weiteren Ausbau des KTW in der Union. Ganz oben auf der Agenda standen die Finanzen, da ohne sie kein weiterer Aufbau möglich war. Deshalb sollten umgehend die Gründung eines Fördervereins vorbereitet sowie ein Corporate Design und ein Logo entwickelt werden. Das Kürzel akatech, für die Symbiose von Akademie und Technik, mit dem Untertitel Wissenschaft Technik Zukunft fand allgemein Zustimmung, ebenso die grafische Gestaltung. Die Betrauung von Carsten Schröder mit der operativen Führung der Geschäfte zählte zu den ersten Entscheidungen des Vorstandes. Im November 2001 nahm Carsten Schröder die Arbeit als Geschäftsführer auf, eine Spende der BMW AG zur Anschubfinanzierung hatte dies ermöglicht. Eigene Räumlichkeiten für eine Geschäftsstelle standen akatech zu dieser Zeit noch nicht zur Verfügung, doch konnte der Geschäftsführer zunächst einen Raum im PTZ in Berlin als Büro nutzen. Im Sommer des Jahres 2002 ergab sich die Möglichkeit, die Geschäftsstelle in Räumen der BMW AG in München einzurichten.

EINTRAG ALS GEMEINNÜTZIGER VEREIN UND BEGINN DER AUFBAUARBEIT

Während des Jahres 2001 befand sich der Verein aus juristischer Sicht noch immer im Stadium der Gründung, doch die Arbeit hatte längst begonnen. Auch die ersten Monate des Jahres 2002 gehörten noch zu der langen Phase zwischen Übergang und Neubeginn. Am 15. Februar 2002 löste die Mitgliederversammlung den alten KTW auf. Im Zuge

2 Vgl. O. 150, Brief Reinhard Hüttl an Günter Spur vom 23.1.2001.
3 Vgl. ebd., Niederschrift zum Besuch im BMBF am 26.6.2001.

derselben Sitzung fanden die konstituierende Sitzung und die Gründung des gemeinnützigen Vereins *akatech - Konvent für Technikwissenschaften der Union der deutschen Akademien der Wissenschaften* statt, bei der auch die Wahl des Vorstands erfolgte.[4] Gewählt wurden: Joachim Milberg, Franz Pischinger, Reiner Kopp und Reinhard Hüttl. Als stellvertretende Mitglieder Bernd Hillemeier, Günter Pritschow, Günter Spur und Günther Wilke.

Die anschließende Vorstandssitzung wählte Joachim Milberg zum Vorstandsvorsitzenden, da er aus seiner langjährigen Tätigkeit in der Wirtschaft wie auch als Lehrstuhlinhaber für Werkzeugmaschinen und Betriebswissenschaft Kompetenzen aus den Bereichen Wirtschaft und Wissenschaft einbrachte, also die beiden Bereiche repräsentierte, die akatech verbinden wollte. Ähnliches galt für den zum stellvertretenden Vorsitzenden gewählten Franz Pischinger.

Der Vorstand erbat nun die Zustimmung zur Transferierung der Restmittel des KTW auf die Nachfolgeinstitution. Am 6. Mai 2002 erfolgte die Eintragung beim Amtsgericht Mainz, wenig später bekam der Verein die Gemeinnützigkeit zuerkannt. Damit war die Gründungsphase abgeschlossen.

Im Sommer 2002 diskutierte der Vorstand während eines zweitägigen Strategieworkshops die inhaltliche Arbeit von akatech. Als Leitthema der Arbeit schlug Joachim Milberg *Innovatives Wachstum* vor. Unter diesem Titel sollten zunächst wenige, ausgewählte Themenbereiche die inhaltliche Arbeit von akatech bestimmen, die in Arbeitskreisen mit einem verantwortlichen Leiter und einem Stellvertreter organisiert wurde. Innovatives Wachstum sollte dabei nicht nur im Sinne von Produktivitätssteigerung, sondern vor allem im Sinne von Produktinnovation, die zu qualitativem Wachstum führt, verstanden werden. Um dieses im Titel besser einzufangen, einigte sich der Vorstand auf *Nachhaltiges Wachstum durch Innovationen*. Weitere Entscheidungen betrafen die Einwerbung von Finanzmitteln und die Modalitäten bei der Zuwahl neuer Mitglieder. Im Oktober 2002 stimmte die Mitgliederversammlung der Arbeit unter dem Leitthema Nachhaltiges Wachstum durch Innovationen und der Bearbeitung von Schwerpunktthemen zu. Die Organisation der Arbeit erfolgte in sechs Arbeitskreisen, die jeweils ein Mitglied des Vorstandes moderierte. Die inhaltliche Arbeit von akatech konzentrierte sich auf die für nachhaltiges Wachstum durch Innovationen als zentral angesehenen Themenfelder und den übergeordneten Bereich der Technikwissenschaften. Diesen Arbeitskreis leitete Günter Spur, die Ingenieurausbildung übernahm Günter Pritschow und die Forschung betreute Reinhard Hüttl. Den Arbeitskreis Mobilität leitete Franz Pischinger, den zu Energie und Umwelt Bernd Hillemeier und für Gesundheitstechnik/ Lebenswissenschaft zeichnete Günther Wilke verantwortlich.

---

4 Zu den Gründen für die Änderung der Schreibweise von akatech zu acatech im Jahr 2003, vgl. S. 166.

Abb. 61: Die Mitglieder des ersten Vorstandes

Joachim Milberg,
Vorsitzender

Franz Pischinger,
stellvertretender Vorsitzender

Reinhard Hüttl

Reiner Kopp

Bernd Hillemeier,
stellvertretendes Mitglied

Günter Pritschow,
stellvertretendes Mitglied

Günter Spur,
stellvertretendes Mitglied

Günther Wilke,
stellvertretendes Mitglied

Die Pflege der internationalen Kontakte übernahm Franz Pischinger von Günter Spur (bis 2004), Reiner Kopp führte sie ab 2005 weiter; alle Drei vertraten akatech bei Euro-CASE. Reiner Kopp führte darüber hinaus seit 2003 Gespräche in verschiedenen außereuropäischen Ländern, um die Aufnahme von akatech bei CAETS vorzubereiten.

Nun begann auch die Presse- und Öffentlichkeitsarbeit, um akatech bei den entsprechenden Zielgruppen aus Wirtschaft, Wissenschaft und Politik bekannt zu machen. In den folgenden Jahren gelang es mit verschiedenen Aktionen, die Arbeit und die Ziele von akatech einem breiteren Personenkreis vorzustellen. Beispielhaft genannt seien hier Einzelinterviews mit akatech-Persönlichkeiten, der Newsletter Transfer, das Wirtschaftsforum zum Auftakt der Hannover-Messe und der Kommunikationskreis. Vor allem aber in persönlichen Gesprächen des Vorstands mit potentiellen Förderern konnte die Idee, die hinter der Gründung von akatech stand, eine Schnittstelle zwischen Wissenschaft, Wirtschaft und Politik zu schaffen sowie die Leitlinie der inhaltlichen Arbeit - nachhaltiges Wachstum durch Innovationen - überzeugend vermittelt werden.

ERSTES SYMPOSIUM

Im Januar 2003 beschloss der Vorstand, dass akatech bei Euro-CASE nicht mehr unter German Council of Technical Sciences sondern als akatech - Konvent für Technikwissenschaften der Union der Deutschen Akademien der Wissenschaften e.V. firmieren sollte. Außerdem sollte die Aufnahme bei CAETS, dem internationalen Council of Academies of Engineering and Technical Sciences, beantragt werden, Reiner Kopp nahm dazu am Council Meeting bei der CAETS Jahrestagung teil und führte vorbereitende Gespräche.

Am 8. Mai 2003 stimmte die Mitgliederversammlung einer Satzungsänderung zu, die den Vorsitzenden des Vorstands zukünftig als Präsidenten und dessen Vertreter entsprechend als Vizepräsidenten bezeichnen sollte, der Beirat wurde in Senat umbenannt. Im Anschluss fand im Leibniz-Saal der BBAW in Berlin das erste Symposium statt, bei dem die Leitideen der späteren Akademie und die als besonders dringlich erkannten Arbeitsfelder vorgestellt wurden. Dieser erste Auftritt setzte den Maßstab für die Wahrnehmung in der Öffentlichkeit und benannte die bis heute zentralen Themen der inhaltlichen Arbeit von acatech, sie werden im Folgenden etwas ausführlicher dargestellt.

Joachim Milberg eröffnete die Veranstaltung und skizzierte die mit dem Leitthema *Nachhaltiges Wachstum durch Innovation* verbundenen Inhalte, welche Fragen der Forschung und Ausbildung in den Technikwissenschaften aber auch fachspezifische Themen wie Gesundheits- und Kommunikationstechnik, Energie- und Umwelttechnik sowie Mobilität umfassten. Zur vertiefenden Arbeit an diesen Themen waren sechs Arbeitskreise entstanden, deren Leiter im Verlauf des Tages erste Ergebnisse vorstellten. Zur Kernaufgabe von acatech sagte der Präsident: „Wir wollen in Zukunft einen wichtigen Beitrag dafür leisten, dass Technik in unserer Gesellschaft wieder als Bereicherung und nicht länger als Belastung empfunden wird."[5]

5 Nachhaltiges Wachstum durch Innovation, acatech Tagungsband 8. Mai 2003, S. 9.

Abb. 62: Roman Herzog

Abb. 63: Uwe Thomas

Bundespräsident a. D. Roman Herzog, Vorsitzender des Beirats, richtete ein Grußwort an die Teilnehmer, in dem er die Notwenigkeit der Institution acatech unterstrich, da es aus seiner Sicht dringend geboten schien, Innovationen als positives Entwicklungsmoment für gesellschaftlichen Wohlstand zu befördern.

Der Staatssekretär im BMBF, Uwe Thomas, ging in seinem Grußwort auf die Notwendigkeit ein, Unternehmensgründungen aus der Forschung heraus stärker zu fördern. Er sprach den Wunsch und die Hoffnung aus, dass akatech und die dort begonnene inhaltliche Arbeit helfen könnten, ein innovations- und gründungsfreundlicheres Klima zu schaffen.

In seinem einleitenden Vortrag umriss Joachim Milberg Ausgangspunkt und inhaltliches Anliegen von akatech. Er stellte zunächst die Frage nach der Notwendigkeit beständigen Wachstums und erklärte mit Hilfe wirtschaftlicher, struktureller, sozialer und finanzieller Argumente wie existentiell wirtschaftliches Wachstum für den Wohlstand der Gesellschaft ist. Er stellte klar, dass unter Wachstum nicht exponentielles Wachstum zu verstehen ist wie in der häufig zitierten Studie von Meadows Grenzen des Wachstums, sondern dass es darum gehen müsse, ein qualitatives Wachstumsniveau zu halten, das der gesellschaftlichen Entwicklung angemessen ist. Um dies zu erreichen, müssten die kreativen und damit innovativen Potenziale ausgeschöpft werden.

Ausgehend von Schumpeters Innovationsbegriff, der kurz gesagt fordere: „Aus alt mach neu" verdeutlichte Joachim Milberg die Notwendigkeit von Innovationen für nachhaltiges Wachstum, das nur durch Innovation und nicht durch einfache Steigerung der Produktivität zu erreichen sei. Dieses volkswirtschaftlich notwendige Ziel kann nur mit der Bereitschaft zur Überwindung von Grenzen erreicht werden, Grenzen im Denken wie im Handeln. Kreativität und Veränderungsbereitschaft in der Gesellschaft, insbesondere in Wirtschaft, Wissenschaft und Politik seien dazu gefordert. Daher habe akatech die inhaltliche Arbeit stark an den Grundfragen, die sich aus der Leitidee des langfristigen Wachstums durch Innovationen ergeben, orientiert und suche den Dialog mit Wirtschaft, Politik und Gesellschaft, um zum Motor des Umdenkens zu werden.

Im Anschluss stellten die Leiter der Arbeitskreise (AK) zentrale Thesen vor, Günter Spur, Leiter des AK Technikwissenschaften, eröffnete mit dem Vortrag *Technologische Innovation - ein wissenschaftstheoretischer Ansatz* und stellte acht Thesen vor, anhand derer er ein gesellschaftlich verankertes, innovatives Wachstum entwickelt sehen wollte. Die erste These bezog sich auf die Überwindung gewachsener Strukturen und der daraus folgenden Allgemeinen Systemtheorie der Technik, da so die Möglichkeit gegeben wäre, ein formales Konzept für Innovationen zu entwickeln, das dann mit empirischem Gehalt gefüllt werden müsste.[6] In der zweiten These forderte Günter Spur die Reflexion über Innovationsprozesse, um Erkenntnisdefizite zu überwinden und zu einer Innovationstheorie kommen zu können. Mit der dritten These beleuchtete er die praktischen Auswirkungen, denn er stellte fest, dass „die Verlagerung zu soziotechnischen und immateriellen Innovationen die Gemeinschaftsarbeit der technikwissenschaftlichen Forschung" verändern wird. Unter viertens sprach er das Problem von Bildung und Kreativität an, bei beiden erkannte er den „Engpass für den Fortschritt". Das Bildungssystem von morgen ist damit eine der zentralen Herausforderungen, hielt er fest.[7]

These fünf benannte veränderte Schwerpunkte innerhalb der Technik, die in Zukunft nicht nur auf höhere Präzision und Komplexität setzen könne sondern sich mehr mit der Steigerung der Zuverlässigkeit und der Sicherheit beschäftigen werde. These sechs stellte die Frage nach dem regulativen Imperativ und sieben behauptete, dass die Technikwissenschaften durch ihre Innovationsdynamik eine Triebkraft zur Reform unseres Wissenschaftssystems werden. Die achte und letzte These von Günter Spur betraf Kapital und Staat, er stellte fest, dass Fortschritte in der Hochtechnologie eine kapitalstarke Industriegesellschaft und staatliche Absicherung des Innovationsrisikos brauchen.

Günter Pritschow, Leiter des AK Ingenieurausbildung, vertiefte in seinem Beitrag *Ausbildung und Kreativität - Potenziale erschöpft?* die vierte These des vorhergehenden Beitrags, als er über die Anforderungen an die Ausbildung künftiger Ingenieure referierte. Er ging der Frage nach, welchen Stellenwert die Kreativität in der Ausbildung einnimmt, da der Markt nach kreativen, mobilen und vielseitig einsetzbaren Ingenieuren mit der Fähigkeit in ganzheitlichen Prozessen zu denken verlangt. Neben grundsätzlichen Forderungen wie dem Vorrang der Gewinnung von Erkenntnissen vor dem bloßen Sammeln derselben, hebt er besonders die indirekt zu erlangenden Erkenntnisse der Studierenden hervor, wie die iterative Bearbeitung von Problemen oder durch das Verständnis der grundsätzlichen technischen Methodik diese auch auf neue Anwendungen zu übertragen - eine Schlüsselqualifikation für berufliche Flexibilität.

Anschließend stellte er das vom acatech- Arbeitskreis Ingenieurausbildung angeregte Förderprogramm zur Unterstützung von Kreativitäts- und Innovationsprozessen vor. Von zentralen Thesen ausgehend, die unter anderem die frühe Förderung von Tech-

---

6 Vgl. Tagungsband, S. 30. Spur weist darauf hin, dass diese Forderung noch nicht eingelöst ist, Ansätze dazu allerdings von Günter Ropohl schon Ende der 70er Jahre entwickelt wurden.

7 Diese Einschätzung wird bei verschiedenen anderen acatech-Veranstaltungen auch von anderen Rednern immer wieder geäußert.

nikbegeisterung in der Schule und die verstärkte Werbung von Frauen für das Ingenieurstudium umfassten, forderte Günter Pritschow einen Katalog von Sofortmaßnahmen neben mittel- und langfristigen Aktionen zu erarbeiten. Als Sofortmaßnahme sollte der acatech Arbeitskreis ein Seminarangebot ausarbeiten, das die Erfahrung des Arbeitens im Team mit Organisations- und Präsentationstechniken und das ganzheitliche Verstehen fördert.

Das mittelfristige Programm sollte die positive Technikvermittlung in der Schule voranbringen. Dazu schlug er vor, den entsprechenden Fachlehrern ein Weiterbildungsprogramm anzubieten, das Einblick in den Zusammenhang von Sozialprodukt und Technik bietet. Als zentralen Punkt benannte Günter Pritschow bei diesem Programm die Unterstützung und Förderung durch die zuständigen Ministerien der Länder. Als langfristiges Projekt stellte er die Beeinflussung der intellektuellen Qualität des Ingenieurstudiums durch verschiedene Stellungnahmen vor.[8]

Der Leiter des Arbeitskreises Forschung, Reinhard Hüttl, stellte in seinem Beitrag *Forschung für Innovationen - Innovationen in der Forschung* zunächst über verschiedene Determinanten wie Studierendenzahlen, Forschungsorganisation und -förderung die deutsche Forschungslandschaft vor und verglich sie mit der internationalen Forschung. Er konstatierte die andauernd zu geringen Anteile von Studierenden in Ingenieurwissenschaften, Mathematik und Naturwissenschaften, das im Vergleich zu hohe Alter beim ersten berufsqualifizierenden Abschluss und die eher geringe Rate ingenieurwissenschaftlicher Promotionen. Die Kernfrage, wie aus Forschung Innovation wird, führte ihn zu Fragen nach Kreativität und Nachhaltigkeit. Dabei stellte sich die Frage der Forschungssicherung durch die politischen Rahmenbedingungen. Als eng mit der Kernfrage verwoben zeichnete Reinhard Hüttl den Komplex der Innovation in der Forschung, den er in zehn Punkte unterteilt vorstellte. Einer davon beinhaltete das Research Agenda Setting und in diesem Zusammenhang wies er auf ein Strukturproblem der deutschen Forschung hin: das Fehlen einer nationalen Stimme der Wissenschaft und benannte die Gründung des Konvents für Technikwissenschaften als nationale Stimme der Technikwissenschaften als ein mögliches Beispiel zur Lösung dieses Problems.[9] Noch einmal nahm er den Faden nationale Akademie auf, als er unter dem Stichwort Handeln bei unsicherem Wissen die Beziehung Wissenschaft und Politik aufgriff und neben wissenschaftlicher Verantwortung ein besseres wissenschaftliches Qualitätsmanagement einforderte, das die Wächterfunktion der Wissenschaft wirkungsvoll unterstützen sollte, und mahnte eine kompetente, selbstbestimmte nationale Stimme der Wissenschaft an.[10] Am Ende seines Beitrags sah Reinhard Hüttl bei Wissenschaft und Wirtschaft durchaus das Potenzial, Deutschland „wieder zu einem Motor der Innovation in Europa und der Welt zu machen", acatech sollte dabei ein wichtiger Unterstützer sein.

---

[8] Vgl. dazu Tagungsband, S. 43.
[9] Ebd., S. 53.
[10] Ebd., S. 56.

Franz Pischinger präsentierte unter dem Titel *Nachhaltige Mobilität - eine lösbare Herausforderung?* erste Ergebnisse des von ihm geleiteten AK Mobilität zu einer nachhaltigen Verkehrsentwicklung bei der Vorteile ausgebaut und Nachteile verringert werden sollen. Der AK Mobilität befasste sich besonders mit Themen des intelligenten Verkehrsmanagements, da die Beteiligten festgestellt hatten, dass es eine nachhaltige Verkehrsentwicklung nur mit Investitionen in die Infrastruktur und das intelligente Verkehrsmanagement geben kann. Für die Bereiche Umwelt, Ressourcen und Sicherheit hätten innovative Techniken schon eine deutliche Verbesserung erbracht, die nachhaltige Mobilität erschien nach Einschätzung des AK und seines Leiters daher als eine lösbare Herausforderung.[11]

Abb. 64: Erstes Symposium im Leibniz-Saal der BBAW in Berlin

Blick in das Auditorium

Günter Spur , Leiter des AK Technikwissenschaften

Franz Pischinger, Leiter des AK Mobilität

Diskussionsredner Ekkehard D. Schulz, links davon Jürgen Strube

[11] Der zwei Jahre später vorgestellte Bericht *Mobilität 2020* wird im Abschnitt Präsentation der inhaltlichen Arbeit ausführlich vorgestellt.

Noch einmal griff Bernd Hillemeier, Leiter des AK Umwelt und Energie, das Thema Nachhaltigkeit auf, als er zu *Energie, Wachstum, Nachhaltigkeit - ein lösbarer Konflikt?* sprach und nachdrücklich darauf hinwies, dass es bei diesem Thema nicht allein um die technikwissenschaftliche Herausforderung sondern um eine gesellschaftliche Aufgabe gehe. Die Energieversorgung ist für die Zukunft der Zivilisation so entscheidend, dass Hillemeier sogar die Geschichte danach einteilte: in die Zeit, in der Sonnenenergie ausreichte, und die Zeit der Ausplünderung, die fast ausschließlich im 20. Jahrhundert stattfand. Danach kommt eine Übergangszeit und die Rückkehr zur Sonnenenergie. Bernd Hillemeier plädierte für innovative Forschungsansätze, ein Beispiel war dabei die bereits entwickelte Brennstoffzelle, ein anderes die Erschließung alternativer Energiequellen, wie sie über Photovoltaik- Anlagen möglich sei. Er betonte auch, dass die Energiefrage nur in Kooperation mit anderen Staaten gelöst werden könne. Als Fazit hielt er gute Chancen, eine umweltverträgliche Energieversorgung aufzubauen, fest, die Schwierigkeiten dabei machte er eher bei Politik und Gesellschaft als auf technikwissenschaftlichem Gebiet fest.

Im Anschluss folgte eine mit Vertretern aus Wissenschaft und Wirtschaft besetzte Podiumsdiskussion zum Thema *Ist Deutschland und sind die Deutschen überhaupt kreativ und innovativ genug?* Hans-Peter Keitel, Berthold Leibinger, Hermann Scholl, Ekkehard D. Schulz und Jürgen Strube gaben dabei Statements zum Thema ab, anschließend war Raum für die Diskussion mit dem Publikum. Dieses erste Symposium zeigte modellhaft den Weg für die Präsentation der von acatech für die Entwicklung des Innovationsstandortes Deutschland als wegweisend aufgespürten Themenbereiche und die Ergebnisse der dazu geleisteten inhaltlichen Arbeit.

Das zweite Symposium ein Jahr später, im Mai 2004, knüpfte inhaltlich direkt an das erste an und rückte unter dem Titel *Innovationsfähigkeit „Bildung, Forschung, Innovation: Wie können wir besser werden?"* die Ingenieurausbildung in den Mittelpunkt.[12]

Hier zeigte Joachim Milberg das Modell des Innovationskreislaufes, Leitbild für die inhaltliche Arbeit von acatech, zum ersten Mal einer breiteren Öffentlichkeit. Anhand des Modells konnte er zugleich die Arbeit von acatech in den verschiedenen Arbeitskreisen erklären, die sich mit Fragen der Ausbildung und der Forschung ebenso beschäftigten wie mit Sachthemen, um so die Möglichkeiten für innovatives Wachstum auszuloten.

---

[12] Vgl. den Tagungsband, *„Innovationsfähigkeit Bildung, Forschung, Innovation: Wie können wir besser werden?"*, München 2004, S. 15.

Abb. 65: Innovationskreislauf

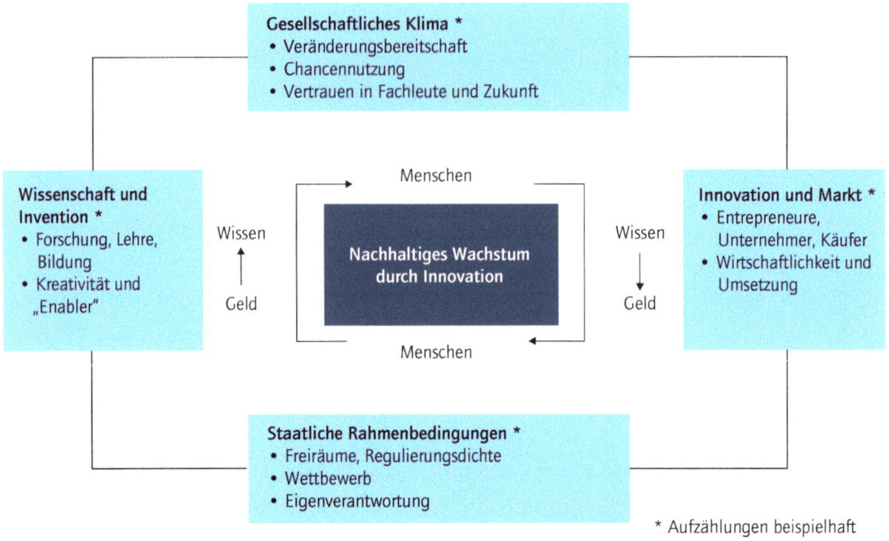

Nach dem ersten Symposium im Mai 2003 bekam acatech sein heutiges Corporate Design: acatech – Wissen schafft Zukunft mit dem darüber gestellten Grafikelement des Fibonacci Algorithmus. Das neue Corporate Design von acatech in der Grundfarbe Blau mit den verschiedenfarbigen Elementen des Logos begleitete von nun ab alle Auftritte in gedruckter wie in elektronischer Form. Bei der ersten Festveranstaltung am 30. September 2003 trat acatech mit diesem Corporate Design an die Öffentlichkeit. Alle weiteren Auftritte fanden in dieser Form statt und auch als Deutsche Akademie der Technikwissenschaften trat acatech im bewährten Gewand an die Öffentlichkeit, allerdings mit einer kleinen Änderung: Wissen schafft Zukunft unter dem Fibonacci Element ist seit 2008 durch Deutsche Akademie der Technikwissenschaften ersetzt.

Abb. 66: Altes Logo, neues Logo und aktuelles Logo

akatech
Wissenschaft · Technik · Zukunft

acatech
Wissen schafft Zukunft

acatech
DEUTSCHE AKADEMIE DER TECHNIKWISSENSCHAFTEN

Bei der Vorstandssitzung am 29. September 2003 kam es zur Gründungsversammlung des Fördervereins Kollegium für den Konvent für Technikwissenschaften der Union der deutschen Akademien der Wissenschaften. Joachim Milberg wurde zum Vorsitzenden des Vorstandes des Kollegiums gewählt, zu seinem Stellvertreter wählte das Kollegium Franz Pischinger und zum Schatzmeister Carsten Schröder. Tags darauf trat die Satzung für den Verein in Kraft.

Dem Kollegium steht zur gezielten Unterstützung der Ziele von acatech ein Kuratorium zur Seite. Die ersten Mitglieder waren: Hans-Peter Keitel, Berthold Leibinger, Bernd Pischetsrieder, Herrmann Scholl, Ekkehard D. Schulz und Jürgen Strube, aus dem acatech Vorstand gehörte Reinhard F. Hüttl dem Kuratorium an. Die konstituierende Sitzung fand am 12. Januar 2004 in München statt. Auf dieser Sitzung wurde Ekkehard D. Schulz zum Vorsitzenden, Reinhard Hüttl zum stellvertretenden Vorsitzenden gewählt.

Abb. 67: Gründungsmitglieder Kuratorium des Kollegiums (v.l.n.r. Reinhard Hüttl, Hans-Peter Keitel, Berthold Leibinger, Bernd Pischetsrieder, Herrmann Scholl, Ekkehard D.Schulz, Jürgen Strube)

Am 30. September 2003 fand die konstituierende Sitzung des Senats von acatech statt, seine Vorgängerinstitution, der Beirat, hatte nur mit einer beschränkten Zahl von Mitgliedern arbeiten können; eine Satzungsänderung hatte nun die Gründung des Senats ermöglicht, dem führende Vertreter aus Wirtschaft, Wissenschaft, Politik und Gesellschaft angehören sollten. Zum Vorsitzenden wurde der bisherige Vorsitzende des Beirats, Bundespräsident a. D. Roman Herzog, gewählt, er steht auch im Jahr 2009 noch an der Spitze dieses Organs.

ERSTE FESTVERANSTALTUNG

Höhepunkt des Jahres aber war die erste acatech Festveranstaltung am 30. September 2003 in Berlin. Im Konzerthaus am Gendarmenmarkt erfolgte erstmals die öffentliche Präsentation der nationalen Vertretung der Technikwissenschaften. Die Bedeutung des Ereignisses unterstrich die Anwesenheit von Bundeskanzler Gerhard Schröder, von Bundespräsident a. D. Roman Herzog, von bedeutenden Vertretern der deutschen Industrie und verschiedener Wissenschaftsorganisationen sowie von etwa 500 geladenen Gästen.

Der Präsident von acatech, Joachim Milberg, eröffnete die Veranstaltung und wies in seiner Begrüßungs- und Eröffnungsrede auf die Distanz hin, die sich in Deutschland zwischen Wissenschaft, Wirtschaft und Gesellschaft entwickelt habe und zu deren Überwindung acatech einen wesentlichen Beitrag leisten wolle. Er stellte die Aufgaben und Ziele vor und erklärte, das Kürzel acatech stehe für die Symbiose aus Akademie und Technikwissenschaften. Als moderne Arbeitsakademie wolle sich acatech für die Durchsetzung zukunftsweisender Technologien einsetzen und als Drehscheibe für den Dialog zwischen Wissenschaft, Wirtschaft, Politik und Gesellschaft dienen. Denn die Vertrauenskrise zwischen Experten, Wissenschaft und Wirtschaft auf der einen und öffentlicher Meinung auf der anderen Seite müsse überwunden werden, um ein innovationsfreundlicheres Klima in Deutschland zu erzeugen. Die annähernd 200 Mitglieder wollten mit ihrer Arbeit der Akzeptanz und Durchsetzung von innovativen Technologien dienen, denn nur durch Innovationen werde es in Deutschland langfristig Wachstum geben. Der Präsident konkretisierte die inhaltliche Arbeit mit der Vorstellung der Arbeitskreise und der dort behandelten Schwerpunktthemen, er beendete die Eröffnung mit der Einladung zur Zusammenarbeit und dem Zitat, „die Zukunft kommt von allein, der Fortschritt nicht".

Bundespräsident a. D. Roman Herzog, knüpfte bei seinen Eröffnungsworten an das zuvor Gesagte an und wies darauf hin, dass die wirtschaftliche und gesellschaftliche Entwicklung Deutschlands es nicht zulasse, über das Niveau der Produktionskosten mit Schwellenländern in Konkurrenz zu treten. Daher sei es umso wichtiger, mit innovativen Ideen und Kreativität fördernden Rahmenbedingungen wettbewerbsfähig zu bleiben, Forschung und Entwicklung müssten intensiviert werden.

Der Bundeskanzler, Gerhard Schröder, ging auf die Ausführungen seines Vorredners Roman Herzog ein und forderte mehr Offenheit hinsichtlich neuer Technologien. Gerade hier sah er eine wichtige Vermittlungs- und Beratungsfunktion von acatech. Als zukunftsweisende Aufgaben nannte der Bundeskanzler Bildung, Forschung, Innovationen und flankierend eine bessere Kinderbetreuung. Er sprach acatech eine bedeutsame Rolle bei der Verbesserung von Technikakzeptanz und der Beförderung des Dialogs zwischen Wirtschaft, Politik und Gesellschaft zu und wünschte gutes Gelingen bei dieser zentralen Aufgabe.

Den Festvortrag *Wissenschaft und Wirtschaft, Innovation und Wohlstand*, hielt der Vorstandsvorsitzende der Siemens AG, Heinrich von Pierer. Er stellte die Notwendigkeit nachhaltiger, auf Innovation ausgerichteter und am Markterfolg orientierter Forschung in den Mittelpunkt und forderte den verantwortlichen Umgang mit den Ergebnissen von Forschung und Entwicklung zum Wohle der Menschheit. Mit einleitenden Ausführungen zur Aufnahme Werner von Siemens in die Preußische Akademie[13] schlug er einen Bogen zu dem von Siemens gegebenen Hinweis auf die Zweckbindung der Wissenschaft und darüber zu dem Interesse der heutigen Wirtschaft „an dem erfolgreichen Brückenschlag

---

[13] Ausführlicher dazu, Teil I, S. 28ff.

Abb. 68: Erste Festveranstaltung im Oktober 2003

Bundeskanzler Gerhard Schröder

Heinrich von Pierer, Joachim Milberg, Hubert Markl und Richard Gaul im Gespräch

Günter Spur, Reiner Kopp und Klaus Faber

Thomas Weber und Bernd Pischetsrieder

Festredner Heinrich von Pierer

Blick in die ersten Reihen der Festveranstaltung im Konzerthaus

zwischen Wissenschaft, Forschung, Unternehmen, Märkten und Gesellschaft." Das Interesse der Wirtschaft liege dabei in der Anwendung von Ergebnissen, die einen Innovationsvorsprung im Wettbewerb sicherten.

Als eine der Voraussetzungen für erfolgreiche Innovationen nannte Heinrich von Pierer gute Ausbildung. Er erläuterte die Bedeutung von Innovation als Wettbewerbsfaktor, der gerade für den Standort Deutschland mit seinen hohen Produktionskosten besonders wichtig sei, um Wachstum zu erzeugen. Da die Kosten gar nicht so weit gesenkt werden könnten, dass Deutschland über diese Schiene Wettbewerbsvorteile erreichen könne, sichere allein der Vorsprung im Innovationswettbewerb wirtschaftliches Wohlergehen.

Die Vernetzung von Innovationsprozessen in Unternehmen mit der vor- und nachgelagerten Ebene wie auch mit der öffentlichen Forschung benannte er als wesentlichen Faktor für gelingende Innovationen. Zum zentralen Element aber erklärte er die gute Ausbildung, weshalb die Qualität der Schulen und Hochschulen und auch der betrieblichen Ausbildung hohe Bedeutung habe, da Bildung die Basis für Forschung und Innovation ist. Abschließend benannte der Festredner ethisches Handeln als die übergeordnete Idee und forderte, dass Innovation auf einem Wertekanon beruhen müsse, denn „nicht alles, was technisch möglich ist, ist auch nützlich und verantwortbar." Der Vortragende kam auf Werner von Siemens zurück als er eine klare Ordnung forderte, die besagt: Technik ist für den Menschen da und nicht umgekehrt der Mensch für die Technik, diese Leitlinie hatte Werner von Siemens schon 1874 bei seiner Antrittsvorlesung in der Akademie der Wissenschaften in Berlin genannt.

Dem Festvortrag folgten Grußworte der Präsidenten William A. Wulf (NAE und CAETS), Valentin Van den Balck (Euro-CASE) und Gerhard Gottschalk (Union der deutschen Akademien), welche darin die Freude auf nationaler und internationaler Ebene ausdrückten und die Erwartung an die neue Institution benannten, nationale Vertretung der deutschen Technikwissenschaften zu sein.

Der erste acatech Jahresbericht 2002/03 würdigte das Ereignis mit ausführlichen Redeauszügen und eindrucksvollen Bildern. Seitdem ist die jährlich im Oktober im Konzerthaus Berlin stattfindende Festveranstaltung ein Fixpunkt im acatech Jahresplan und ein bei Wissenschaft, Politik und Wirtschaft viel beachteter Termin.

NEUE STRUKTUREN

Im Oktober 2003 nahm der siebte Arbeitskreis, Kommunikationstechnik und Wissensmanagement, unter der Leitung von Dieter Spath die Arbeit auf, um sich vorrangig mit gesellschaftlich relevanten Veränderungen in diesem Themenfeld zu beschäftigen. Die Aufgaben und Arbeitsbereiche von acatech hatten bis dahin an Umfang und Bedeutung schon so erheblich zugenommen, dass eine Vorstandssitzung am 1. und 2. November 2003 über eine daran angepasste neue Organisation der Arbeit bei acatech beriet.

Abb. 69: Dieter Spath

Hier bot Dieter Spath seine Unterstützung an, zudem sollte eine externe Beratung erfolgen. Auch die Strukturen vergleichbarer Institutionen im In- und Ausland sollten bei der Gestaltung der zukünftigen Organisation von acatech Berücksichtigung finden.

Für die externe Beratung fand acatech bald Unterstützung bei der Unternehmensberatung McKinsey & Company, die Beratungen zum Aufbau einer effizienten Organisation als pro-bono-Projekt beisteuerte.

Am Ende des Jahres 2003 zeigte sich, dass die Ideen und Ziele von acatech positiv wahrgenommen wurden. Das BMBF verlängerte in einem Anschlussprojekt die finanzielle Unterstützung der Geschäftsstelle um weitere drei Jahre und das Spendenaufkommen hatte sich erfreulich entwickelt.

Im Januar 2004 stellte das pro-bono Projekt von McKinsey *Organisationsentwicklung und Mitgliederintegration* erste Überlegungen zur Durchführung vor. Ein wichtiger Teil dabei war die intensive Befragung der Vorstandsmitglieder und ausgewählter Vertreter aus Wissenschaft, Wirtschaft und Politik sowie von Mitgliedern und Senatoren. Im Juli 2004 präsentierte McKinsey die Ergebnisse des Projekts. Nach einem Überblick über die gegenwärtige Position von acatech zeigte der Abschlußbericht auf, welche Fähigkeiten, Organisationsstrukturen und Abläufe acatech zukünftig einbringen sollte, um auf dem Weg zu einer nationalen Institution für technikwissenschaftliche Fragestellungen erfolgreich zu sein. Ein wesentlicher Punkt betraf die Organisation der inhaltlichen Arbeit. Die bestehende Struktur der Arbeitskreise sollte durch Themennetzwerke ersetzt werden. In diesen sollten sich Mitglieder ähnlicher Fachinteressen vereinigen und die Basisarbeit zur Identifikation und Definition von Projektthemen leisten. Der Bericht sprach auch die Empfehlung aus, innerhalb der acatech Geschäftsstelle ein Projektmanagement aufzubauen, um die effiziente Durchführung von Projekten zu unterstützen. Schließlich sollten bei der Zuwahl weiterer Mitglieder vor allem die thematischen Interessen von acatech als Leitlinie dienen.

Erste Beschlüsse zur Umsetzung der Empfehlungen erfolgten bereits auf einer Vorstandssitzung am 9. und 10. Juli 2004. Sie betrafen insbesondere die neue Organisationsstruktur, welche eine Umstrukturierung des acatech Vorstandes mit sich brachte, der nun ressortorientiert ausgerichtet wurde. Der Präsident, Joachim Milberg, sollte an der Spitze stehen, Reinhard Hüttl den Bereich Akademie- und Mitgliederangelegenheiten, Reiner Kopp den Bereich Internationale Repräsentanz und Dieter Spath den Bereich der zukünftigen Themennetzwerke bzw. Projekte betreuen. Bernd Hillemeier, Günter Pritschow, Franz Pischinger, Günter Spur und Günther Wilke sollten die Leitung ihrer Arbeitskreise bzw. der Themennetzwerke übernehmen.

Die Mitgliederversammlung im Oktober 2004 stimmte dieser neuen Organisation der inhaltlichen Arbeit von acatech zu. Damit konnten die sieben bestehenden Arbeitskreise in 13 Themennetzwerken neu geordnet und erweitert werden. In den Themennetzwerken sind ausschließlich acatech Mitglieder sowie korrespondierend Vertreter der Senatsunternehmen aktiv. Sie beraten über die zu bearbeitenden Themen. Daneben diskutieren sie über die aktuelle Arbeit im jeweiligen Themennetzwerk und kontrollieren den Fortschritt derselben. Die inhaltliche Bearbeitung der Themen erfolgt in Projektgruppen, in die ebenfalls externe Experten berufen werden können.

Mit der neuen Organisationsform der wissenschaftlichen Arbeit von acatech war zugleich ein Ausbau der Arbeitsgebiete verbunden. Die sechs neuen Arbeitsgebiete - Biotechnologie, Energie und Umwelt, Nanotechnologie, Werkstoffe, Gebaute Infrastruktur und Informationstechnik - erweiterten das Spektrum auf nunmehr dreizehn Themennetzwerke. Die bis Ende 2006 präsentierten Projektergebnisse wie *Wachstum durch technologische Innovationen, Mobilität 2020, Bachelor- und Masterstudiengänge in den Ingenieurwissenschaften, Innovationskraft der Gesundheitstechnologien, RFID-Technologie* und *Die Zukunft der Energieversorgung in Deutschland* zeigten ein Themenspektrum, welches sowohl spezifische Fachthemen als auch übergreifende Querschnittsthemen umfasste.

Im Dezember 2006 beschloss der Vorstand, einige Themennetzwerke zusammenzulegen, die inhaltliche Arbeit war daraufhin in zehn Themennetzwerken organisiert. Im Juni 2008 wurden aus zehn Themennetzwerken elf, da acatech das Querschnittsthema Sicherheitsforschung als relevanten Bereich seiner inhaltlichen Arbeit erkannte. Das Themennetzwerk Forschung und Innovation wurde umbenannt in Grundfragen der Technikwissenschaften, wodurch die Ausrichtung an Basisfragen der Technikwissenschaften deutlicher werden sollte.

Bis Sommer 2009 wurden eine Reihe weiterer Projekte initiiert, nicht zuletzt forderte auch die Politik die Erarbeitung von Handlungsempfehlungen zur Lösung aktueller Probleme.[14] Die neu hinzugekommenen Projekte beschäftigen sich unter anderem mit folgenden Themen:

- Die Bedeutung der Nanoelektronik als künftige Schlüsseltechnologie der Informations- und Kommunikationstechnik für den Standort Deutschland
- Mobilität in Ballungsräumen 2050
- Monitoring von Motivationskonzepten für den Techniknachwuchs (MoMoTech)
- Nachwuchsbarometer Technikwissenschaften
- Potenzial der biotechnologischen Energieumwandlung in Deutschland,
- Synthetische Biologie: Chancen für den BioTech-Standort Deutschland?
- Georessource Wasser - Herausforderung globaler Wandel
- Energietechnologien

---

[14] Dazu ausführlicher die Jahresberichte 2008 und 2009.

Abb. 70: Organisation der inhaltlichen Arbeit von acatech seit 2002: Aus den Arbeitskreisen wurden zunächst 13 Themennetzwerke, die im Dezember 2006 zu 10 Themennetzwerken umstrukturiert wurden. Orange dargestellt sind die Fachthemen, blau die Querschnittsthemen.

Arbeitskreise (ab 2002/03)
Technikwissenschaften
Ingenieurausbildung
Forschung
Mobilität
Energie und Umwelt
Gesundheitstechnik
Kommunikationstechnik und Wissensmanagement

→

Themennetzwerke (ab Oktober 2004)
Biotechnologie
Energie und Umwelt
Gebaute Infrastruktur
Gesundheitstechnologie
Informations- und Kommunikationstechnik
Mobilität
Nanotechnologie
Werkstoffe
Ausbildung und Beschäftigung
Forschung und Entwicklung
Produktentstehung
Technikwissenschaften und Innovationen
Wissensmanagement und Führung

→

Themennetzwerke (ab Dezember 2006)
Gesundheitstechnologie
Biotechnologie
Energie, Bau, Infrastruktur und Umwelt
Informations- und Kommunikationstechnologie
Mobilität
Werkstoffe
Nanotechnologie
Ausbildung und Wissensmanagement
Forschung und Innovation
Produktentstehung

Abb. 71: Themennetzwerke seit Juni 2008: Orange dargestellt sind die Fachthemen, blau die Querschnittsthemen.

Themennetzwerke (ab Juni 2008)
Gesundheitstechnologie
Biotechnologie
Energie, Bau, Infrastruktur und Umwelt
Informations- und Kommunikationstechnologie
Mobilität
Materialwissenschaft und Werkstofftechnik
Nanotechnologie
Ausbildung und Wissensmanagement
Grundfragen der Technikwissenschaften
Produktentstehung
Sicherheit

Erfolgreich abgeschlossen wurden 2008 die Projekte *Zukunft der Ingenieurpromotion* aus dem Themennetzwerk Ausbildung und Wissensmanagement, aus dem Themennetzwerk Grundfragen der Technikwissenschaften *Produktionsfaktor Mathematik* und aus dem Themennetzwerk Werkstoffe das Positionspapier *Zur Förderung der Werkstoffe* und die daraus abgeleiteten Empfehlungen.

ENTWICKLUNGEN

Gemäß der Satzung von acatech standen im Jahr 2005 Vorstandswahlen an. Mit Ausnahme von Günther Wilke stellten sich die amtierenden und die stellvertretenden Vorstandsmitglieder am 25. April 2005 zur Wiederwahl. Alle wurden in der Wahl bestätigt, die Nachfolge von Günther Wilke trat Hartwig Höcker an. Da der Vorstand zu diesem Zeitpunkt auf fünf amtierende und fünf stellvertretende Mitglieder erweitert worden war, waren zwei weitere Sitze zu besetzen. Die Mitglieder votierten für Matthias Kleiner und Dieter Spath.

In der ersten Jahreshälfte 2005 erarbeitete ein pro-bono Projekt der Boston Consulting Group eine Studie zu den Aktivitäten rund um die Finanzierung, auf deren Grundlage acatech eine Strategie zum systematischen Fundraising entwerfen wollte. Dazu wurde zunächst die Resonanz bei den bisherigen Spendern überprüft und durch Nachfrage bei potentiellen Spendern ein auf die Bedürfnisse von acatech abgestimmtes Konzept entwickelt. Die Ergebnisse der Befragungen machten deutlich, dass acatech seine Außenwirkung steigern sollte, unter anderem durch verstärkte Medienrepräsentanz. Die Darstellung der inhaltlichen Arbeit sollte mit der Fokussierung auf Zukunftsthemen mit breiter Öffentlichkeitswirkung und konkreten Handlungsempfehlungen an die Politik kommuniziert werden. Als Reaktion auf die Ergebnisse der Studie veränderte acatech auch das Erscheinungsbild seiner Publikationen und ordnete sie in drei Gruppen: acatech bezieht Position, in der Stellungnahmen zu aktuellen Themen und Debatten wiedergegeben werden, acatech berichtet und empfiehlt, hier werden die Ergebnisse von Projekten veröffentlicht und in der Reihe acatech diskutiert, werden Veranstaltungen und Diskussionsprozesse dokumentiert. Die Neuordnung der Publikationen bedingte auch die Erweiterung des Corporate Design, da jede der Buchreihen eine eigene Farbe aus dem Logo zugewiesen bekam.

Die Konsolidierung des eingeschlagenen Kurses bestimmte die Arbeit von acatech in den Jahren 2005 und 2006, das schloss auch die Bemühungen ein, den Status der nationalen Akademie zu erlangen. Die Union unterstützte die Arbeit an einem Antrag zur Gründung der Deutschen Akademie der Technikwissenschaften, der zu Beginn des Jahres 2005 zu einem konkret ausgearbeiteten Entwurf führte, den der Vorstand im März 2005 verabschiedete.

Die Ergebnisse der inhaltlichen Arbeit konnten bei verschiedenen Symposien und Foren vorgestellt werden, acatech rückte damit weiter ins Bewusstsein der interessierten Öffentlichkeit. Die Mitgliederzahl wuchs kontinuierlich an und auch das Spendenaufkommen erhöhte sich weiter.

CAETS MITGLIEDSCHAFT

Im Juli 2005, bei der Jahrestagung von CAETS (Council of Academies of Engineering and Technological Sciences) in Cairns/Australien, wurde acatech als Mitglied aufgenommen. Damit war die internationale Anerkennung als nationale Vertretung der Technikwissenschaften erreicht, noch bevor acatech die offizielle staatliche Anerkennung als nationale Akademie erhalten hatte.

CAETS ist die internationale Organisation der nationalen Akademien für Technik- und Ingenieurwissenschaften, hier sind die Akademien aller fünf Kontinente vereinigt. Mitglied bei CAETS kann nur die Institution werden, deren Arbeit zuvor von einem Expertengremium begutachtet und positiv bewertet wurde. Die Idee, eine solche Vereinigung zu gründen, war in den 1970er Jahren auf Initiative der NAE der USA und der schwedischen IVA entstanden.

Die NAE organisierte am 31. Oktober 1978 das erste Treffen nationaler Technikakademien und vergleichbarer Organisationen in Washington D.C. Vertreter der Australischen Akademie der Technischen Wissenschaften (ATS), der Dänischen Akademie (ATV), der Britischen Akademie (FoE), der Finnischen Akademien (FACTE), der Mexikanischen Akademie (ANI) und interessierte Wissenschaftler verschiedener Länder kamen hier zusammen. Das zentrale Thema bei diesem ersten Treffen war die Stellung der nationalen Ingenieurakademien innerhalb ihrer Länder und die Zusammenarbeit mit den nationalen Akademien der Wissenschaften.

Ein zweites Treffen folgte im Jahr 1980 in Melbourne, dieses Mal übernahm die Australische Akademie der Technischen Wissenschaften (ATS) die Rolle der Gastgeberin. Auch hier standen Fragen des Austausches der nationalen Akademien untereinander im Mittelpunkt der Diskussionen. Die Teilnehmer beschlossen die Einrichtung eines vorläufigen Sekretariats, um den Informationsaustausch zwischen den verschiedenen Organisationen zu verbessern. Die NAE erklärte sich bereit, das Sekretariat in ihren Räumlichkeiten einzurichten. Damit war der erste Schritt hin zu einer eigenen Organisation getan, die in den folgenden Jahren klare Konturen bekam. Nach der dritten Konferenz 1981 in Mexico wurde ein Präsidium eingerichtet, Australien stellte den Präsidenten, Mexico den Vizepräsidenten, IVA und NAE waren Mitglieder des Präsidiums. Das vierte Zusammentreffen im Frühjahr 1983 organisierte die IVA in Stockholm, hier fand zum ersten Mal eine auf fünf Sektionen erweiterte Konferenz statt. Im Herbst desselben Jahres beschloss das Präsidium, eine Satzung zu erarbeiten, in der die Aufgaben und die Ziele der Organisation umrissen sowie klare Kriterien zur Aufnahme neuer Mitglieder benannt werden sollten. Im Anschluss an die Konferenz des Jahres 1985 in London, diskutierte das Präsidium den Satzungsentwurf und regte verschiedene Änderungen an. In diesem Jahr beschloss die Organisation sich CAETS zu nennen, als Ziele nannte sie die Beratung von Regierungen und internationalen Organisationen, die Förderung des Verständnisses technologischer Anwendungen in der Öffentlichkeit, die Förderung des internationalen Austauschs und internationaler Projekte sowie die Verbesserung der Ingenieurausbildung. CAETS will einen Beitrag zur Stärkung technikwissenschaftlicher Aktivitäten leisten, die zu einer Steigerung des Wirtschaftswachstums und des gesellschaftlichen Wohlstands führen. In diesem Zusammenhang unterstützt CAETS auch die Gründung technikwissenschaftlicher Akademien in Ländern, die noch über keine derartigen Institutionen verfügen. Heute sind etwa 30 nationale technikwissenschaftliche Akademien oder vergleichbare Einrichtungen Mitglied von CAETS.

Seit 2005 vertritt acatech die Bundesrepublik bei CAETS. Auch acatech musste zuvor eine Evaluation der CAETS Gremien bestehen. Im Dezember 2004 stellten die jeweiligen Themennetzwerkleiter den Abgesandten von CAETS die inhaltliche Arbeit von acatech in der Geschäftsstelle in München vor.

Den CAETS Vertretern ging es vor allem darum festzustellen, ob acatech im Stile einer nationalen Vertretung der Technikwissenschaften arbeitet. Die Evaluation war erfolgreich und der Aufnahme von acatech stand nichts entgegen. Die feierliche Aufnahme in die bedeutendste weltweite Vereinigung der ingenieur- und technikwissenschaftlichen Akademien erfolgte bei der Jahrestagung in Cairns/Autralien am 14. Juli 2005. Reiner Kopp vertrat acatech dabei als Delegierter.

Am 1. und 2. Juni 2006 fanden die CAETS Jahrestagung in Brüssel und das in diesem Rahmen stattfindende Symposium *The Hydrogen Economy: Clean Energy for this Century* statt. Es war die wichtigste Veranstaltung von CAETS in jenem Jahr, da die Ergebnisse des Symposiums als Statement über die Rolle von Wasserstoff für die Energieversorgung der Zukunft veröffentlicht wurden.

Im Jahr 2007 konzentrierte sich CAETs auf zwei Themenbereiche, einmal die Ingenieurausbildung, zum anderen Energie und Umwelt. Der CAETS Weltkongress bei der Indian National Academy of Engineering am 1. und 2. März 2007 in Madras widmete sich der Ingenieurausbildung. Hier sprach acatech-Vorstandsmitglied Reiner Kopp zum Thema *Seizing the chance of change - prospects on the development of European and German engineering education.*

Der zweite Bereich war Thema der CAETS Jahrestagung *Environment and Sustainable Growth* im Oktober 2007 in Tokio. Hier trug acatech Vorstandsmitglied Bernd Hillemeier zum Thema *Sustainable growth through environmental technology* vor. CAETS veröffentlichte anschließend ein Statement zur besseren Vereinbarkeit von Wirtschaftswachstum und Klimaschutz. Als Deutsche Akademie der Technikwissenschaften hat acatech die internationale Zusammenarbeit weiter ausgebaut und die Organisation dafür verändert. Das Präsidium beschloss im Februar 2008 eine *international group* zu berufen, der neben dem zuständigen Präsidiumsmitglied Reiner Kopp auch Utz-Hellmuth Felcht, Fritz Klocke, Bernd Pischetsrieder, Günter Spur und als Vertreter der Geschäftstelle Carsten Schröder angehören. In diesem Jahr standen die bilateralen Beziehungen zu den technikwissenschaftlichen Akademien anderer Länder im Vordergrund, so zur Académie des Technologies und zur Schweizerischen Akademie der Technischen Wissenschaften (SATW). Mit lezterer fanden Gespräche zu Nachwuchs- und Energiefragen statt und im Januar 2009 ist ein gemeinsamer Workshop zur synthetischen Biologie veranstaltet worden. Die Kontakte zur NAE in Washington D.C. wurden ausgebaut, die Beziehungen zur Schwedischen Akademie IVA gepflegt. Die besondere Verbundenheit mit Euro-CASE drückt sich in der Vize-Präsidentschaft von Reiner Kopp in dieser Institution aus.

Die Wahrnehmung von acatech als nationale Vertretung der deutschen Technikwissenschaften zeigte auch die Aufnahme von Joachim Milberg in das STS (**S**cience and **T**echnology in **S**ociety) Kuratorium sowie die Enladung zum STS Forum in Japan, die er wegen der zu knappen Terminierung nicht annehmen konnte. Doch ergab sich daraus, dass acatech Vizepräsident Reinhard Hüttl im Oktober 2007 eine Key Note Speech beim STS Forum in Kyoto hielt.

PRÄSENTATION DER INHALTLICHEN ARBEIT

acatech versteht sich als moderne Arbeitsakademie und bringt die in den Themennetzwerken erarbeiteten Ergebnisse auf verschiedene Weise an die Öffentlichkeit. Über Symposien zu den großen Fragen der Zeit erreicht acatech eine breitere Öffentlichkeit aus Wirtschaft und Politik. In den Jahren 2003 und 2004 fand jeweils eines statt, das erste im Mai 2003 war dem Leitthema der Arbeit von acatech *Nachhaltiges Wachstum durch Innovation* gewidmet und bestimmte als erfolgreiches Format die weiteren öffentlichen Auftritte.

Das Symposium des darauf folgenden Jahres betrachtete unter dem Titel *Innovationsfähigkeit: "Bildung, Forschung, Innovation: Wie können wir besser werden?"* ein weiteres Schlüsselthema, die Ingenieurausbildung. Mehrere Impuls- und Fachreferate zeigten die zahlreichen Facetten des Themas auf, betonten die Notwendigkeit von Veränderungen infolge des Bologna-Prozesses und die damit vebundene Anpassung an europäische Standards.

Seit dem Jahr 2005 konnte acatech die Ergebnisse der inhaltlichen Arbeit mit zwei Veranstaltungen vorstellen. Im April 2005 zeigte das Symposium *Wachstum durch innovative Gesundheitstechnologien* wie gerade in diesem Bereich Innovationen in großer Zahl zu maßgeblichen Veränderungen führen. Im Juni 2005 rückte das acatech Symposium *Computer in der Alltagswelt* mit Vorträgen und einer Podiumsdiskussion dieses Thema in den Mittelpunkt, beide Veranstaltungen fanden im Leibniz-Saal der BBAW in Berlin statt.

Im Jahr 2006 eröffnete das *Forum Mobilität 2020. Perspektiven für den Verkehr von Morgen* die Reihe der großen öffentlichen Veranstaltungen. Hier standen die Prognosen einer acatech Studie, die eine Arbeitsgruppe unter der Leitung von Franz Pischinger zu diesem Thema erstellt hatte, im Mittelpunkt. Die Studie prognostizierte erhebliche regionale Unterschiede beim Verkehrsaufkommen sowie stagnierende Verkehrsqualität durch Überlastung in den Ballungs- und Wachstumsräumen.

Wenig Veränderung erwartete die Prognose bei der Verteilung des Verkehrs auf Straße und Schiene, die Hauptlast der Zuwächse muss von der Straße getragen werden, auch wenn die Zuwachsraten bei der Bahn mit 22,5 Prozent beim Personenverkehr und 55 Prozent beim Güterverkehr als durchaus bemerkenswert bezeichnet wurden. Allerdings zeigt auch der Schienenverkehr eine heterogene Auslastung des Netzes mit Überlastungen auf der Nord-Süd-Achse zwischen Hamburg und Hannover bzw. Karlsruhe und Basel. Parallel zur Straße gibt es auch im Schienenverkehr Entlastungen in strukturschwachen Gebieten.

Ebenfalls große Aufmerksamkeit von Seiten der Öffentlichkeit erfuhr 2006 in Berlin das Forum *Bachelor- und Masterstudiengänge in den Ingenieurwissenschaften*, bei dem die Ergebnisse einer Arbeitsgruppe unter der Leitung von Günter Pritschow zur Umsetzung der Bologna-Beschlüsse vorgestellt wurden.[15] Für den notwendigen Wandlungsprozess der universitären Ausbildung vom durchgängigen Diplom-Studiengang in das zweistufige Bachelor- und Mastersystem hatte es vielfältige Empfehlungen von Verbänden und verschiedenen akademischen Institutionen gegeben. Die Projektgruppe hatte mittels einer Umfrage versucht, herauszufinden, wo beispielgebende Studiengänge in der neuen Struktur angeboten wurden, und welche Hilfestellungen sich daraus für technische Fakultäten, die sich noch im Prozess der Umstellung befanden, ableiten ließen.

Das Symposium *Die Zukunft der Energieversorgung in Deutschland. Perspektiven – Herausforderungen – Lösungswege* stellte die Ergebnisse vor, die eine von Bernd Hillemeier organisierte Projektgruppe zum damaligen Stand der Energie-Debatte zusammengetragen hatte, die dabei auch Lösungswege für die Zukunft diskutierte. Neben der Frage der Energiegewinnung aus fossilen Energieträgern und Kernenergie kam dabei vor allem der rationellen Energieanwendung besondere Bedeutung zu.[16] Im März 2007 bot das Forum *Innovationskraft der Gesundheitstechnologien* im dbb forum in Berlin die Möglichkeit, Empfehlungen zur Stärkung der Medizintechnik in Deutschland, die im Themennetzwerk Gesundheitstechnologie erarbeitet worden waren, einer breiten Öffentlichkeit, darunter auch die Bundesministerin für Gesundheit, Ulla Schmidt, vorzustellen.

Einem anderen Themengebiet wandte sich im Mai 2007 das Symposium *Mehr als Stichworte: Wie arbeiten die Suchmaschinen von morgen?* im Leibniz-Saal der BBAW zu, mit dem der Beginn eines Dialoges zwischen Wissenschaft, Unternehmen und Politik auf diesem Feld initiiert werden sollte. Das Themennetzwerk Informations- und Kommunikationstechnologie befasste sich mit der Bedeutung, der Ausgestaltung und ökonomischen Tragweite von Suchmaschinen in der Zukunft und stellte mögliche Antworten zu verschiedenen Aspekten dieser Technologie vor.

---

[15] Projektbericht: Bachelor-/Masterstudiengänge in den Ingenieurwissenschaften. Die neue Herausforderung für Technische Hochschulen und Universitäten, Stuttgart 2006.

[16] Bernd Hillemeier (Hg.) Die Zukunft der Energieversorgung in Deutschland. Herausforderungen und Perspektiven für eine neue deutsche Energiepolitik, Stuttgart 2006.

Abb. 72: Eindrücke von Veranstaltungen zur inhaltlichen Arbeit 2004 -2007

Bildung, Forschung, Innovationen: Wie konnen wir besser werden?; 11. Mai 2004

Wachstum durch innovative Gesundheitstechnologien; 26. April 2005

Computer in der Alltagswelt; 28. Juni 2005

Forum Bachelor- und Masterstudiengänge in den Ingenieurwissenschaften; 2. Mai 2006

Fortsetzung Abb. 72: Eindrücke von Veranstaltungen zur inhaltlichen Arbeit 2004 -2007

Forum Mobilität 2020; 29. März 2006

Die Zukunft der Energieversorgung in Deutschland. Perspektiven - Herausforderungen - Lösungswege; 21. November 2006

Innovationskraft der Gesundheitstechnologien; 19. März 2007

Mehr als Stichworte: Wie arbeiten die Suchmaschinen von morgen?; 31. Mai 2007

Als Deutsche Akademie der Technikwissenschaften stellt acatech die Ergebnisse der Arbeit weiterhin in öffentlichen Veranstaltungen vor. Die zweitägige Konferenz *Technisches Wissen* im Produktionstechnischen Zentrum in Berlin im Juni 2008 gehörte zu einer Reihe gelungener Veranstaltungen, bei der sich die noch junge Akademie der Technikwissenschaften, gemeinsam mit Kollegen aus den Bereichen der Technikphilosophie und Technikgeschichte, grundsätzlich über den Begriff der Technikwissenschaften verständigte. Damit knüpfte die Veranstaltung an einen langen Orientierungsprozess zum Selbstverständnis der Technikwissenschaften an, den zahlreiche der heutigen acatech Mitglieder in den 1990er Jahren erneut angestoßen hatten.

Im September 2008 sprach acatech im Rahmen des Forums *Zukunft der Ingenieurpromotion* Empfehlungen zu einem der zentralen Themenbereiche ihrer Arbeit aus. Vor dem Hintergrund des drohenden Nachwuchsmangels in den technischen Berufen am Wirtschafts- und Technologiestandort Deutschland hatte sich acatech im Rahmen einer Projektgruppe einem zentralen Element der ingenieurwissenschaftlichen Qualifizierung, der Promotion zum Dr.-Ing., gewidmet, und Empfehlungen zur Verbesserung und Stärkung der deutschen Ingenieurpromotion erarbeitet, die in der Reihe acatech empfiehlt erschienen. Das Forum stellte die wichtigsten Ergebnisse im Leibniz-Saal der BBAW der Öffentlichkeit vor.

Das im Zusammenhang mit dem Wissenschaftsjahr der Mathematik entstandene Symposium *Produktionsfaktor Mathematik* bildete im November 2008 einen anregenden Abschluss des ersten Veranstaltungsjahres der Deutschen Akademie der Technikwissenschaften. In der Produktion spielt die Mathematik heute eine immer wichtiger werdende Rolle, die einen intensiven Austausch zwischen Mathematikern und Ingenieuren verlangt. An dieser Stelle knüpfte das Symposium an und brachte neben diesen beiden Gruppen auch Vertreter der Wirtschaft und der Politik zusammen. Dabei konnten wesentliche Fragen zum Einfluss der Mathematik auf Wirtschaft und Technik geklärt werden. Ausgangspunkt war der bei dieser Veranstaltung vorgestellte Band *Produktionsfaktor Mathematik* aus der Reihe acatech diskutiert.

Der drohende Nachwuchsmangel ist als zentrales Thema Gegenstand der Arbeit in verschiedenen Projektgruppen, da acatech die Entwicklung einer umfassenden Strategie zur gezielten Förderung des technisch-naturwissenschaftlichen Nachwuchses anstrebt. Dazu erforschten Expertinnen und Experten aus einer multidisziplinären und problemorientierten Perspektive zunächst die vielschichtigen Ursachen des Nachwuchsmangels, trugen die Ergebnisse zusammen und analysierten sie, um zu wirksamen Handlungsempfehlungen und Vorschlägen für Fördermaßnahmen kommen zu können. Die als vordringlich erkannten Problemlagen verteilten sich auf fünf Themenfelder, die schließlich eingehender untersucht wurden. Die Ergebnisse sind in der von Projektleiter Joachim Milberg herausgegebenen Publikation *Förderung des Nachwuchses in Naturwissenschaft und Technik* nachzulesen. Am 23. März 2009 stellte der *Nachwuchsgipfel* im dbb forum die Publikation und die wichtigsten Ergebnisse der interessierten Öffentlichkeit in einer Diskussionsveranstaltung vor.

Abb. 73: Eindrücke von Veranstaltungen zur inhaltlichen Arbeit 2008 und 2009

Zukunft der Ingenieurpromotion; 19. September 2008

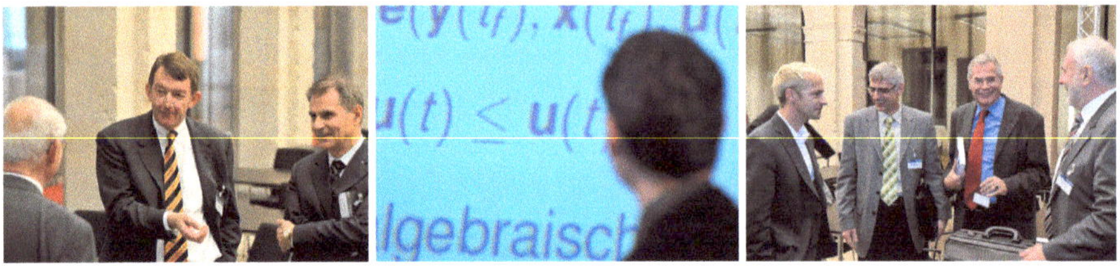

Produktionsfaktor Mathematik; 10. November 2008

Nachwuchsgipfel; 2. März 2009

Teilnehmer beim Nachwuchsbarometer; 10. Juli 2009

Forum Intelligente Objekte; 28. Mai 2009

Am 28. Mai 2009 stellte das Themennetzwerk Informations- und Kommunikationstechnologie beim Forum *Intelligente Objekte* im dbb forum in Berlin die in einem dreijährigen Projekt erarbeiteten Empfehlungen zur Gestaltung des Bereichs der Intelligenten Objekte vor und stellte sie zur Diskussion. Die Empfehlungen thematisieren den Technisierungsschub durch die Informatisierung des wirtschaftlichen und privaten Alltags, die mit einer neuen Qualität der digitalen Revolution einhergehen, welche auch Folgen für die wirtschaftliche Zukunft Deutschlands und damit auch für die Lebens- und Arbeitswelt der Menschen haben.

Wie nah Fortschritt und Überwachung durch solche Objekte zusammen liegen zeigten die Wissenschaftler am Beispiel der Wohnumgebung alter Menschen: Dort können intelligente Objekte Notfälle registrieren und den Arzt rufen; sie können die korrekte Medikamenteneinnahme überwachen und wissen, wann in der Küche Lebensmittel nachgekauft werden müssen. Intelligente Objekte haben das Potenzial, die vertraute Wohnung in einen behüteten aber auch überwachten Raum zu verwandeln.

Das Positionspapier der Deutschen Akademie der Technikwissenschaften hielt zum Thema unter anderem fest, dass das bestehende Datenschutzrecht nicht mehr ausreicht. acatech empfiehlt gesetzliche Regelungen, die sicherstellen,

- dass Nutzer Einsicht in alle im Zusammenhang mit ihren Handlungen erhobenen Daten und ihre Verwendung erhalten können,
- dass diese Daten möglichst dezentral gespeichert werden, um die Möglichkeiten des Datenmissbrauchs zu minimieren,
- und dass, so weit wie möglich, keine „passiven" Dienste ohne ausdrückliche Einwilligung der Nutzer installiert werden.

Warum nur für jeden zehnten Schüler ein Ingenieurberuf in Frage kommt diskutierten die Teilnehmer auf dem Forum *Nachwuchsbarometer* am 10. Juli 2009. Es war eine gemeinsame Veranstaltung von acatech und VDI, gefördert vom BMBF, die ein zentrales Anliegen der Deutschen Akademie der Technikwissenshaften thematisierte: Wie können mehr junge Menschen für ein technikwissenschaftliches Studium interessiert werden. Die Veranstaltung stellte die Ergebnisse einer der bislang umfangreichsten Monitoring-Studien zu dieser Frage vor, bei der 13 000 Schülerinnen und Schüler, Studierende sowie Ingenieure und Naturwissenschaftler befragt worden waren, Projektleiter war Ortwin Renn. Dabei hatte sich gezeigt, dass Anforderungen falsch eingeschätzt werden und Schüler sich vergleichsweise schlechte Berufsperspektiven ausrechnen. Nur jeder zehnte Schüler zieht den Beruf des Ingenieurs in Erwägung, von den Berufstätigen dagegen sind 90 Prozent mit ihrer Wahl zufrieden. Das Nachwuchsbarometer Technikwissenschaften fragte nach den Ursachen und lieferte anhand neuer Erkenntnisse wissenschaftlich fundierte Antworten auf diese Fragen.

Als Veranstaltungstyp neu hinzugekommen ist der *Akademietag* im Anschluss an die Frühjahrsversammlung der Mitglieder. Im April 2008 eröffnete der erste Akademietag mit zwei Überblicksvorträgen ein thematisch vielfältiges Veranstaltungsjahr. Dabei rückte Rüdiger vom Bruch in seinem Vortrag *Gelehrtengesellschaft oder innovative Forschungsorganisation? Ein Blick zurück nach vorn* die Traditionslinie, in die sich die Deutsche Akademie der Technikwissenschaften einreihen lässt, verbunden mit Fragen nach der Leistungsfähigkeit und Arbeitsweise von Akademien in das Zentrum. Der Beitrag von Peter Weingart dagegen *Die Akademien in der wissenschaftlichen Politikberatung - eine neue Rolle für die Akademien?* widmete sich ganz den Herausforderungen und Bedingungen der Politikberatung.[17] Zentral waren dabei Überlegungen, wie eine Akademie organisiert sein muss, um effektive Politikberatung leisten zu können.

In den kommenden Jahren sollte der Akademietag stärker an technikwissenschaftlichen Themen und Fragestellungen ausgerichtet werden, daher stand beim zweiten Akademietag am 23. April 2009 *Die Rolle der Bioenergie in der zukünftigen Energieversorgung* als Thema in der Einladung. Im Leibniz-Saal der BBAW diskutierten Experten die Vereinbarkeit von Klimaschutz und Energieversorgung, die eine der zentralen Herausforderungen der Gegenwart darstellt. Da damit eine Reihe wissenschaftlich-technischer, aber auch gesellschaftlicher Fragen verbunden sind, griff die Deutsche Akademie der Technikwissenschaften die Energiedebatte sowie die jüngsten Entscheidungen der Bundespolitik auf, und diskutierte mit ihren Mitgliedern, Senatoren und Senatsvertretern im Rahmen des Akademietags 2009 über die Zukunft der Energieversorgung. Für den Akademietag des Jahres 2010 wurde das Thema *Elektromobilität - Potenziale und wissenschaftlich-technische Herausforderungen* ausgewählt.

Die Ergebnisse aus den Arbeitsgruppen der Themennetzwerke werden seit 2005 in einer auf verschiedene Anforderungen hin gestaffelten Publikationsreihe dargeboten. Die überwiegende Zahl der Publikationen erscheint in der Reihe acatech diskutiert, bis zum Jahresende 2009 waren es 17. In der Reihe acatech berichtet und empfiehlt sind bislang drei Publikationen, darunter auch die Empfehlungen zur Ingenieurpromotion, erschienen. Die Serie acatech bezieht Position veröffentlicht Stellungnahmen zu aktuellen technikwissenschaftlichen und technologiepolitischen Themen. Die Stellungnahmen werden von führenden Experten erarbeitet und müssen vom acatech Präsidium autorisiert werden, Herausgeber ist die Akademie.

[17] Vgl. Reinhard F. Hüttl/Rüdiger vom Bruch/Peter Weingart, acatech Akademietag 2008, Stuttgart 2008.

Die seit 2002/03 erscheinenden Jahresberichte informieren über die geleistete Arbeit im Präsidium, den anderen Organen und in den Themennetzwerken. Sie berichten ausführlich von den Veranstaltungen und weisen auf laufende und geplante Projekte sowie auf neue acatech Publikationen hin. Auch der seit 2006 vierteljährlich erscheinende Newsletter *Transfer* informiert über laufende und abgeschlossene Projekte.

Seit 2003 hat sich acatech als Kooperationspartner oder Mitveranstalter an zahlreichen weiteren Veranstaltungen beteiligt, eine tabellarische Zusammenstellung der von acatech allein oder in Kooperation durchgeführten Projekte findet sich im Anhang.

Abb. 74: Akademietage 2008 und 2009

Akademietag 24. April 2008

Akademietag 23. April 2009

FESTVERANSTALTUNGEN DER JAHRE 2004 BIS 2006

Da die erste Festveranstaltung am 30. September 2003 die Aufmerksamkeit der Politik wie der interessierten Öffentlichkeit gleichermaßen auf sich gezogen hatte, galt es diese positive Wahrnehmung von acatech als Stimme der Technikwissenschaften durch die inhaltliche Arbeit zu verfestigen und bei den nun jährlich folgenden Festveranstaltungen zu präsentieren. Die lange Liste hochrangiger Redner aus Politik, Wissenschaft und Wirtschaft und die wachsende Zahl der Teilnehmer bei den Festveranstaltungen belegen den Erfolg. Die Struktur der Veranstaltungen folgte dabei einer festgelegten inneren Ordnung nach der der Präsident die Veranstaltung eröffnete und dabei in die Motivation und die Arbeit von acatech einführte. Danach sprachen der Vorsitzende des Beirats, Bundespräsident a. D. Roman Herzog, es folgten ein hochrangiger Vertreter der Politik, ein Repräsentant der großen Wissenschaftsorganisationen und eine Persönlichkeit aus der Wirtschaft.

Im Oktober 2004 begrüßte Joachim Milberg noch einmal Bundeskanzler Gerhard Schröder als Redner, dann den Präsidenten der DFG, Ernst-Ludwig Winnacker, und den Aufsichtsratsvorsitzenden der BASF, Jürgen Strube. Die Veranstaltung stand ganz im Zeichen der geplanten Bewerbung von acatech, offiziell Akademie der Technikwissenschaften in Deutschland zu werden. In seiner einleitenden Rede kam der Präsident bald auf das Thema dieser Festveranstaltung zu sprechen: *Ideen erfolgreich machen.*

Er zeigte am Beispiel des Innovationskreislaufs, dass Innovationen nicht im luftleeren Raum entstehen und nannte noch einmal die wichtigen Faktoren: Bildung auf der einen und Forschung und Entwicklung auf der anderen Seite. Das eigentliche Thema an diesem Tag aber war, wie ein Mentalitätswandel bewirkt werden kann, der Deutschland wieder an die Spitze der Industrienationen bringen kann. Joachim Milberg forderte dazu ein starkes Leitbild und wählte für seine Ausführungen das der starken Marke, der Premiummarke, die Deutschland wieder werden soll. Er ging auf verschiedene Merkmale derselben ein, wie gewachsene Identität, klares Profil und kontinuierliches Veränderungsmanagement, um mehr Innovationsfreundlichkeit zu erzeugen. Denn „die Substanz einer starken Marke schöpfe aus der Innovationskraft einer Organisation und ihrer Mitarbeiter", in diesem Falle betrifft das alle. Eine starke Marke braucht ein markensensibles Management, im Falle Deutschland heißt das, die Rahmenbedingungen müssen innovationsfreundlich gestaltet sein und das wird über politische Entscheidungen erreicht. Der Redner hob die von der Bundesregierung in Gang gesetzten Reformen hervor und betonte, dass es nicht allein Aufgabe der Politik sondern aller in Wirtschaft, Wissenschaft und Gesellschaft sei, zukunftsweisende Prozesse am jeweiligen Ort zu fördern.

Für das Unternehmen Deutschland wolle acatech für das Markenmanagement die „Stabsstelle für den technikwissenschaftlichen Bereich" übernehmen, womit der Präsident auf den von acatech geplanten Antrag auf Einrichtung einer nationalen Akademie der Technikwissenschaften überleitete. Er nannte als Motivation, so effektiver für die technologische Leistungsfähigkeit Deutschlands arbeiten zu können und die technikwissenschaftlichen Belange nach innen und außen zu vertreten. Die Ziele, welche mit dieser Gründung verfolgt werden, sind die unabhängige, wissenschaftliche Beratung in Zukunftsfragen, die Vertretung der in Deutschland tätigen Wissenschaftler in internationalen Gremien, fundierte Wissenschaftsbeobachtung, Stellungnahmen zu kritischen Fragen in der Forschung und die Förderung des Dialogs zwischen Wissenschaft und Gesellschaft. Spezifischer ist die Förderung des Dialogs zwischen den Technikwissenschaftlern in der öffentlich geförderten Forschung und den Wirtschaftsunternehmen, da zwei Drittel der Forschungsgelder in der Privatwirtschaft ausgegeben werden. Zentrale Motivation aber ist, „dass die technologische Leistungsfähigkeit Deutschlands weiterhin zur Weltspitze zählen muss."[18]

Der Festvortrag von Jürgen Strube *Vom Status quo zum Innovationsparadies Deutschland - eine entfesselnde Zeitreise* wie auch der von Ernst-Ludwig Winnacker, der sich *Deutschland im europäischen Forschungsraum* ansah, vertieften die Ausführungen von Joachim Milberg. Denn Jürgen Strube zeichnete in einer Art Zukunftsvision ein Bild von den optimalen Bedingungen für den Wirtschaftsraum Europa, von der Hypothese ausgehend, Europa sei „zum wettbewerbsfähigsten und dynamischsten wissensbasierten Wirtschaftsraum der Welt geworden". Er spielte dabei auf den Lissabon Vertrag von 2000 an und skizzierte eine Zukunft, in der nachhaltige Entwicklung über alle Konjunkturzyklen hinweg deutlich höheres Wachstum erzielt hat. Die Volkswirtschaft ist agil, das Bildungssystem ist auf Erkennen und Gestalten hin reformiert, und Europa ist Ursprung zahlreicher zukunftsweisender Innovationen. Das Klima dafür haben u.a. Veränderungen im Erziehungsbereich geschaffen mit experimentellen Angeboten schon im Kindergartenalter, in der Schule folgen Angebote für Schülerlabors etc. Die Jugend wird so zum Multiplikator des Verständnisses neuer Technologien, die Fähigkeit der Gesellschaft Chancen und Risiken neuer Technologien einzuschätzen wächst und damit geht eine rationalere Einschätzung derselben einher. Bio- und Nanotechnologie werden zu willkommenen Bestandteilen des Alltags.

Wirtschaftsrelevante Gesetzesvorgaben werden auf ihre Innovations- und Wettbewerbsfähigkeit hin überprüft, regulierende Vorgaben sind abgebaut. Die Erhöhung der Ausgaben für Forschung und Entwicklung auf drei Prozent des Bruttoinlandprodukts ist europaweit erreicht. Deutsche Hochschulen haben die Anziehungskraft der amerikanischen Universitäten ersetzt.

Die Bedeutung von Freiheit und Selbstverantwortung in diesem Prozess ist von eminenter Bedeutung, die staatliche Steuerung von Innovationen dagegen nicht erfolgreich. Jürgen Strube weist auf die real existierenden Behinderungen hin und darauf, dass diese das Ergebnis von Entscheidungen und Wertungen sind, die auch beiseite geräumt werden könnten, denn „die Motoren des Wandels können nur wir selbst anwerfen", acatech ist einer dieser Motoren. Das Selbstverständnis *Wissen schafft Zukunft* soll mit einer starken Vision zur Orientierung für die Gestaltung der Zukunft werden, forderte der Redner.

[18] Vgl. Jahresbericht 2004, S. 45ff.

Abb. 75: Festveranstaltung 2004

Bundeskanzler Gerhard Schröder

Jürgen Strube

Ernst-Ludwig Winnacker

v.l.: Franz Pischinger, Günther Wilke, Günter Spur, Reiner Kopp und Günter Pritschow

Bundeskanzler Gerhard Schröder, sitzend v.l.: Günther Wilke, Ernst-Ludwig Winnacker, Roman Herzog

v.l.: Manfred Erhardt und Jürgen Strube

Bundespräsident Roman Herzog und Joachim Milberg

Hartwig Höcker (rechts) im Gespräch

Musikalische Umrahmung durch die Beat´n Blow Brass Band

Der Präsident der DFG, Ernst-Ludwig Winnacker, widmete sich ganz real *Deutschland im europäischen Forschungsraum* und verglich zunächst die EU-15 und die USA.

Er stellte fest, dass der Abstand bei den Ausgaben für Forschung und Entwicklung in den letzten Jahren gewachsen ist, obwohl die EU-15 ihre Ausgaben um 15 Prozent gesteigert haben. Als Grund dafür nannte er das viel größere private Engagement vor allem kleiner und mittlerer Unternehmen im US-amerikanischen Forschungswesen als im deutschen bzw. europäischen und fragte: Was ist zu tun? Der Redner benannte drei Herausforderungen, eine wissenschaftliche, eine politisch-rechtliche und eine europäische, die angegangen werden müssten.

Moderne Wissenschaft bedarf der Grenzüberschreitung, was auch eine andere Art der Organisation von Wissenschaft nach sich ziehen muss, stellte er fest und nannte als Beispiel die DFG Forschungszentren. Der nächste Schritt sollte die Exzellenzinitiative sein, doch zeigte sich hier das Problem des Föderalismus, die Ministerpräsidenten legten die Initiative auf Eis, da die Ergebnisse der Föderalismuskommission noch nicht vorlagen. Die grenzüberschreitende Bearbeitung von Forschungsthemen sollte durch die neugeschaffene Organisation des ERC (European Research Council) erleichtert werden.

Die Lissabonner Beschlüsse der EU-15 vom März 2000 sollten Europa bis 2010 zum dynamischsten wissensbasierten Wirtschaftssystem machen. Ernst-Ludwig Winnacker zeigte sich optimistisch, dass die Bewältigung der ins Auge gefassten Aufgaben gelingen werde, „solange wir als Wissenschaftler es nur selbst wollen" und fuhr fort: „acatech zeigt, dass und wie dies der Fall ist".

Im Jahr darauf lautete der Titel der Festveranstaltung *Leitbild Deutschland - Technik, die dem Menschen nützt.* Die Veranstaltung fand in der Phase einer besonderen politischen Konstellation statt, da am 18. September vorzeitig Bundestagswahlen stattgefunden hatten, aus der die große Koalition unter Angela Merkel als Bundeskanzlerin hervorgegangen war. Zum Zeitpunkt der Festveranstaltung am 25. Oktober 2005 waren die Koalitionsverhandlungen aber noch nicht abgeschlossen,[19] deshalb vertrat Wolfgang Clement als Bundeswirtschaftsminister a. D. die Politik. Die Festvorträge hielten der Präsident der Max-Planck-Gesellschaft, Peter Gruss, und der Vorstandsvorsitzende der ThyssenKrupp AG, Ekkehard D. Schulz.

„Technik, die dem Menschen nützt" gehört zu den Grundüberzeugungen, die der Arbeit von acatech zugrunde liegen, eröffnete Präsident Joachim Milberg die mittlerweile dritte Festveranstaltung. „Wir identifizieren Zukunftsthemen und stoßen konkrete Projekte zur Lösung technikwissenschaftlicher Fragestellungen im ökonomischen, ökologischen und sozialen Kontext an", erklärte er zur Arbeit von acatech, um anschließend die Arbeitsform von acatech in Themennetzwerken mit verschiedenen inhaltlichen Schwerpunkten und in Einzelprojekten vorzustellen.

---

[19] Der Koalitionsvertrag wurde am 18. November unterzeichnet, am 22. November 2005 wurde Angela Merkel vom Bundestag zur Kanzlerin gewählt, anschließend die Minister und Ministerinnen ihres ersten Kabinetts von Bundespräsident Horst Köhler ernannt.

Abb. 76: Festveranstaltung 2005

Bundesminister Wolfgang Clement

Bundespräsident Roman Herzog

Peter Gruss

Ekkehard D. Schulz im Gespräch mit Wolfgang Clement und Joachim Milberg

Jürgen Kluge

Hilmar Schmundt, erster PUNKT Preisträger

Im Gespräch

Erste Reihe v.l.: Peter Gruss, Roman Herzog, Freifrau von Berlichingen, Joachim Milberg, Wolfgang Clement

Hubert Markl, Peter Gruss

Abb. 77: Festveranstaltung 2006

Jürgen Mlynek im Gespräch mit Annette Schavan

PUNKT Preisträger und Laudatoren, v.l.: Norbert Lossau, Dirk Asendorpf, Christopher Schrader, Joachim Milberg, Markus Steur, Thomas Ernsting, Heiner Müller-Elsner

Henning Kagermann

Bundesministerin Annette Schavan

Jürgen Mlynek

Aufmerksame Zuhörer der ersten Reihen

Musikalische Umrahmung durch die Cellomania

Jetzt konnte er auf den fertigen Antrag zur Bewerbung um den offiziellen Status einer Deutschen Akademie der Technikwissenschaften verweisen. Die Aufnahme beim internationalen Gremium CAETS im Juli und die damit verbundene Funktion als die Stimme der Technikwissenschaften in Deutschland belegten die Fortschritte auf dem Weg zur nationalen Akademie. In der später folgenden Rede kam er auf das Leitbild Deutschland zurück und griff noch einmal wesentliche Punkte auf, die für ein günstiges Innovationsklima prägend sind, denn hinter dem hier skizzierten Leitbild steht die Vorstellung von nachhaltigem Wachstum durch Innovationen.

Dies zu erreichen ist ein Hauptanliegen von acatech und es wird sehr konkret daran gearbeitet: durch Übernahme von Verantwortung in Gremien, die diese Ziele vorantreiben, so beispielsweise der Partner für Innovationen.

In seiner vorhergehenden Rede hatte der ehemalige Bundeswirtschaftsminister Wolfgang Clement gefordert, nach den Reformen der Agenda 2010 nun weitere auf dem Feld von Bildung und Wissenschaft und eine engere Vernetzung von Forschung und Wirtschaft voran zu treiben, da nur so Potenziale für mehr Wachstum aktiviert werden könnten. Zukunftstechnologien müssten gefördert und die Fach- und Spitzenkräfte mit attraktiven Forschungs- und Arbeitsbedingungen im Land gehalten werden. Der Vergleich der als Blue Chips an der Börse gehandelten Hightech Unternehmen zeigte nach Ansicht des Ministers klar, dass Deutschland mit nur einem einzigen solchem Unternehmen hinterherhinkt. Die Definition im weltweiten Wettbewerb über technologische Leistungskraft setzt voraus, dass auch die Ausgaben für Forschung und Entwicklung erhöht werden. Der Vergleich der schwachen europäischen Marchen mit den chinesischen zeigt die Notwendigkeit, aktiv zu werden, hielt der Redner abschließend fest .

Der Festredner Peter Gruss, Präsident der Max-Planck-Gesellschaft, knüpfte daran an als er darauf hinwies, dass Berechnungen der EU ergeben haben, dass in den Jahren 2010 bis 2015 mehr als drei Millionen zusätzlicher Arbeitsplätze entstehen könnten, wenn die EU-Länder bis dahin 3 Prozent des Bruttoinlandprodukts in Forschung investierten. Das belegt auch, dass Wissen der entscheidende Rohstoff der Zukunft ist, hier kann Deutschland durchaus mithalten. Doch die deutsche Stärke in der Forschung schlägt sich nicht in gleich guten Zahlen bei der Verwertung von Ergebnissen nieder, da die Wirtschaft häufig nicht in der Lage ist, hier fördernd mit zu helfen. Peter Gruss sieht hier den Staat gefordert, Hindernisse aus dem Weg zu räumen. Er forderte „Forschung, die die Grundlagen erkennt und der Menschheit nützt."[20]

Im Oktober 2006 schließlich hieß es *Mut zur Innovation*, hier sprachen die Bundesministerin für Bildung und Forschung, Annette Schavan, der Präsident der Helmholtz-Gemeinschaft Deutscher Forschungszentren, Jürgen Mlynek, und der Vorstandssprecher der SAP AG, Henning Kagermann.

Joachim Milberg begrüßte die Gäste und erklärte die Arbeitsschwerpunkte von acatech, zu denen zweifelsohne die Erzeugung eines innovationsfreundlicheren Klimas

[20] Jahresbericht 2005, S. 57.

gehört, aber auch die Anstrengung nationale Akademie zu werden, um dieses Ziel besser voran zu bringen. Zu letztgenanntem Punkt hatte die Bundesministerin Erfreuliches zu berichten, als sie von der Unterstützung der Bundesregierung und den positiven Signalen aus den Ländern sprach und erklärte, sie gehe davon aus, dass Bund und Länder den Beschluss zur Akademiegründung fassen werden. In ihrer Rede griff sie dann einige Punkte auf, die aus ihrer Sicht für die Sicherung des Wohlstands der deutschen Gesellschaft zentral sind: Innovationsfähigkeit gepaart mit einem Mentalitätswandel, der Anstrengung wieder attraktiv macht und Eigeninitiative zum Richtwert erhebt. Wettbewerb um Talente und Förderung von Elitenbildung sowie eine Hightech-Strategie, die eine neue Intensität der Kooperation von Wissenschaft und Wirtschaft erfordert. Der Dialog zwischen Wissenschaft und Politik muss aus Sicht der Bundesministerin ausgebaut werden und dabei ist eine unabhängige Stimme der Technikwissenschaften besonders nötig, damit die Innovationspolitik in Deutschland dauerhaft erfolgreich sein kann. Eine wissensbasierte Gesellschaft braucht eine stärker wissenschaftsbasierte Politik, das bedingt den verstärkten Austausch zwischen Wissenschaft und Politik, um aus politischen Entscheidungen zu nachhaltiger Entwicklung zu gelangen, folgerte Annette Schavan.

Jürgen Mlynek betrachtete den *Mut zur Innovation* aus der Sicht einer weltweit angesehenen Forschungsinstitution, der Helmholtz-Gemeinschaft Deutscher Forschungszentren, und stellte fest, dass es ein kompliziertes Geflecht zwischen Grundlagenforschung und angewandter Wissenschaft gibt, da es keine klare Abfolge beider Bereiche gebe und Fortschritt „häufig aus einem komplexen Zusammenspiel zwischen Grundlagenforschung und Entwicklungsarbeit, zwischen Neugier und Nutzen"[21] ent-stehe. Er forderte ein effizienteres Zusammenspiel zwischen Wirtschaft, Politik und Wissenschaft bei zukunftsentscheidenden Fragen. Am Beispiel der Energieforschung, in der Deutschland zu den führenden Nationen zählt, zeigte er wie wichtig neue Formen der Zusammenarbeit zwischen Wirtschaft, Politik und Wissenschaft sind, und sah hier eine wichtige Aufgabe für eine nationale Akademie.

Henning Kagermann, Repräsentant eines Unternehmens, das auf Innovationen setzt und solche anstößt, legte dar, dass Deutschland sich nicht darauf zurückziehen kann billiger zu sein, da die volkswirtschaftliche Entwicklung auf sehr hohem Niveau ist, die Produkte müssten den qualitativen Wettbewerb gewinnen. Im Wettlauf der globalisierten Wirtschaft gehe es darum, aus Wissen Geld zu machen, betonte der Redner. Als besonders wichtig nannte er neue, innovative Geschäftsmodelle, die nicht nur schnell entwickelt, sondern vor allem auch schnell umgesetzt werden, ein verbesserter Patentschutz, intensiverer Austausch zwischen Unternehmen, Universitäten und Forschungseinrichtungen. Henning Kagermann zeichnete acatech als agiles Kompetenznetzwerk, als virtuelle Innovationsplattform und als Innovationsbeschleuniger, der das Wissens- und Ko-Innovationsdreieck auf nationaler Ebene zusammenhalte. Innovationen marktfähig zu machen sollte aus der Sicht des Redners eine der wichtigsten Aufgaben von acatech sein.

---

[21] Jahresbericht 2006, S. 60.

Seit 2005 erfolgte im Rahmen der Festveranstaltung auch die Verleihung des von acatech ausgeschriebenen Preises für Technikjournalismus - PUNKT, um damit die Qualität der Berichterstattung über technische Themen zu fördern. Dahinter steht die Idee, dass guter Technikjournalismus ein wichtiges Instrument sein kann, um Innovation greifbar und verständlich zu machen. Neue Entwicklungen der Technik, gut recherchiert und bei aller Komplexität doch verständlich dargestellt, können so sachlich und unvoreingenommen diskutiert werden. Der PUNKT wird in zwei Bereichen der Kategorie Text vergeben, einmal für Beiträge in Tageszeitungen und zum anderen für solche in Wochenzeitungen bzw. Magazinen. Ebenfalls zwei Bereiche umfasst die Kategorie Bild, hier sind es Einzel- und Serienfotos.

GRÜNDUNG DER DEUTSCHEN AKADEMIE DER TECHNIKWISSENSCHAFTEN

Die Bund-Länder-Kommission für Bildungsplanung und Forschungsförderung (BLK) hatte in ihrer Sitzung am 23. April 2007 den Regierungschefs des Bundes und der Länder die Aufnahme von acatech - Deutsche Akademie der Technikwissenschaften in die gemeinsame Förderung von Bund und Ländern und den Abschluss einer entsprechenden Vereinbarung empfohlen. Die Entscheidung, acatech als Deutsche Akademie der Technikwissenschaften in die gemeinsame Forschungsförderung von Bund und Ländern aufzunehmen, war die Grundlage für das Wirken von acatech als nationale Stimme der Technikwissenschaften. Am 19. November 2007, in der letzten Sitzung der BLK vor ihrer Umwandlung in die Gemeinsame Wissenschaftskonferenz von Bund und Ländern (GWK), wurde der Haushalt von acatech - Deutsche Akademie der Technikwissenschaften für das Jahr 2008 gebilligt. Die staatliche Grundfinanzierung von 1 Million Euro sollte je zur Hälfte von Bund und Ländern getragen werden.

Maßgeblich dafür war vor allem die Bedeutung der Technikwissenschaften innerhalb der Wissenschaftslandschaft und das Konzept der bisherigen Arbeit von acatech, das ebenso überzeugt hatte wie der Ansatz, im Dialog mit den Natur-, Sozial- und Geisteswissenschaften über wissenschaftliche Grenzen hinweg die Bedeutung von zukunftsweisenden Technologien hervorzuheben und eine Brücke zwischen Wirtschaft, Wissenschaft, Politik und Gesellschaft zu schlagen. Dies schien die geeignete Grundlage für die Arbeit einer unabhängigen national agierenden Akademie der Technikwissenschaften.

Seit 2008 vertritt acatech als Deutsche Akademie der Technikwissenschaften die Interessen der Technikwissenschaften in Deutschland nachhaltig und baut die Arbeit im internationalen Rahmen weiter aus. Die erfolgreiche inhaltliche Arbeit, das aktive Engagement im nationalen und internationalen Rahmen und die zahlreichen Gespräche auf Bundes- und Landesebene haben zu diesem Erfolg geführt.

Die Beschlüsse der staatlichen Seite bedeuteten für die Deutsche Akademie der Technikwissenschaften, dass sie eine anfängliche staatliche Grundfinanzierung von einer Million Euro erhielt.

FESTVERANSTALTUNGEN 2007 UND 2008

Am 16. Oktober 2007 lud acatech zur fünften Festveranstaltung in das Konzerthaus Berlin, zum ersten Mal zu einer Abendveranstaltung. Dabei stand die öffentliche Verkündigung des neuen Status des Konvents für Technikwissenschaften der Union der deutschen Akademien der Wissenschaften zum 1. Januar 2008 als Deutsche Akademie der Technikwissenschaften im Mittelpunkt. Die Anwesenheit des Bundespräsidenten brachte den besonderen Anlass der feierlichen Veranstaltung im Konzerthaus am Gendarmenmarkt zur Geltung. In seinem ausführlichen Grußwort schlug Bundespräsident Horst Köhler einen Bogen über die Vorgeschichte zur zukunftsweisenden Arbeit von acatech, er betonte dabei deren Bedeutung für den Standort Deutschland und dessen Zukunft. Er unterstrich die Notwendigkeit, an der Erhöhung der Ausgaben für Forschung und Entwicklung auf drei Prozent des Bruttoinlandsprodukts festzuhalten, wie es von den Staaten der Europäischen Union in Lissabon vereinbart worden war. Zudem sprach er die Notwendigkeit der frühzeitigen Förderung des Interesses für Technik und des Nachwuchses an und betonte die Bedeutung wissenschaftlicher Politikberatung für die Zukunftssicherung des Standortes Deutschland.

Schon bei seinen Begrüßungsworten wies acatech Präsident Joachim Milberg auf die übergeordnete Zielsetzung der Arbeit *nachhaltiges Wachstum durch Innovationen* und die zentrale Rolle der Technikwissenschaften in diesem Zusammenhang hin. In einem kurzen Rückblick stellte er die Idee, die Organisation und die Themenfelder von acatech vor und dankte allen Unterstützern auf dem Weg zur Deutschen Akademie der Technikwissenschaften. Danach kam er auf die zukünftigen Aufgaben zu sprechen und erinnerte daran, dass Innovationen der Motor bleiben müssten, auch wenn aktuell der Klimawandel das thematische Feld bestimme. Doch entschieden Innovationen über wirtschaftlichen Aufstieg oder Fall von Nationen. Der Klimawandel sollte als technologische und wirtschaftliche Herausforderung und damit auch als Chance gesehen werden, die den Industrienationen neue Lösungswege abverlange. Diese zu beschreiten erfordere neben ausreichender Finanzierung vor allem genügend Nachwuchs fuhr Joachim Milberg fort.

Er kam damit auf ein zentrales Thema der Arbeit von acatech zu sprechen, die Nachwuchsförderung und die Motivierung des Interesses von jungen Menschen für Natur- und Technikwissenschaften. Er schlug einen gesamtsystemischen Ansatz vor, bei dem Wissenschaft, Wirtschaft und Politik kooperieren sollten, um gemeinsam zu Lösungen bei der Förderung des Technikinteresses, der Attraktivität Deutschlands als Studienstandort, dem Ausbau der Kooperation von Hochschulen und Wirtschaft zu kommen. Dazu müssten noch Überlegungen zu einer kontinuierlichen Einstellungspolitik von Naturwissenschaftlern und Ingenieuren und zur Möglichkeit der Zuwanderung technischer Fachkräfte kommen. Die Bundesregierung hatte acatech gerade Mittel zur Verfügung gestellt, die dazu dienen sollten, acatech als Plattform zu nutzen, um neue systemische Ansätze zur Lösung dieser zentralen Fragen zu erarbeiten, berichtete Joachim

Milberg und leitete zu den Aufgaben der Zukunft über. Als deren wichtigste nannte er die Steigerung der Wettbewerbsfähigkeit des Bildungssystems, die Investitionen in Forschung und Entwicklung und die Steigerung der Innovationsfähigkeit des Landes durch eine Erhöhung der Akzeptanz innovativen Handelns.

Mit dem neuen Status als Deutsche Akademie der Technikwissenschaften, sagte der Präsident, sieht sich acatech hier noch mehr gefordert und verpflichtet und versprach, dabei das Beste zu geben.

Vom Geist der Technik hatte der Philosoph Jürgen Mittelstraß seinen Festvortrag genannt, in dem er zunächst feststellte, dass Handeln, Denken und Konstruieren theoretisch wie praktisch zusammengehören, um dann unter den Stichworten Leonardo-Welt, Wechselwirkungen, Licht und Schatten einige Aspekte zu reflektieren, die auch der inhaltlichen Arbeit von acatech immanent sind.

Unter Leonardo-Welt stellte der Festredner die Welt vor, die technischen und wissenschaftlichen Verstand zusammenbringt, die eine artifizielle Welt ist, da sie erfunden und nicht entdeckt wird. Deshalb sind in der Technik alle Entdeckungen Erfindungen und alle Erfindungen Entdeckungen. Als Teil der Leonardo-Welt benannte Jürgen Mittelstraß ihre Innovationsfähigkeit. Diese sollte aber nicht allein mit wissenschaftsgestützten technologischen Entwicklungen zusammengebracht werden, denn in vielen Bereichen ist es die Grundlagenforschung aus der Innovationen entstehen, deshalb greift auch die lange Zeit gebrauchte Zuschreibung Grundlagenforschung gleich Wissenschaft und angewandte Forschung gleich Wirtschaft nicht mehr, weil heute die Übergänge fließend sind, und häufig anwendungsorientierte Forschung auch zugleich Grundlagenforschung ist, das Beispiel der Nobelpreise für Physik und Chemie im Jahr 2007 zeigten dies. Mittelstraß forderte die Ausrichtung auf ein dynamisches Forschungsdreieck aus reiner und anwendungsorientierter Grundlagenforschung und produktorientierter Anwendungsforschung.

Die Leonardo Welt ist grenzenlos geworden, das bedeutet aber auch, dass Wissenschaft und Technik immer tiefer in ihre eigene Welt hineingezogen werden. Denn Wissenschaft ist immer mehr zu einem gestaltenden Element der Welt geworden, das auch kulturell Wirkung zeigt. Auch die Funktion der Technik sieht Jürgen Mittelstraß als weltgestaltend, was einen Zuwachs an Verantwortung für die Wissenschaft und die Technik bedeute, für letztere allerdings in weitaus höherem Maße. Die Technisierung der Welt erhebt aus der Sicht des Redners die Technik zum schöpferischen Geist.

Als Wechselwirkungen bezeichnete der Festredner die Veränderungen, die aus der Aufhebung der klaren Zuordnungen des Einflussbereichs von Wissenschaft und Technik erwachsen, denn die Herrschaft der Technik über die Gesellschaft oder gar der Wissenschaft über die Technik ist so nicht länger gültig. Am Beispiel der Mechanik aber auch der Techniken der Uhrensynchronisation und der speziellen Relativitätstheorie konkretisierte Jürgen Mittelstraß seine Ausführungen und stellte fest, dass Forschungsprozesse und wissenschaftliche Durchbrüche nicht nur abhängig von technologischem Wissen sind, sondern zunehmend auch durch dieses gelenkt werden können. Das Signum der Leonardo-Welt ist, dass Grundlagenforschung nicht selten angewandte Technologie ist und viele ihrer Schritte in Technologieform vollzieht.

Die Risiken und Herausforderungen der Leonardo-Welt subsumierte Jürgen Mittelstraß unter dem Titel Licht und Schatten und stellte fest, dass Rationalität nicht nur zur Lösung von Problemen taugt sondern auch selbst welche schaffen kann. Der Mensch steht dabei im Mittelpunkt, da er die Leonardo-Welt schafft, aber zugleich auch in ihr lebt. Phantasien von der unbeschränkten Macht der Technik erzeugen Ängste, der Mensch muss die richtige Balance finden, um die Vorzüge zu nutzen, die Risiken aber zu minimieren. Mittelstraß forderte zum Schluss, dass neben das Wissen um Ursachen und Wirkungen, das Verfügungswissen, auch ein Orientierungswissen gehört, das Ziele und Zwecke kennt. „Wir werden auch in Zukunft den ganzen Menschen, den Geist in all seinen Spielarten brauchen." Dem zu entsprechen und die Entwicklung in diese Richtung zu lenken ist zweifellos auch die Aufgabe einer technikwissenschaftlichen Akademie" schloss der Redner und gratulierte zur Akademiegründung.[22]

Im Anschluss an die Verleihung des Journalitenpreises PUNKT gab der Empfang Gelegenheit zu Gesprächen und Gedankenaustausch.

Am 21. Oktober 2008 konnte acatech die erste Festveranstaltung als Deutsche Akademie der Technikwissenschaften ausrichten, wiederum als Abendveranstaltung im Konzerthaus am Gendarmenmarkt.

Joachim Milberg wies auf den neuen Status hin und betonte dabei, dass acatech nicht nur die erste nationale Akademie geworden war, sondern auch die erste von Bund und Ländern gemeinsam finanzierte. Zudem konnte er dem Publikum berichten, dass Bundespräsident Horst Köhler tags zuvor die Schirmherrschaft über acatech übernommen hatte. Als Ehrengast des Abends begrüßte er Bundeskanzlerin Angela Merkel und dankte zugleich für die besondere Unterstützung der Anliegen und Ziele von acatech. In seiner Rede zur Zukunft von acatech nahm er unter dem Motto Zukunft braucht Herkunft zunächst den Faden der Geschichte auf, als er auf den langen Weg der Technikwissenschaften in die Akademien hinwies und die Schritte zwischen 1900 und der Gründung der Deutschen Akademie der Technikwissenschaften skizzierte.

„Um die Herausforderungen der neuen Rolle als nationale Akademie der Technikwissenschaften besser ausfüllen zu können, hat acatech sich eine neue Organisationsstruktur mit einem Präsidium und einer Doppelspitze gegeben, Reinhard Hüttl und ich vertreten jetzt gemeinsam die Deutsche Akademie der Technikwissenshaften nach außen", erläuterte der Präsident und informierte über weitere Aspekte der Arbeit und ihrer Organisation in der Akademie.

Wie in den vergangenen Jahren ging Joachim Milberg auf die Leitidee und den Anspruch von acatech ein, dabei sprach er ausführlicher zur Politikberatung, die intensiviert wurde

---

[22] Ausführliche Redeausschnitte auch im Jahresbericht 2007, S. 52ff.

Abb. 78: Redner und Teilnehmer der Festveranstaltung 2007

Bundespräsident Horst Köhler

Festredner Jürgen Mittelstrass

v.l.: Jürgen Mittelstrass, Annette Schavan, Horst Köhler, Joachim Milberg

Blechbläserensemble der Berliner Philharmoniker

Felix Colsman überreicht Joachim Milberg einen acatech Feuerlöscher

Werner A. Borrmann und Günther Wilcke

Franz Pischinger (rechts) im Gespräch

Reiner Kopp, Hartwig Höcker und Reinhard Hüttl

Abb. 79: Redner und Teilnehmer der Festveranstaltung 2008

Bundeskanzlerin Angela Merkel

Ankunft der Bundeskanzlerin im Saal des Konzerthauses

Jürgen Zöllner und Joachim Milberg

Festredner Martin Grötschel

Die erste Reihe

Peter Weingart mit Günter und Mary Spur

Carolina Eyck spielt das Theremin

Bernd Pischetsrieder und Reinhard Hüttl

da die Bundesregierung acatech beauftragt hatte, gemeinsam mit dem BMBF und dem BMWI unter Einbeziehung weiterer Akademien und Kompetenznetzwerke, einen Vorschlag zur Neustrukturierung der innovationspolitischen Beratungslandschaft zu entwickeln.[23]

Er sprach die Zusammenarbeit mit den anderen Akademien an, die als Kooperationsmodell mit den zentralen Partnern Nationale Akademie der Wissenschaften Leopoldina und BBAW, die zugleich Mittlerin zu den anderen regionalen Akademien sein soll, geplant ist. Bei Projekten und Aufgabenstellungen mit klarem fachlichem Schwerpunkt wird die Federführung an die Akademie vergeben, zu deren Profil das Projekt passt. Bei übergreifendem Schwerpunkt soll die koordinierende Federführung beim Präsidenten der Leopoldina liegen. Bei gemeinsamer Politikberatung sollen die an der BBAW erarbeiteten Leitlinien dienen.

Mit Blick auf die Wirtschaftskrise ging er auf das Leitbild Nachhaltiges Wachstum durch Innovationen ein und unterstrich dabei nachdrücklich die zentrale Rolle guter Bildung und Ausbildung für den Innovationsstandort Deutschland. Der Präsident mahnte gerade vor dem Hintergrund der Krise eine deutliche Steigerung der Ausgaben für F&E an, um das von der EU vorgegebene Ziel von drei Prozent des BIP zu erreichen. Joachim Milberg forderte um 20 Prozent erhöhte Ausgaben für F&E und Bildung „wenn wir es ernst meinen mit unserer Zukunft".

Die Bundeskanzlerin erinnerte in ihrer Rede zunächst an die langjährige Vorarbeit des acatech Präsidenten und seiner vielen Mitstreiter für die Stärkung der Technikwissenschaften und die Gründung einer nationalen Akademie, sie gratulierte zum Erfolg und fügte an: „Es ist gut geworden Herr Professor Milberg. Seit 1. Januar diesen Jahres existiert zum ersten Mal in der deutschen Geschichte eine nationale Akademie, die Politik und Gesellschaft in technikwissenschaftlichen Fragen umfassend und kompetent berät, die sich selbst ein Urteil bildet und es dann weitergibt - eine Institution, die den Dialog zwischen Wissenschaft und Wirtschaft forciert, eine Institution, die zur Stimme der Technikwissenschaften geworden ist, eine gewichtige Stimme in unserem Land zur Förderung von Wachstum und Innovation."[24] Die Bundeskanzlerin unterstrich die Schlüsselfunktion von Bildung, Forschung und Innovation für die erfolgreiche Entwicklung des Landes und wies auf die schwierige Umsetzung in konkrete Maßnahmen hin.

Sie ging auf die wachsende Bedeutung der Akademie als Instrument der zukunftsorientierten Politikberatung ein, daneben aber auch auf ihre Rolle bei der Förderung des technisch-naturwissenschaftlichen Nachwuchses und auf die Notwendigkeit, die leistungsfähigen regionalen Allianzen aus Wissenschaft und Wirtschaft zu fördern, die im Spitzenclusterwettbewerb gewonnen hatten. Ausdrücklich erwähnte sie die Bedeutung von acatech für die Innovatiosberatung der Bundesregierung und erläuterte ihre

[23] In der Politikberatung war acatech in Person des Präsidenten schon während der Regierung Schröder aktiv, nun bekam erstmals die Institution den Auftrag zur Beratung. Ausführlicher zu diesem Aufgabenbereich in Teil VI, S. 22.

[24] Bundesregierung online, 22.10.2008, Rede von Bundeskanzlerin Angela Merkel anlässlich der acatech-Festveranstaltung am 21. Oktober 2008 in Berlin, S. 1.

Entscheidung zur Auflösung des bis dahin bestehenden Innovationsrates. Die Bundeskanzlerin sprach die Erwartungen der Politik an eine von den nationalen Akademien getragene Beratung als eine breiter aufgestellte an. Sie gratulierte acatech mit dem Zuruf: „Machen Sie weiter so. Wir brauchen Sie."

Im Festvortrag des Abends widmete sich Martin Grötschel, Mathematiker und acatech Mitglied, der Schlüsseltechnologie Mathematik. Er wies schlaglichtartig auf die vielen Facetten und die kaum bekannten Einsatzgebiete dieser Wissenschaft hin und führte Beispiele für ihre Bedeutung im Alltag vor. Damit zeigte er zugleich eine neue Motivationsstrategie auf, mit der gerade auch Jugendlichen ein besserer Zugang zur Mathematik vermittelt werden kann. Das Kernthema von acatech sprach er an als er forderte, Deutschland müsse sich bei der Planung und Steuerung von komplexen Systemen um ein intensiveres Zusammenspiel von Ingenieuren und Mathematikern bemühen, wenn es als Hochlohnland auch zukünftigt bei Prozess- und Produktinnovationen zur Weltspitze zählen wolle.

Im Anschluß an die Verleihung des PUNKT 2008 an Georg Küffner und Tanja Krämer für Textbeiträge und an die Fotografen Nobert Mihalke und Walter Fogel für Einzel- bzw. Serienaufnahmen hatten die Gäste bei einem Empfang die Gelegenheit zu Gesprächen.

Abb. 80: PUNKT Preisträger 2005 - 2008

Der erste Preisträger Hilmar Schmundt

2. v.l. Dirk Asendorpf und Christopher Schrader (Kategorie Text), 2. v.r. Thomas Ernsting daneben Markus Steur (Kategorie Bild)

Neben Bundesministerin Annette Schavan Ralf Meyer und Thomas Ernsting (Kategorie Bild), neben Bundespräsident Horst Köhler Max Rauner und John Kantara (Kategorie Text)

v.l. Georg Küffner, Tanja Krämer (Kategorie Text) r. neben Joachim Milberg Norbert Michalke und Walter Fogel (Kategorie Bild)

NATIONALE AKADEMIE

Die Deutsche Akademie der Technikwissenschaften ist die erste nationale Akademie der Bundesrepublik, ihren Weg begleiteten auch die seit den frühen 1990er Jahren teils erbittert geführten Diskussionen um eine nationale Akademie der Wissenschaften. Da diese den Prozess zeitenweise gefördert oder gebremst haben, sollen einige der Etappen schlaglichtartig noch einmal in Erinnerung gebracht werden.

Schon Anfang der 1990er Jahre in der Regierungszeit von Helmut Kohl war kurz nach der Gründung der BBAW, die Idee aufgekommen, eine nationale Akademie einzurichten. Zunächst ging eine Anfrage an die Leopoldina in Halle. Da diese schon seit ihrer Gründung im Jahr 1652 überregional orientiert arbeitete, lag dieser Schritt ebenso nahe, wie die Absage aus Halle nachvollziehbar war. Gerade hatte die Leopoldina mit großer Anstrengung ihre Unabhängigkeit durch die Zeiten der DDR gerettet, die Skepsis gegenüber einer nationalen Bindung innerhalb der BRD und der damit möglicherweise verbundenen staatlichen Gängelung war verständlich. Der Präsident der BBAW, Dieter Simon, unterstützte die Idee einer nationalen Akademie der Wissenschaften, sah die BBAW dabei als Anfang derselben, da ihre fünf Klassen alle Wissenschaftsbereiche abdeckten und die Mitglieder überregional gewählt wurden. Die bald an ihn herangetragene Idee einer nationalen Vertretung der Technikwissenschaften unterstützte Präsident Simon daher nach Kräften, sah er doch hier die Gemeinsamkeit mit Ländern wie den USA oder Großbritannien und Schweden, wo es neben der nationalen Wissenschaftsakademie auch die nationale Akademie der Technikwissenschaften gibt. Wie Reinhard Hüttl bemerkte, war das Thema nationale Akademie eines, das immer wieder unter den Mitgliedern der BBAW diskutiert wurde und für das Dieter Simon aktiv warb.[25] Er versuchte auf verschiedenen Wegen dieses Ziel zu erreichen, so auch über die gemeinsam mit der Leopoldina eingerichtete Junge Akademie im Jahr 2000, die, ähnlich wie der Konvent für Technikwissenschaften, eine Stufe auf dem schwierigen Weg zur nationalen Akademie war.

Auch der Wissenschaftsrat behandelte das Thema ab Januar 2002 in einer Arbeitsgruppe unter der Leitung von Günther Stock und Reinhard Hüttl mit neuer Kraft. Hier stand das Thema *Nationale Akademie* noch aus der Zeit vor der Wende auf der Agenda, schien lange unlösbar und war nun wieder auf der Tagesordnung. Nach zweijähriger Arbeit und Diskussion stand am Ende eine positive Empfehlung.

Zunächst aber reagierte die Union der deutschen Akademien im Jahr 2000 mit ähnlichen Argumenten, wie sie den Bestrebungen, eine Deutsche Akademie der Technikwissenschaften zu gründen, im Sommer 1995 entgegengestellt worden waren, auf die erneut aufkommenden Überlegungen der Bundesregierung, eine Nationale Deutsche Akademie der Wissenschaften einzurichten. Die Union lud zu einem interakademischen

---

[25] O. 300, Interview mit Reinhard Hüttl am 4. Juli und mit Dieter Simon am 1. Juli 2008.

Symposium ein: *Die Akademien der Wissenschaften - Aufgaben, Herausforderungen, Perspektiven.* Hier wurden die Argumente für und wider die nationale Vertretung der Wissenschaft ausgetauscht, die Position der Technikwissenschaften vertraten dabei die Mitglieder des Konvents für Technikwissenschaften Franz Pischinger und Rolf Staufenbiel, beide traten für eine nationale Institution ein. Die Überlegungen zur Gründung einer Nationalen Akademie rüttelten allerdings an den Grundsätzen der föderalen Akademienlandschaft und setzten Befürchtungen frei, die Länderakademien könnten an Gestaltungskraft verlieren. Es war ein Thema, das der Präsident der Union, Clemens Zintzen, unter anderem auch bei einer Festrede in Düsseldorf bei der NWAW unter dem Titel *Aufgaben einer Akademie - heute* aufgriff und dabei feststellte: „Für die Repräsentation der deutschen Wissenschaft braucht man nicht den Aufwand einer nationalen Neugründung. [...] Wenn die politische Seite es wünscht, stehen jeweils die zuständigen einzelnen Akademien zu solcher Beratung zur Verfügung, man braucht dazu keine Nationalakademie."[26]

Am 30. Januar 2004 gab der Wissenschaftsrat die Empfehlung für die Einrichtung einer Nationalen Akademie heraus, in der die Notwendigkeit einer solchen Institution klar herausgearbeitet war.[27] In welcher Form diese entstehen sollte ließ die Empfehlung offen. Die Arbeitsgruppe des Wissenschaftsrates hatte zwar eine Struktur vorgeschlagen, diese aber nicht durchsetzen können.[28] So begründete die Empfehlung zwar, wieso der Wissenschaftsrat die Notwendigkeit einer nationalen Akademie sah, die Struktur dieser Institution aber sollte von Leopoldina, Union, acatech, Max-Planck-Gesellschaft und DFG im Rahmen einer Arbeitsgruppe erarbeitet werden. In dieser AG Nationale Akademie vertraten Joachim Milberg und Reinhard Hüttl acatech.

Im Herbst 2004 erklärte die Union ihre Bereitschaft, den Antrag von acatech zur Gründung einer Deutschen Akademie der Technikwissenschaften zu unterstützen. Die Vorstandsmitglieder von acatech waren nun aufgefordert, das Gespräch mit den Präsidenten ihrer Landesakademien zu suchen, um weitere Technikwissenschaftler bei acatech aufnehmen zu können.

Am Ende stand acatech - Deutsche Akademie der Technikwissenschaften, von der Politik im Jahr 2007 zum 1. Januar 2008 bewilligt. Die Politik brachte schließlich auch die Einrichtung der Nationalen Akademie voran, als die GWK dem Vorschlag von Bundesministerin Schavan gefolgt ist und im November 2007 die Leopoldina mit Wirkung zum 14. Juli 2008 zur nationalen Akademie der Wissenschaften ernannt hat. Die Bedeutung von acatech als erste nationale Akademie und die Arbeit auf dem Weg dorthin hat die Entscheidung der Ministerin dabei sicher befördert. Die folgenden Abstimmungsgespräche mit den anderen Akademien der Union und der Deutschen Akademie der Technikwissenschaften sind noch nicht zu einem abschließenden Ergebnis gelangt.

---

[26] Nordrhein-Westfälische Akademie der Wissenschaften, Jahrbuch 2000, S. 26.

[27] Wissenschaftsrat, Drs. 5922/04, Empfehlungen für die Errichtung einer Nationalen Akademie in Deutschland, Berlin 30.1.2004.

[28] Reinhard Hüttl war der Leiter der Kommission, er berichtete dazu im Interview, vgl. O. 300, S. 4f.

acatech STANDORTE

Im November 2001 hatte Carsten Schröder die Arbeit als acatech Geschäftsführer aufgenommen, auch wenn zu dieser Zeit noch keine eigenen Räumlichkeiten zur Verfügung standen. Nach vorübergehenden Stationen in Räumen der TU-Berlin und der BMW AG in München, konnte acatech im Oktober 2004 eine eigene Geschäftsstelle in der Münchener Residenz eröffnen. Die Bayerische Staatsregierung hatte dort Räumlichkeiten zur Nutzung zur Verfügung gestellt, woraufhin zwei weitere Mitarbeiter für die Arbeit der Geschäftsstelle eingestellt werden konnten.

Abb. 81: Die Residenz München, Sitz der acatech Geschäftsstelle

Im September 2005 wurde das Hauptstadtbüro eingerichtet. Der Senat von Berlin und die BBAW stellten dafür im Akademiegebäude am Gendarmenmarkt Räume zur Verfügung.

Da sich acatech im Aufbau befand und bald auch Anfragen aus Politik und Gesellschaft zur Beratung in zukunftsweisenden Bereichen kamen, wuchs die Institution und die Zahl der Mitarbeiter schnell an, sowohl in München wie auch in Berlin wurde bald die Kapazitätsgrenze der vorhandenen Räumlichkeiten erreicht. Zu Beginn des Jahres 2009 waren an den beiden acatech Standorten 23 Mitarbeiter beschäftigt, ihre Zahl erhöhte sich im Laufe des Jahres weiter.

Während in München einige Mitarbeiter vorübergehend in Räumen der Bayerischen Akademie der Wissenschaften unterkamen, gestaltete sich die Suche in Berlin etwas schwieriger, da im Gebäude der BBAW die zusätzlich benötigten Räume nicht vorhanden waren. Im März 2009 zog das Hauptstadtbüro daher vom Gendarmenmarkt in die Mauerstraße in das E-Werk, 1886 von der AEG (Allgemeine Elektrizitäts-Gesellschaft) eröffnet und deutschlandweit das älteste erhaltene Bauwerk zur kommerziellen Stromerzeugung. Trotz schwerer Beschädigung im Zweiten Weltkrieg hat das E- Werk in der DDR noch bis 1973 als Umspannwerk gedient.

Abb. 82: Das E-Werk in Berlin Mitte

Nach der Wende wurde das E-Werk zuerst eine bekannte Techno-Location, ehe es 2002 von dem Berliner Technologie-Unternehmen SPM, später Teil der SAP AG, umgebaut wurde. Im SAP Komplex des E-Werks liegen die Räume, in denen die weiter angewachsene Zahl der Mitarbeiter Platz gefunden hat. Auch der vom acatech Präsidium berufene Bioökonomierat, der Empfehlungen für diesen zukunftsweisenden Bereich an Politik, Wissenschaft, Wirtschaft und Gesellschaft erarbeiten soll, hat hier seinen Sitz.[29]

In München bezogen die Mitarbeiter im April 2009 einen erweiterten Komplex der Geschäftsstelle in der Residenz, dem ehemaligen Wohn- und Regierungssitz der bayerischen Herzöge, Kurfürsten und Könige. Die Geschichte dieses Ortes reicht bis ins 14. Jahrhundert zurück, doch die heute sichtbare Gestaltung der Münchner Residenz gab ihr Herzog Maximilian I. in der ersten Hälfte des 17. Jahrhunderts mit Bauten um den Kaiser-, Brunnen und Apothekenhof. Anfang des 19. Jahrhunderts fügte König Ludwig I. neue Repräsentationstrakte, den Königs- und Festsaalbau hinzu. In der Residenz befinden sich analog zu ihrer langen Geschichte Räume aus den Epochen der Renaissance, des Frühbarock und des Rokoko bis hin zum Klassizismus.

[29] Ausführlicher zum Bioökonomierat acatech Jahresbericht 2008, S. 50.

Abb. 83: Unter den Linden 14, Sitz des acatech Hauptstadtbüros

Die gewachsene Nachfrage nach wissenschaftlichen Expertisen und Empfehlungen von acatech hat neben organisatorischen Umstrukturierungen für ein schnelles Anwachsen der Mitarbeiter und Mitarbeiterinnen im Hauptstadtbüro gesorgt und schließlich dazu geführt, dass die verfügbaren Büroräume im E-Werk nicht mehr ausreichten. Zum 1. November 2010 ist das Hauptstadtbüro noch einmal umgezogen und ist nun Unter den Linden 14 in ein neu errichtetes Bürogebäude gezogen.

MITGLIEDER

Die 72 Wissenschaftler des ehemaligen Konvents bildeten zunächst die Mitgliederbasis von acatech, 70 von ihnen hatten ihren Beitritt zu acatech erklärt. Die erste Mitgliederversammlung beschloss, bei der Zuwahl von Mitgliedern in den Konvent grundsätzlich mehrere Kategorien zu berücksichtigen:

- Mitglieder in wissenschaftlichen Akademien mit technikwissenschaftlichem Bezug, einschließlich der Leopoldina,
- Hochschulprofessoren ohne Akademiezugehörigkeit,
- Deutsche Mitglieder in ausländischen technikwissenschaftlichen Akademien sowie
- sonstige Persönlichkeiten mit technikwissenschaftlichem Bezug, insbesondere aus dem Wirtschaftsbereich.

Zunächst wurde die Zuwahl von Mitgliedern mit technikwissenschaftlichem Hintergrund aus den Akademien der Union forciert. Im ersten Vereinsjahr 2002 wuchs die Zahl der Mitglieder so auf 148 an, bis 2003 kamen weitere 44 Mitglieder hinzu. Gut drei Viertel davon sind Mitglieder anderer Akademien, während das restliche Viertel Personen aus dem Bereich der universitären Forschung und der Wirtschaft umfasst. Am Ende des Jahres 2007 war die Zahl der Mitglieder auf 259 angewachsen, am Ende des ersten Jahres als Deutsche Akademie der Technikwissenschaften zählte acatech bereits 293, Ende 2009 329 Mitglieder. Sie alle wurden aufgrund ihrer herausragenden wissenschaftlichen Leistungen und ihrer hohen Reputation in die Akademie aufgenommen, stammen aus den Ingenieur- und Naturwissenschaften und auch aus den Geistes- und Sozialwissenschaften, denn acatech bearbeitet ein breites Spektrum technikwissenschaftlicher und interdisziplinärer Fragestellungen. Im Anhang sind alle Mitglieder aufgeführt.

Die Mitgliederversammlung entscheidet über die Ziele und Arbeitsweise der Akademie und schickt aus ihren Reihen zehn Vertreter in das acatech Präsidium. Der insgesamt relativ kleinen Gruppe von Wirtschaftsvertretern unter den acatech Mitgliedern steht ein wesentlich höherer Anteil derselben bei den acatech Senatoren gegenüber.

Abb. 85: Entwicklung der Mitgliederzahlen 2002 bis 2009

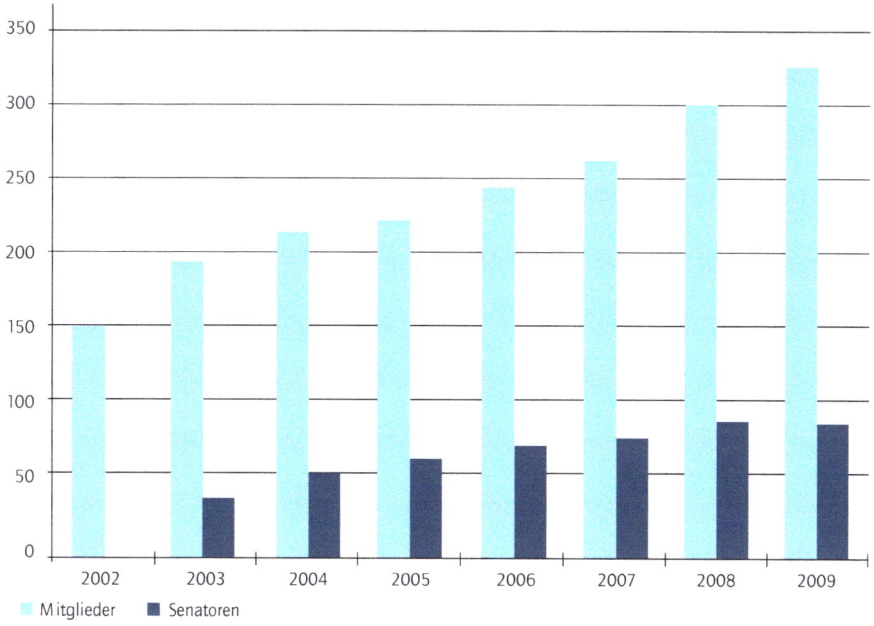

SENAT

Bereits in der ersten Satzung von 2001 war die Einrichtung eines beratenden, zunächst als Beirat bezeichneten, Gremiums vorgesehen, das die Arbeit des Vorstandes begleiten und unterstützen sollte. Ursprünglich sollte dieses Gremium nur aus acht Mitgliedern bestehen. Da sich jedoch schnell zeigte, dass mit dieser Begrenzung weder thematisch noch personell ein ausgewogenes Verhältnis herzustellen war, hob im Mai 2003 eine Satzungsänderung diese Beschränkung auf. Die konstituierende Sitzung des heutigen Senats fand am 30. September 2003 statt. Im ersten Jahr gehörten dem Senat 36 Persönlichkeiten aus Wissenschaft, Wirtschaft, Politik und Gesellschaft an. Seit der Gründung des Senats im September 2003 hat Bundespräsident a. D. Roman Herzog den Vorsitz inne.

Der Senat tritt einmal jährlich zu einer Sitzung, der Senatsversammlung, zusammen. Hier diskutieren die Senatsmitglieder die von acatech angestrebten Ziele, die geplanten Inhalte sowie praktizierte Vorgehensweisen. Zudem formuliert der Senat projektorientierte Zukunftsfragen. Der Senat berät die Akademie in Fragen der strategischen Ausrichtung und sorgt für den Austausch mit der Wirtschaft und anderen Wissenschaftsorganisationen in Deutschland. Die Senatsmitglieder sind wichtige Botschafter der Arbeitsergebnisse und der Ziele der Akademie, Impulsgeber und Förderer.

Auch der Senat ist im Laufe der Jahre gewachsen, 75 Mitglieder zählte er im Frühjahr 2008 und am Ende des Jahres 2009 gehörten bereits 83 Mitglieder diesem Organ an, sie alle sind im Anhang genannt. Damit war die Zahl der Senatsmitglieder soweit angewachsen, dass eine veränderte Struktur der Arbeit mit einem Lenkungsgremium, dem Senatsausschuss, sinnvoll erschien. Der Senat wählte dafür aus seinen Reihen für eine dreijährige Amtszeit zehn Mitglieder, diese repräsentieren den Senat der Deutschen Akademie der Technikwissenschaften. Der Senatsausschuss tritt zweimal im Jahr zusammen und entsendet vier Mitglieder in das Präsidium. Dem ersten Senatsausschuss gehören Utz-Hellmuth Felcht, Henning Kagermann, Hans-Peter Keitel, Renate Köcher, Andreas Kreimeyer, Berthold Leibinger, Joachim Milberg, Bernd Pischetsrieder, Hermann Scholl und Ekkehard D. Schulz an.

Im Juni 2005 fand im Zusammenhang mit der Senatsveranstaltung zum ersten Mal der acatech Senatsempfang in der Münchener Residenz statt, um den Förderern zu danken aber auch um die Verbindung von acatech mit dem Freistaat Bayern zu zeigen, da dieser der Institution die Räumlichkeiten in der Residenz zur Nutzung zur Verfügung gestellt hat. Daher wird der Termin so abgestimmt, dass der amtierende Ministerpräsident bei diesem als Sommerempfang ausgerichteten Ereignis begrüßt werden kann. Ministerpräsident Edmund Stoiber thematisierte in seinen Reden der Jahre 2005 und 2006 nicht nur die bayerische Wissenschaftspolitik und den Innovationsstandort Deutschland, sondern ließ vor allem keinen Zweifel daran, dass Deutschland eine nationale Akademie

Abb. 86: Senatsveranstaltung und Senatsempfang 2005-2009

Der Bayerische Ministerpräsident Edmund Stoiber und Frau mit Joachim Milberg

Bodo F. Holz und Dieter Spath

Blick in den Vierschimmelsaal

Thomas Weber, Werner A. Borrmann, Dieter Kurz, Ekkehard D. Schulz

Senatsmitglieder auf dem Weg zur Veranstaltung

Diskusssion: v.l. Franz Pischinger, Günter Pritschow, Jürgen Strube, Thomas Weber, Susanne Klatten

Der Bayerische Ministerpräsident Horst Seehofer (rechts) und Bernd Pischetsrieder

Friedrich Merz bei der Dinner Speech

für Technikwissenschaften brauche. Auch Renate Köcher, Leiterin des Instituts für Demoskopie in Allensbach, sowie Karl Homann, Professor am Lehrstuhl für Philosophie und Ökonomik der Ludwig Maximilians Universität München, nutzten die Senatsempfänge als Anlass zur Thematisierung von Zukunftsfragen des Innovationsstandorts Deutschland. Der Vortrag von Paul Nolte, Professor für Neuere Geschichte an der Freien Universität Berlin, beim acatech Senatsempfang im Juni 2007 behandelte die *Gesellschaft des Wachstums*. Der Redner skizzierte eine Gesellschaft, die durch Veränderungsbereitschaft und Dynamik dauernden Wohlstand in Freiheit erhalten kann. Die Begrüßungsworte hatte, wie schon die Jahre zuvor, Ministerpräsident Edmund Stoiber gesprochen.

Bei der ersten Senatsveranstaltung als Deutsche Akademie der Technikwissenschaften griff Ortwin Renn in seinem Vortrag *Mangel an qualifizierten Fachkräften bei Ingenieuren und Naturwissenschaftlern* ein von acatech besonders intensiv bearbeitetes Themengebiet auf und regte damit einen intensiven Gedankenaustausch an. Eine Ansprache des damaligen Bayerischen Ministerpräsidenten, Günther Beckstein, eröffnete den abendlichen Senatsempfang, danach setzte sich Hubert Markl unter dem Titel *Nachhaltigkeit - Vision oder Chimäre?* auf verschiedenen Ebenen mit diesem schillernden Begriff auseinander.[30]

Senatsveranstaltung und Senatsempfang im Juni 2009 standen ganz im Zeichen der Fragen zur Emissionsvermeidung. Zwei Vorträge bei der Senatssitzung widmeten sich dem Thema Elektromobilität, Gernot Spiegelberg, betrachtete das „elektrische Fahrzeug in seiner smart grid Umgebung - Chance oder Gefahr und Steffen Berns berichtete über „die Elektrifizierung des Antriebsstrangs.

Den Senatsempfang eröffnete traditionell das Grußwort des amtierenden Bayerischen Ministerpräsidenten, im Juni 2009 Horst Seehofer. Die Dinner Speech hielt Friedrich Merz, er betrachtete die aktuelle Wirtschafts- und Finanzkrise und ihre Folgen aus verschiedenen Blickrichtungen und zeigte einige Verbindungslinien der Krisenentwicklung zwischen Deutschland und den USA.

VORSTAND UND PRÄSIDIUM

Im Februar 2002 wählte die konstituierende Mitgliederversammlung den Vorstand, der aus sechs Mitgliedern des Konvents und den beiden geborenen Mitgliedern, dem Präsidenten und dem Vizepräsidenten der Union, bestand. Laut Satzung war nach drei Jahren eine Neuwahl erforderlich, die Wiederwahl möglich. Die zunehmenden Aufgaben und Verpflichtungen hatten zu der Entscheidung geführt, den Vorstand um zwei Mitglieder zu erweitern, einen Vorstand und einen stellvertretenden Vorstand. Beide wurden bei der ersten turnusgemäßen Wahl am 25. April 2005 gewählt. Die Mitgliederversammlung schlug zur Wahl in den Vorstand Reinhard Hüttl, Reiner Kopp, Joachim Milberg, Dieter Spath und Matthias Kleiner vor. Alle vier wurden bei eigener Enthaltung

[30] Vgl. Ortwin Renn/Hubert Markl, acatech Senat, Vorträge anlässlich der acatech Senatsveranstaltung am 18. Juni 2008, Stuttgart 2008.

einstimmig gewählt und nahmen die Wahl an. Als stellvertretende Vorstände wurden Bernd Hillemeier, Hartwig Höcker, Franz Pischinger, Günter Pritschow und Günter Spur vorgeschlagen, auch sie wurden einstimmig gewählt. Günther Wilke hatte sich nicht wieder zur Wahl gestellt, Joachim Milberg sprach ihm Dank und Anerkennung für sein Engagement im Vorstand von acatech aus.

Bei der anschließenden Wahl des Vorsitzenden des Vorstandes wurde Joachim Milberg wieder- und Reinhard Hüttl zum Stellvertreter gewählt. Die Mitgliederversammlung hatte zudem einer Satzungsänderung zugestimmt, nach der an der Spitze von acatech zukünftig anstelle des Vorsitzenden des Vorstandes und eines Stellvertreters Präsident und Vizepräsident stehen.

Im Dezember 2006 kam es zu einer personellen Veränderung im Vorstand. Matthias Kleiner bat um Entbindung von seinem Amt, da er zum Präsidenten der DFG gewählt worden war. An seiner Stelle wählte die Mitgliederversammlung im März 2007 Fritz Klocke. Franz Pischinger stellte zu dieser Zeit seinen Sitz als stellvertretendes Vorstandsmitglied zur Verfügung, für ihn kam Utz-Hellmuth Felcht in den Vorstand. Als geborene Mitglieder vertraten der Präsident der Union, Gerhard Gottschalk, und der Vizepräsident, Peter Graf Kielmansegg, diese im Vorstand.

Nachdem acatech Deutsche Akademie der Technikwissenschaften geworden war, veränderte sich die Organisationsform der Leitung noch einmal. Aus dem Vorstand wurde das Präsidium, die beiden Sitze für die Vertreter der Union als geborene Mitglieder konnten mit der Eigenständigkeit entfallen.

Abb. 87: Mitglieder des Vorstandes im Mai 2007 (Von links: Hartwig Höcker, Günter Pritschow, Reiner Kopp, Dieter Spath, Reinhard Hüttl, Franz Pischinger, Joachim Milberg, Günter Spur, Peter Graf Kielmannsegg, Bernd Hillemeier. Foto: Carsten S. Schröder)

Das Präsidium hat 14 Mitglieder, die aus der Mitgliederversammlung und dem Senatsausschuss gewählt werden, an der Spitze stehen zwei Präsidenten. Die Doppelspitze steht für die Verbindung von Wissenschaft und Wirtschaft, für einen der beiden Bereiche trägt einer der Präsidenten die vorrangige Verantwortung. Zwei Mitglieder des Präsidiums und ihre beiden Stellvertreter gehen aus dem Senat hervor, fünf Mitglieder und ihre Stellvertreter wählt die Mitgliederversammlung. Die organisatorischen und personellen Veränderungen in Vorstand und Präsidium sind im Anhang tabellarisch zusammengestellt.

Das Präsidium vertritt die Deutsche Akademie der Technikwissenschaften nach außen und steuert die Akademie. Die Präsidenten gehen aus dem 14-köpfigen Präsidium hervor, das die Akademie lenkt und die Arbeit der Präsidenten unterstützt. Bis Juni 2009 standen Joachim Milberg und Reinhard Hüttl an der Spitze des Präsidiums, dann wechselte Joachim Milberg als Mitglied des Senats in das Präsidium, an seine Stelle trat zum 1. Juni 2009 der bisherige Vizepräsident Henning Kagermann.

Die vielfältigen neuen Aufgaben, die an acatech als Deutsche Akademie der Technikwissenschaften aus Politik, Wissenschaft und Wirtschaft herangetragen wurden, erforderten die organisatorische Weiterentwicklung. Am deutlichsten zu erkennen an der Berufung von Michael Klein zum hauptamtlichen Generalsekretär von acatech zum 1. Januar 2010[31]. Der habilitierte Historiker wechselte aus dieser Position von der Leibniz-Gemeinschaft zu acatech, um dem Präsidium beratend zur Seite zu stehen.

Abb. 88: Michael Klein, Generalsekretär von acatech seit 2010

acatech Präsident Henning Kagermann äußerte seine Zufriedenheit über die Wahl des erfahrenen Wissenschaftsmanagers, für acatech Präsident Reinhard Hüttl sollte der neu berufene Generalsekretär vor allem für Verstärkung bei den „gewachsenen Aufgaben im Koordinierungsgremium der Nationalen Akademie der Wissenschaften, der Innovationsberatung und der stetig wachsenden Projektarbeit"[32] sorgen und das wissenschaftliche Profil weiter schärfen.

Michael Klein leitet als Präsidiums- und Vorstandsmitglied die Arbeit der Geschäftsstelle in München und des Hauptstadtbüros in Berlin und stärkt den Austausch mit den Partnerakademien, Forschungsinstitutionen und Verbänden.

31 Das ist der Termin des offiziellen Amtsantritts. In Absprache mit der Leibniz-Gemeinschaft stand Michael Klein acatech bereits ab November 2009 beratend zur Verfügung.

32 Pressemitteilung von acatech vom 21. Oktober 2009.

Abb. 89: acatech Präsidium

PRÄSIDENTEN

Reinhard F. Hüttl

Henning Kagermann

VIZEPRÄSIDENTEN

Bernd Pischetsrieder

Dieter Spath

MITGLIEDER DES PRÄSIDIUMS

Rolf Emmermann

Utz-Hellmuth Felcht

Bernd Hillemeier

Jürgen Gausemeier

Hartwig Höcker

Fritz Klocke

Reiner Kopp

Joachim Milberg

Günter Pritschow

Ortwin Renn

ENTWICKLUNG DER FINANZIERUNG

Der Haushalt von acatech setzt sich aus Spenden und Mitteln des BMBF zusammen. Für die inhaltliche Arbeit werden zusätzlich Drittmittel eingeworben. Die erfolgreiche Etablierung der Institution wie auch die Arbeit der ersten Arbeitskreise bzw. der heutigen Themennetzwerke von acatech ist der Unterstützung aus der Wirtschaft zu verdanken, die ohne Vorgaben Mittel zur Verfügung stellte, weil die Idee von acatech als Drehscheibe von Wissenschaft, Wirtschaft und Politik überzeugen konnte.

Abb. 90: Einnahmen von acatech und Kollegium 2002-2009

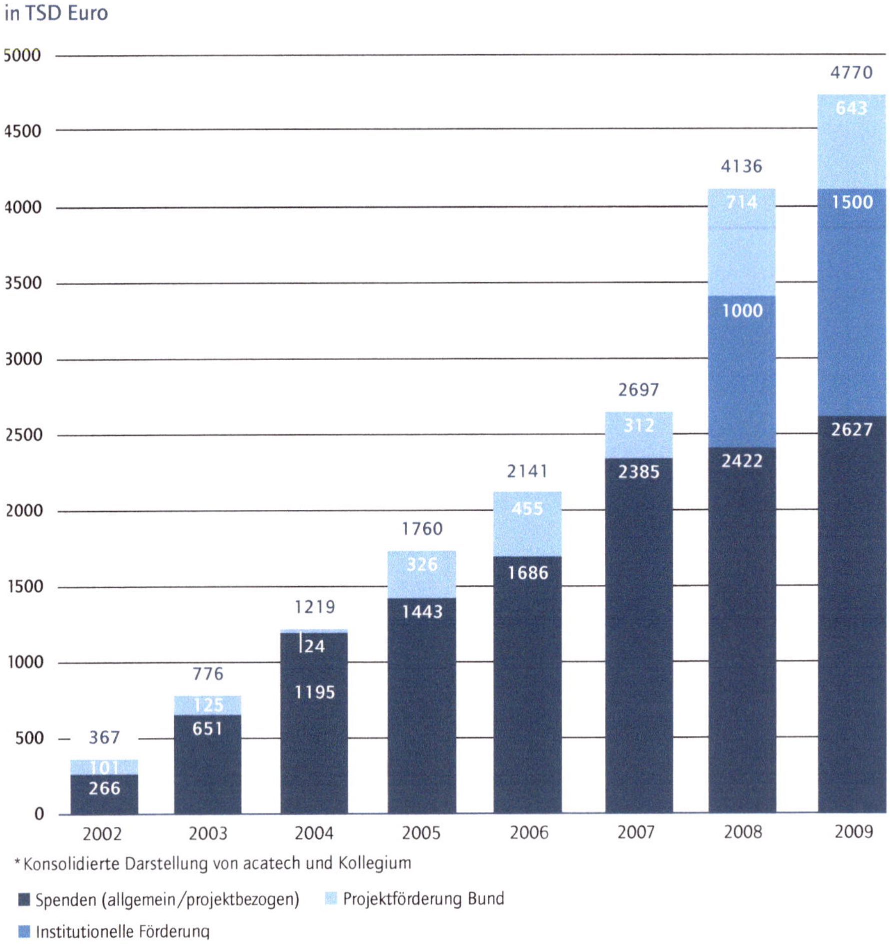

Während 2002 neben der Förderung des BMBF in Höhe von 101.000 € Spenden über 266.000 € eingingen, konnte diese Summe mit 650.600 € im Jahre 2003 um mehr als das Doppelte gesteigert werden. Die positive Wirkung des acatech Kollegiums zeigte sich schon im folgenden Jahr am weiteren Zuwachs der Förderer und Spendengelder. Hinter dem Anstieg der Spendengelder auf mehr als 2,4 Mio. € im Jahre 2008 stand die ständig wachsende Zahl der Förderer, die von 36 im Jahr 2003 auf über achtzig am Jahresende 2009 angewachsen ist.

Im Zuge der Akademiewerdung veränderte sich ab 2008 auch die Finanzierungsstruktur. Während acatech die inhaltliche Arbeit zuvor ausschließlich aus Spendengeldern finanzierte, die einen Anteil von mehr als 80% an den Gesamteinnahmen ausmachten, und den Auf- und Ausbau der Geschäftsstellen durch Projektförderung des BMBF vornahm, stieg die Grundfinanzierung mit der Ernennung zur Deutschen Akademie der Technikwissenschaften signifikant an, heute stehen neben der institutionellen Förderung von Bund und Ländern, Spenden und projektbezogene Drittmittel.

Im Lichte einer kritischen Öffentlichkeit kann die Arbeit von acatech nur gelingen, wenn öffentliche Gelder die dauerhafte Unabhängigkeit der Akademie gewährleisten. 2008 erhielt die Akademie eine Grundfinanzierung von 1 Mio. Euro, die zur Hälfte vom Bund und den Ländern finanziert wurden. Im darauffolgenden Jahr war dieser Anteil gestiegen, und es flossen zusätzliche Mittel zur Förderung von Sonderprojekten in den Haushalt. Für die kommenden Jahre sieht der Haushaltsplan eine ausgewogene Finanzierung aus staatlicher Grundfinanzierung, privaten Spenden und Drittmitteln vor.

Abb. 91: Ausgaben für inhaltliche Arbeiten und Organisation 2002 - 2009

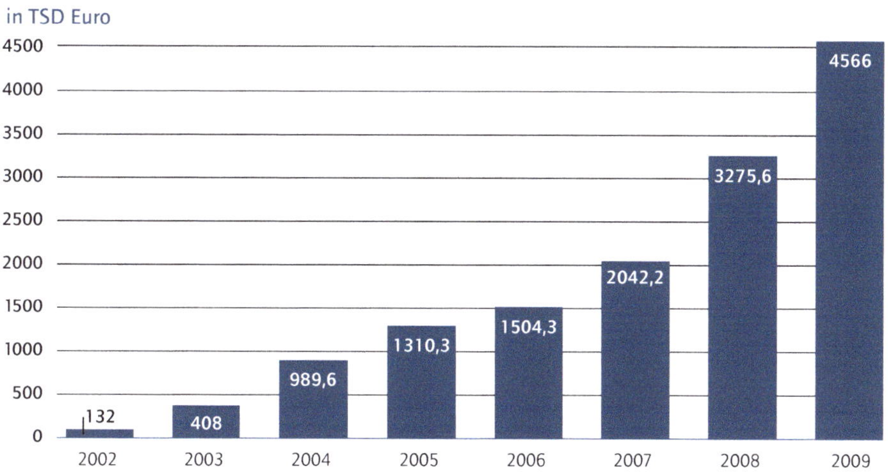

Quelle: zusammengestellt aus den JB 2002/03 bis 2009

6 ZUM SELBSTVERSTÄNDNIS VON acatech

Seit der Gründung als Konvent für Technikwissenschaften der Union der Deutschen Akademien der Wissenschaften hat acatech konsequent das Ziel verfolgt, als moderne Arbeitsakademie ein neues Format zu installieren. Mit dieser Gründung ist erstmals die Chance gegeben, die technikwissenschaftlichen Aktivitäten der sieben – bisher weitgehend regional orientierten – Akademien der Wissenschaften unter einem nationalen Dach zu vereinen. Getragen von der Reputation und Unabhängigkeit der Mitglieder will acatech die Interessen der deutschen Technikwissenschaften im In- und Ausland in selbstbestimmter, unabhängiger und gemeinwohlorientierter Weise vertreten und seine Leitbildfunktion für Wissenschaft, Wirtschaft, Öffentlichkeit und Politik wahrnehmen.

Die Leitidee nachhaltiges Wachstum durch Innovationen ist das Gerüst, das die inhaltliche Arbeit von Beginn an trägt, die Symposien und die Festveranstaltungen der ersten Jahre bestimmt. Denn es ist das erklärte Ziel von acatech, einen wesentlichen Beitrag zu leisten, damit die technologische Leistungsfähigkeit Deutschlands weiterhin zur Weltspitze zählt. Technikwissenschaften sollen als Triebkräfte für Innovation und nachhaltiges Wachstum in Deutschland breite Anerkennung finden, da sie die Schlüsselfaktoren für Standort- und Zukunftssicherung sind, auch soll die gesellschaftspolitische Relevanz der Technikwissenschaften im Bewusstsein einer breiten Öffentlichkeit verankert werden. Darüber hinaus hat sich acatech zum Ziel gesetzt, den Wissenstransfer zwischen Wissenschaft und Wirtschaft zu unterstützen und den technikwissenschaftlichen Nachwuchs zu fördern.

Technikwissenschaften können in der Zusammenarbeit mit den Natur-, Sozial- und Geisteswissenschaften helfen, technische, ökonomische, ökologische und soziale Probleme zu lösen. Die Vorstellungen, die der Philosoph Jürgen Mittelstraß zur Rolle von Technik und Wissenschaft in der von ihm so benannten Leonardo-Welt geäußert hat,[1] bestimmen auch die Handlungsweise von acatech. Die Beratung von Politik und Gesellschaft in technikwissenschaftlichen und technologiepolitischen Zukunftsfragen auf dem besten Stand des Wissens gehört dazu. acatech will einen aktiven Beitrag für den Standort Deutschland leisten, will verändern und nicht nur publizieren.

Die Überzeugung, dass technische Innovationen Voraussetzung für nachhaltiges Wirtschaftswachstum und die hervorragende Ausbildung von Ingenieuren eine notwendige Bedingung für die Prosperität von Unternehmen und Volkswirtschaften sind, bestimmt die Schwerpunkte der inhaltlichen Arbeit von acatech.

---

[1] Ausführlicher dargestellt im Abschnitt Festveranstaltungen 2007 und 2008, S. 196.

Abb. 92: Innovationskreislauf

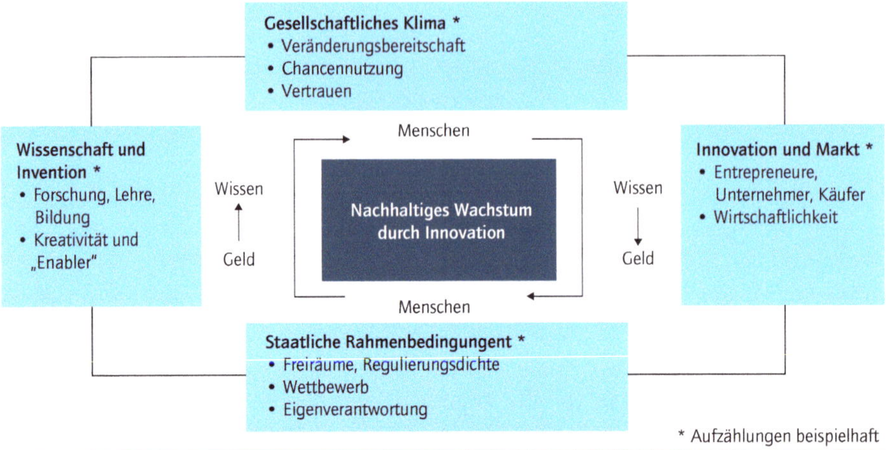

Wissenschaft und Wirtschaft sichern volkswirtschaftlichen Wohlstand

Das Ziel ist dabei auch, diese Zusammenhänge einer breiteren Öffentlichkeit bekannt zu machen, um mentalen Wandel anzustoßen. Häufig ist Wachstum noch negativ assoziiert, da es in der Tradition der siebziger Jahre, als über die Grenzen des Wachstums diskutiert wurde, wahrgenommen wird. Wachstum wird hier als exponentielles, Ressouren erschöpfendes und Lebensgrundlagen aushöhlendes Wachstum gesehen. Nachhaltiges Wachstum hingegen ist qualitatives, auf Inovationen gestütztes Wachstum, das auf grund technologischer Möglichkeiten schonend mit Ressourcen umgeht. Die Möglichkeiten, Wachstum im Einklang mit den natürlichen Lebensgrundlagen zu generieren, sind heute vorhanden, sie müssen aber noch besser genutzt werden, dann ist dies zugleich eine Chance für die Märkte von morgen.

Die Arbeit der Deutschen Akademie der Technikwissenschaften orientiert sich deshalb an diesem Anliegen und die Schwerpunkte liegen auf der hervorragenden Ausbildung von Ingenieuren als notwendiger Vorausetzung für die Prosperität von Unternehmen und Volkswirtschaften und auf der Förderung des technikwissenschaftlichen Nachwuchses. Außerdem bietet acatech eine Plattform für den Austausch von Wissenschaft und Wirtschaft, um die Ergebnisse zu kommunizieren.

Hier hat acatech Gemeinsamkeiten mit den internationalen Akademien der Technikwissenschaften, woraus sich ableiten lässt, wieso es der internationalen Akademiengemeinschaft so wichtig war, eine nationale Stimme der deutschen Technikwissenschaften in ihrem Kreis zu haben. So sieht auch die älteste dieser Akademien, die 1919 gegründete Royal Swedish Academy of Engineering Scienes, ihre Hauptaufgabe darin, ein unabhängiges Forum des Wissensaustausches zwischen Vertretern verschiedener Disziplinen zu sein und als Schnittstelle von Wissenschaft, Industrie, öffentlicher Verwaltung und Gesellschaft zu dienen.

Ähnlich formuliert es die 1976 gegründete britische Royal Academy of Engineering, deren Aktivitäten sich auf die Beratung von Parlament und Regierung in allen Fragen von Technik und Technikwissenschaften, auf die Unterstützung der Ingenieurausbildung, die Stärkung der Beziehungen zwischen Industrie und Wissenschaft und die Förderung des Dialogs zwischen Wissenschaft und Öffentlichkeit konzentrieren.

Die NAE der USA, wurde 1964 als Vereinigung herausragender Ingenieure in Wissenschaft und Industrie gegründet, sie verfolgt vergleichbare Interessen ist aber anders organisiert. Die Information und Beratung von Regierung und Öffentlichkeit erfolgt hier über den National Research Council, in dem sowohl die NAE wie die NAS vertreten sind.

Auch die Engineering Academy of Japan, 1987 gegründet, will zum Fortschritt des Landes auf allen technikwissenschaftlichen Gebieten beitragen. Die Schwerpunkte ihrer Tätigkeit sind vergleichbar, hier wird allerdings ausdrücklich auch die Förderung der Netzwerkbildung sowohl innerhalb Japans als auch international benannt.

Die Gemeinsamkeiten der internationalen Akademien und der Deutschen Akademie der Technikwissenschaften bei den Zielen machen deutlich, dass technikbasierte Zukunftsaufgaben in einer globalisierten Welt nicht mehr ausschließlich innerhalb nationaler Grenzen zu lösen sind. Der internationale Austausch gewinnt für acatech deshalb zunehmend an Bedeutung. Daher ist es wichtig, entsprechende Vorhaben international voranzubringen und dabei mit Partnern zu kooperieren, die gemeinsame Interessen hegen. acatech arbeitet vor allem in den beiden strategischen Schlüsselbereichen Energie/Umwelt und Ausbildung auf der internationalen Ebene zusammen.

Als flexible Arbeitsakademie hat acatech ein Netzwerk aus Wissenschaft und Wirtschaft geschaffen, in dem sich herausragende Wissenschaftler für die inhaltliche Arbeit verantwortlich zeichnen und Experten aus Unternehmen für den Austausch mit der industriellen Praxis sorgen. Die Beteiligten engagieren sich bei der Arbeit an Fachthemen der Technikwissenschaften und bei übergreifenden Fragestellungen mit technologiepolitischem Hintergrund in den Themennetzwerken der Akademie.

Die Politik hat das Beratungspotential von acatech schon bald nach der Gründung genutzt und den Präsidenten dazu in verschiedene Gremien berufen. So nimmt im Mai 2004 die von Bundeskanzler Gerhard Schröder eingerichtete Initiative *Partner für Innovationen* die Arbeit auf, acatech Präsident Joachim Milberg wird zum Vorsitzenden des Lenkungskreises der Initiative berufen.

Auch die Bundesregierung unter Kanzlerin Angela Merkel sucht Beratung bei Fragen der Gestaltung der wirtschaftlichen Zukunft Deutschlands. Sie setzt als enges, vertrauliches Gremium für innovationspolitische Fragen den *Rat für Innovation und*

Wachstum unter der Führung von Heinrich von Pierer ein. Auch hier ist acatech durch den Präsidenten vertreten als der Rat im Mai 2006 zu seiner ersten Sitzung zusammenkommt. Im April 2008 tagt der Rat zum letzten Mal, da sich die Bedingungen für die innovationspolitische Beratung der Politik inzwischen verändert haben: acatech ist die erste nationale Akademie und der Beschluss zur Gründung der nationalen Akademie der Wissenschaften Leopoldina ist gefallen. Die Bundesregierung will dieser Entwicklung durch die Neustrukturierung ihrer Beratung Rechnung tragen, nicht zuletzt sieht sie durch Synergieeffekte eine Verbesserung bei der Beratung zu Fragen der Innovations- und Forschungspolitik gegeben. acatech Präsident Joachim Milberg erhält nun den Auftrag, einen Vorschlag zur Neustrukturierung der innovationspolitischen Landschaft auszuarbeiten. Der daraus hervorgegangene *Innovationsdialog* nimmt ab 2010 unter der Leitung von acatech Präsident Henning Kagermann seine Arbeit auf.

Seit acatech Deutsche Akademie der Technikwissenschaften ist, gibt es somit eine noch klarere Einbindung in das Netz der Beratungsinstanzen der Politik. Die unabhängige Institution, die zugleich die besten Köpfe zur Entwicklung von technologischen Lösungen heranziehen kann, wird gerade in der Krise mehr denn je gebraucht. Das zeigen die Themen der Sonderprojekte, die seit 2008 in Kooperation mit Regierungsinstitutionen durchgeführt werden, es geht dabei unter anderem um die Förderung des technisch-naturwissenschaftlichen Nachwuchses, die Bioökonomie oder den Innovationsdialog.

Wichtiges Instrument für den Autausch zwischen Wissenschaft und Wirtschaft ist auch der seit 2009 initiierte round table, der bei einem ersten Treffen den Nachwuchsmangel in technisch-naturwissenschaftlichen Berufen mit Vertretern aus Wissenschaft, Wirtschaft, Gewerkschaften und Medien diskutierte. Die Teilnehmer waren sich dabei einig, dass gerade in einer wirtschaftlich schwierigen Zeit auf dieses Problem nachdrücklich hingewiesen werden muss, da der Nachwuchsmangel sonst das Wirtschaftswachstum der Zukunft verhindern wird.

> ANHANG

ABGESCHLOSSENE UND LAUFENDE PROJEKTE BIS 2009

ABGESCHLOSSENE PROJEKTE	LAUFENDE PROJEKTE
Workshopreihe „Technologische Innovationen" Laufzeit: 01/2004-03/2006	MedTech-Projekte Laufzeit: 08/2006-12/2011
Workshopreihe „Gesundheitstechnik" Laufzeit:01/2004-03/2006	Monitoring von Motivationskonzepten für den Techniknachwuchs (MoMoTech) Laufzeit: 03/2007-02/2010
Projektarbeiten in der Ingenieurausbildung Laufzeit: 06/2004-12/2005	Nachwuchsbarometer Technikwissenschaften Laufzeit: 11/2007-voraussichtlich 2013
Bachelor- und Masterstudiengänge in den Ingenieurwissenschaften Laufzeit: 10/2004-06/2006	Wirtschaftliche Entwicklungen von Ausgründungen aus außeruniversitären Forschungseinrichtungen Laufzeit: 11/2007-03/2010
Akademiegruppe Altern in Deutschland Laufzeit: 11/2004-03/2009	Follow up Gruppe „Technologische Innovationen" Seit: 12/2007
Die Zukunft der Energieversorgung in Deutschland Laufzeit: 01/2005-12/2006	Mobilität in Ballungsräumen 2050 Laufzeit: 01/2008-11/2009
Mobilität 2020 Laufzeit: 01/2005-03/2006	Die Bedeutung der Nanoelektronik als künftige Schlüsseltechnologie der Informations- und Kommunikationstechnik für den Standort Deutschland Laufzeit: 08/2008-12/2012
Stellungnahme „RFID wird erwachsen" Laufzeit: 01/2006-09/2006	Runder Tisch Medizintechnik Laufzeit: 10/2008-04/2010
Workshopreihe „Bedingungen und Triebkräfte technologischer Innovationen" Laufzeit: 02/2006-07/2007	Georessource Wasser – Globaler Wandel Laufzeit: 12/2008-11/2011
Empfehlungen zur Innovationskraft der Gesundheitstechnologien Laufzeit: 04/2006-03/2007	Follow up Gruppe Stellungnahme Werkstoffe Laufzeit: 12/2008-06/2010

ABGESCHLOSSENE PROJEKTE	LAUFENDE PROJEKTE
Geschichte der Gründung einer technikwissenschaftlichen Akademie in Deutschland Laufzeit: 09/2006-10/2008	Energieforschungskonzept Seit: 01/2009
Intelligente Objekte im wirtschaftlichen und privaten Alltag: Stand der Forschung - Chancen für Deutschland Laufzeit: 01/2007-04/2009	BioÖkonomieRat Laufzeit: 01/2009-12/2011
Zukunft der Ingenieurpromotion Laufzeit: 02/2007-07/2008	Nachhaltige Wertschöpfungsnetzwerke für die Märkte von morgen Laufzeit: 01/2009-06/2010
Stellungnahme Werkstoffe Laufzeit: 10/2007-09/2009	Neue Technologien im Spannungsfeld von Wissenschaft, Politik, Öffentlichkeit und Wirtschaft Laufzeit: 02/2009-12/2010
Produktionsfaktor Mathematik Laufzeit: 12/2007-12/2008	Plattform zur Förderung des technisch-naturwissenschaftlichen Nachwuchses (Phase II) Seit: 05/2009
Potenzial der biotechnologischen Energieumwandlung in Deutschland Laufzeit: 01/2008-12/2009	Elektromobilität Laufzeit: 06/2009-06/2010
Positionspapier zur Förderung der Werkstoffe Laufzeit: 01/2008-09/2008	
Synthetische Biologie: Chancen für den BioTech-Standort Deutschland? Laufzeit: 01/2008-12/2009	

acatech VERANSTALTUNGEN 2002-2009

acatech Veranstaltungen
Kooperationsveranstaltungen

2002	
22. November	Symposium „Transportsysteme und Verkehrspolitik", Kooperation NWAW, Düsseldorf
2003	
27./28. Februar	Münchener Kolloquium „Grenzen überwinden – Wachstum der neuen Art", Kooperation TU München, München
8. Mai	Symposium „Nachhaltiges Wachstum durch Innovation", Berlin
12./13. Mai	Workshop „Technologische Innovationen – Theorie und Praxis", Kooperation Stiftung „Brandenburger Tor"
14./15. Oktober	Workshop "Staatliche Verantwortung für hochtechnologische Innovationen", Kooperation „Stiftung Brandenburger Tor"
14. Oktober	Euro-CASE-Workshop „Shaping the Future in Transport and Mobility by Intelligent Traffic Management", Brüssel
14. November	Euro-CASE-Workshop "Windenergy", Düsseldorf
2004	
18. April	Wirtschaftsforum Hannover Messe, „Die Rolle zukunftsweisender Technologien für die Gesellschaft", Kooperation Deutsche Messe AG, Hannover
29. April	Symposium „Mobilfunk – Fakten, Nutzen, Ängste", Kooperation Bayerische Akademie der Wissenschaften, München
11. Mai	Symposium „Innovationsfähigkeit. Bildung. Forschung, Innovation: Wie können wir besser werden?", Berlin
21./22. Juni	Workshop „Eckpfeiler für Innovationen: Verantwortung, Mut, Vertrauen", Kooperation Stiftung „Brandenburger Tor"
28./29. September	XI. Internationales Produktionstechnisches Kolloquium „Innovative Vernunft. Ein kritischer Diskurs über die Zukunft der Produktionswissenschaft", Kooperation Fraunhofer IPK, Berlin
2005	
10. April	Wirtschaftsforum Hannover Messe „Energiestandort Deutschland im europäischen Verbund: Welche Innovationen brauchen wir, auf welche können wir verzichten?", Kooperation Deutsche Messe AG, Hannover
26. April	Symposium „Wachstum durch innovative Gesundheitstechnologien", Berlin
28. April	Symposium „Perspektiven der Energiewirtschaft – technisch, politisch, gesellschaftlich" (Forum Technologie), Kooperation Bayerische Akademie der Wissenschaften, München

28. Juni	Symposium „Computer in der Alltagswelt – Chancen für Deutschland?", Berlin
19./20. Oktober	Kongress „Hightech in Medicine", Kooperation Mühlheimer Radiologie Institut und Haus der Technik, Essen
3./4. November	Symposium „Vorausschau und Technologieplanung", Kooperation Heinz Nixdorf Institut, Neuhardenberg
9. November	Symposium „150 Jahre nach Carl Friedrich Gauß – sein Wirken für die Technik heute", Kooperation Braunschweigische Wissenschaftliche Gesellschaft, Braunschweig
2006	
9./10. März	Münchener Kolloquium „Zukunft voraus – Denken für den Standort Deutschland", Kooperation TU München, München
29. März	Forum „Mobilität 2020. Perspektiven für den Verkehr von morgen", Berlin
6. April	Workshop „Technologische Innovationen", Kooperation Stiftung „Brandenburger Tor", Berlin
23. April	Wirtschaftsforum Hannover Messe „Ziele gemeinsam erreichen", Kooperation Deutsche Messe AG, Hannover
2. Mai	Forum „Bachelor-/Masterstudiengänge in den Ingenieurwissenschaften", Berlin
10. Mai	Symposium „Medizintechnik: Möglichkeiten und Grenzen" (Forum Technologie), Kooperation Bayerische Akademie der Wissenschaften, München
17. Mai	Workshopreihe Technologische Innovation, „Was treibt Technik an? Markt – Macht – Moral", Kooperation Stiftung „Brandenburger Tor", Berlin
9./10. November	Symposium „Vorausschau und Technologieplanung", Kooperation Heinz Nixdorf Institut, Neuhardenberg
21. November	Symposium „Die Zukunft der Energieversorgung in Deutschland. Perspektiven – Herausforderungen – Lösungswege", Berlin
13. Dezember	Symposium „Informatik bewegt – Informationstechnik in Verkehr und Logistik", Kooperation Nordrhein-Westfälische Akademie der Wissenschaften, Düsseldorf
2007	
12. Januar	Workshopreihe Technologische Innovation, „Technik als Ergänzung und Verdrängung von Arbeit?", Kooperation Stiftung „Brandenburger Tor", Berlin
19. März	Forum „Innovationskraft der Gesundheitstechnologien", Berlin
15. April	Wirtschaftsforum Hannover Messe „Deutschland wieder Maßstab für Innovationen? Nachwuchs motivieren!", Kooperation Deutsche Messe AG, Hannover
8. Mai	Workshop „Migration von Wertschöpfung – Brennt es wirklich?", Hannover
17. Mai	Workshopreihe Technologische Innovation, „Kreativität und Kompetenz – die Psychologie der innovativen Technikgestaltung", Kooperation Stiftung „Brandenburger Tor", Berlin

31. Mai	Symposium „Mehr als Stichworte: Wie arbeiten die Suchmaschinen von morgen?", Berlin
17. Oktober	Workshop „Werkstoffe – Motor für Innovationen", Berlin
29./30. November	3. Symposium „Vorausschau und Technologieplanung", Kooperation Heinz Nixdorf Institut, Gütersloh
2008	
29. Februar	Symposium „Alternde Gesellschaft", Kooperation Leopoldina
20. April	Wirtschaftsforum Hannover Messe „Mit neuen Forschungsergebnissen dem Nachwuchsmangel in den technischen Berufen wirkungsvoll begegnen", Kooperation Deutsche Messe AG, Hannover
24. April	Akademietag, Berlin
20. Mai	Workshop „Umgang mit Wissen", Potsdam
21. Mai	Schülersymposium, ThyssenKrupp IdeenPark, Stuttgart
27./28. Juni	Konferenz „Technisches Wissen", Berlin
19. September	Forum „Zukunft der Ingenieurpromotion", Berlin
22. Oktober	Workshop „Potenzial der biotechnologischen Energieumwandlung in Deutschland", Berlin
30./31. Oktober	4. Symposium „Vorausschau und Technologieplanung", Kooperation Heinz Nixdorf Institut, Berlin
10. November	Symposium „Produktionsfaktor Mathematik", Berlin
20. November	Runder Tisch Medizintechnik, Düsseldorf
2009	
21. Januar	Workshop „Synthetische Biologie", Kooperation Schweizerische Akademie der Technischen Wissenschaften, Basel
23. März	Nachwuchsgipfel, Berlin
23. April	Akademietag, Berlin
29. April	Journalistenworkshop Werkstoffe, Kooperation Deutsches Museum und Initiative Wissenschaftsjournalismus, München
28. Mai	Forum „Intelligente Objekte", Berlin
10. Juli	Forum Nachwuchsbarometer, Kooperation Verein Deutscher Ingenieure, Berlin
2. November	Workshop „Interdisziplinäre Risiko- und Sicherheitsforschung", Stuttgart
9. November	Konferenz „Synthetic Bio(techno)logy, Kooperation DECHEMA, Frankfurt am Main
19. November	Symposium für Vorausschau und Technologieplanung, Kooperation Heinz Nixdorf Institut, Berlin

acatech MITGLIEDER

	TITEL	NAME, VORNAME	FACHGEBIET	BEITRITTS-DATUM
1	Prof. Dr.-Ing.	Abramovici, Michael	Produktentstehung	Oktober 2008
2	Prof. Dr.	Abstreiter, Gerhard	Experimentelle Physik	Oktober 2009
3	Prof. Dr.-Ing. Dr. h. c.	Albers, Albert	Produktentwicklung	April 2009
4	Prof. Dr.-Ing. habil.	Anderl, Reiner	virtuelle Produktentwicklung	April 2009
5	Prof. Dr. rer. nat. Dr. h. c.	Antranikian, Garabed	Technische Mikrobiologie	März 2006
6	Prof. Dr. Dr. h. c.	Appelrath, Hans-Jürgen	Angewandte Informatik	April 2009
7	Prof. Dr.-Ing. habil. Dr.-Ing. E. h. Dr. h. c.	Bach, Friedrich-Wilhelm	Werkstoffwissenschaft/-technik	Oktober 2006
8	Prof. Dr.	Bachem, Achim	Angewandte Mathematik	Oktober 2008
9	Prof. Dr.-Ing.	Beck, Hans-Peter	Elektrische Energietechnik	September 2003
10	Prof. Dr. rer. nat. habil.	Behrendt, Frank	Energietechnik (ohne Elektrotechnik)	Oktober 2007
11	Prof. Dr. med. Dr. rer. nat.	Beier, Henning M.	Biotechnologie (f. Biologen)	Oktober 2006
12	Prof. Dr.	Beller, Matthias	Chemie	Oktober 2002
13	Prof. Dr.-Ing.	Berger, Christina	Werkstoffwissenschaft/-technik	März 2007
14	Prof. Dr. med.	Berlien, Hans-Peter	Humanmedizin allgemein	April 2009
15	Prof. Dr.-Ing.	Beucke, Karl	Bauinformatik	September 2003
16	Prof. Dr. rer. nat. habil.	Bley, Thomas	Biotechnologie (techn. Verfahren)	Oktober 2002
17	Prof. Dipl.-Ing. Ph.D. Dr. h. c. Dr.-Ing. E. h.	Boerner, Wolfgang-Martin	Flugzeug- und Sateliten getragene Polarmetrische und Interferometrische SAR & LIDAR terrestrische und planetarische Fernerkundung	Oktober 2002
18	Prof. Dr.-Ing. Dr. h. c.	Böhme, Johann Friedrich	Nachrichten-/Informationstechnik	Februar 2002
19	Prof. Dr.-Ing.	Bohnet, Matthias	Verfahrenstechnik	Februar 2002
20	Prof. Dr.-Ing.	Boit, Christian	Mikrosystemtechnik	Oktober 2007
21	Prof. Dr. Dr.-Ing. E. h.	Bosch, Berthold G.	Nachrichten-/Informationstechnik	Februar 2002

	TITEL	NAME, VORNAME	FACHGEBIET	BEITRITTS-DATUM
22	Prof. Dr.	Bradshaw, Alexander	Experimentelle Physik	Mai 2003
23	Prof. Dr. rer. nat. Dr. rer. nat. h. c. mult.	Brauer, Wilfried	Informatik (allgemein)	Oktober 2002
24	Prof. Dr.-Ing. habil.	Brinksmeier, Ekkard	Produktions- und Fertigungstechnik	Mai 2003
25	Prof. Dr. Dr. h. c.	Brockhoff, Klaus	Wirtschaftswissenschaften	Februar 2002
26	Prof. Dr. Dr. h. c.	Broy, Manfred	Softwaretechnologie	März 2006
27	Prof. Dr. Dr. h. c.	Buchmann, Johannes A.	IT- Sicherheit	April 2008
28	Prof. em. Dr. rer. nat. Dr. h. c. mult.	Bulirsch, Roland	Mathematik (allgemein)	September 2003
29	Univ.-Prof. Dr.-Ing. habil. Prof. e. h. mult. Dr. h. c. mult	Bullinger, Hans-Jörg	Technologie- und Innovationsmanagement	Mai 2003
30	Prof. Dr.-Ing.	Burkhardt, Hans	Angewandte Informatik	September 2003
31	Prof. Dr. rer. nat.	Büttgenbach, Stephanus	Mikrosystemtechnik	März 2006
32	Prof. Dr. h. c. Dr.-Ing.	Byrne, Gerald	Produktions- und Fertigungstechnik	April 2009
33	Prof. Dr.	Claußen, Martin	Meteorologie	April 2008
34	Prof. Dr.-Ing. habil.	Dangelmaier, Wilhelm	Wirtschaftsinformatik (f. Informatiker)	April 2008
35	Prof. Dr.-Ing.	Denkena, Berend	Produktions- und Fertigungstechnik	März 2007
36	Prof. Dr.-Ing.	Depenbrock, Manfred	Allgemeine Elektrotechnik	Februar 2002
37	Prof. Dr.-Ing.	Döpper, Walter	Produktions- und Fertigungstechnik	Februar 2002
38	Prof. Dr. rer. nat.	Dössel, Olaf	Medizintechnik	April 2005
39	Prof. Dr.-Ing.	Dötzel, Wolfram	Mikrosystemtechnik	Oktober 2002
40	Prof. Dr.-Ing. Dr.-Ing. E. h.	Duddeck, Heinz	Konstruktiver Ingenieurbau	Februar 2002
41	Prof. Dr. Dr. h. c.	Durst, Franz	Strömungsmechanik/Thermodynamik	Mai 2003
42	Prof. Dr.-Ing.	Eberspächer, Jörg	Nachrichten-/Informationstechnik	April 2009

	TITEL	NAME, VORNAME	FACHGEBIET	BEITRITTS-DATUM
43	Prof. Dr.-Ing. Dr.-Ing. E. h. Dr. techn. h. c.	Eibl, Josef	Bauingenieurwesen und Architektur	Oktober 2002
44	Prof. Dr.-Ing.	Eichhorn, Friedrich	Maschinenbau	Februar 2002
45	Prof. Dr.-Ing.	Eigenberger, Gerhart	Verfahrenstechnik	Oktober 2004
46	Prof. Dr. rer. nat. Dr. rer. nat. habil.	Eitel, Bernhard	Physische Geographie	April 2008
47	Prof. Dr. rer. nat. Dr. h. c.	Emmermann, Rolf	Geowissenschaften (allgemein)	Oktober 2002
48	Prof. Dr.-Ing. Dr. h. c. mult. Dr. E. h.	Encarnação, José Luis	Computer Graphik/Visualisierungstechnologie und Digitale Medien	Oktober 2002
49	Prof. Dr. rer. nat.	Erker, Gerhard	Organische Chemie	Oktober 2002
50	Prof. Dr.-Ing. Dr.-Ing. habil.	Ermert, Helmut	Hochfrequenztechnik	Oktober 2002
51	Prof. Dr.-Ing.	Ernst, Rolf	Ingenieurinformatik/Technische Informatik	Oktober 2005
52	Univ.-Prof. em. Dr.-Ing. Dr. h. c. mult.	Eversheim, Walter	Produktions- und Fertigungstechnik	Oktober 2002
53	Prof. Dr. Dr. h. c.	Felcht, Utz-Hellmuth	Chemie	Februar 2002
54	Prof. Dr.-Ing.	Feldmann, Klaus	Produktions- und Fertigungstechnik	September 2003
55	Prof. em. Dr. sc. techn. Dr. h. c. mult.	Fettweis, Alfred	Nachrichten-/Informationstechnik	Februar 2002
56	Prof. Dr. rer. nat. habil.	Fiedler, Otto	Allgemeine Elektrotechnik	Februar 2002
57	Prof. Dr.-Ing.	Fischer, Jens-Uwe	Flächenrecycling	März 2007
58	Prof. Dr. Dr. h. c.	Flühler, Hannes	Geowissenschaften (allgemein)	Oktober 2006
59	Prof. Dr. rer. nat. habil. Dr. h. c.	Förster, Wolfgang	Bergmänn. Bodenmechanik und Geotechnik	Februar 2002
60	Prof. Dr. rer. nat. habil.	Förstner, Ulrich	Umwelttechnik (einschl. Recycling)	Oktober 2002
61	Prof. em. Dr.-Ing. habil.	Fratzscher, Wolfgang	Energietechnik (ohne Elektrotechnik)	Februar 2002
62	Prof. Dr.	Frede, Hans-Georg	Argrarwissenschaften, Lebensmittel- und Getränketechnologie	April 2008

	TITEL	NAME, VORNAME	FACHGEBIET	BEITRITTS-DATUM
63	Prof. Dr. med. Dr. h. c.	Freund, Hans-Joachim	Neurowissenschaften	September 2003
64	Prof. Dr.-Ing.	Friedrich, Bernhard	Verkehrsbau/- wesen	Oktober 2009
65	Prof. Dr.	Fuchs, Harald	Nanophysik/technoligie	April 2008
66	Prof. Dr. Prof. E. h. Dres. h. c.	Fulde, Peter	Theoretische Physik	Oktober 2002
67	Prof. Dr.-Ing.	Gatzen, Hans-Heinrich	Mikrotechnologie	Oktober 2007
68	Prof. Dr.-Ing.	Gausemeier, Jürgen	Produktentstehung	Mai 2003
69	Prof. Dr.-Ing. Dr.-Ing. E.h.	Geiger, Rolf	Produktions- und Fertigungstechnik	Oktober 2005
70	Prof. Dr.-Ing. Dr.-Ing. E. h. mult. Dr. h. c. mult.	Geiger, Manfred	Produktions- und Fertigungstechnik	Februar 2002
71	Prof. Dr.-Ing. habil. Dr. h. c.	Gerhardt, Horst	Bergbau allgemein	Oktober 2002
72	Prof. Dr.-Ing.	Gerhäuser, Heinz	Allgemeine Elektrotechnik	März 2007
73	Prof. Dr. rer. nat. Dr.-Ing. habil. Prof. h. c. mult.	Geßner, Thomas	Nanoelektronik	Oktober 2002
74	Prof. Dr. Dr. h. c.	Gethmann, Carl Friedrich	Angewandte Philosophie, Technikethik	April 2008
75	Prof. Dr.-Ing.	Gilles, Ernst Dieter	Verfahrenstechnik	Oktober 2002
76	Prof. Dipl.-Ing. Dr. nat. tech.	Glatzel, Gerhard	Forstwissenschaft, Holzwissenschaft	März 2006
77	Prof. Dr. rer. nat.	Göbel, Ernst Otto	Experimentelle Physik	Oktober 2005
78	Prof. Dr.-Ing. habil.	Goldhahn, Horst	Verarbeitungsmaschinen	Oktober 2002
79	Prof. Dr.-Ing. Dr.-Ing. E. h.	Göschel, Burkhard	Fahrzeugtechnik	September 2003
80	Prof. Dr. rer. nat.	Gottstein, Günter	Material- und Werkstofftechnik	September 2003
81	Prof. Dr.-Ing. Dipl. Wirtsch.-Ing.	Groche, Peter	Produktions- und Fertigungstechnik	Oktober 2002
82	Univ.-Prof. Dr.-Ing. habil.	Gronau, Norbert	Wirtschaftsinformatik (f. Informatiker)	Oktober 2007
83	Prof. Dr.-Ing.	Groß, Ulrich	Maschinenbau/Verfahrenstechnik (allgemein)	Oktober 2002
84	Prof. Dr. jur.	Großfeld, Bernhard	Rechtswissenschaften	Februar 2002

	TITEL	NAME, VORNAME	FACHGEBIET	BEITRITTS-DATUM
85	Prof. Dr.	Grötschel, Martin	Angewandte Mathematik	September 2003
86	Prof. Dr.	Grunwald, Armin	Technikphilosophie	April 2009
87	Prof. Dr.-Ing.	Häge, Kurt	Rekultivierung/Landschaftsgestaltung	Oktober 2002
88	Prof. Dr.-Ing. Dr.-Ing. E. h.	Hagenauer, Joachim	Nachrichten-/Informationstechnik	September 2003
89	Prof. Dr. Dr. h. c. Dr.-Ing. E. h.	Hahn, Dietger	Wirtschaftswissenschaften	Februar 2002
90	Prof. Dr.-Ing. E. h. Ph.D.	Hahn, Hermann H.	Siedlungswasserwirtschaft	September 2003
91	Prof. Dr.-Ing.	Hanselka, Holger	Leichtbau	April 2009
92	Prof. Dr.-Ing. habil. Prof. h. c.	Hardtke, Hans-Jürgen	Grundlagen des Maschinenwesens	Oktober 2002
93	Prof. Dr.	Harhoff, Dietmar	Produktions- und Fertigungstechnik	April 2008
94	Prof. em. Dr.-Ing.	Hartl, Philipp	Vermessungswesen allgemein	Oktober 2002
95	Prof. Dr.-Ing.	Hartmann, Dietrich	Ingenieurinformatik	Februar 2002
96	Prof. Dipl.-Ing.	Hascher, Rainer	Gebäudeplanung	Februar 2002
97	Prof. Dr.-Ing.	Haubrich, Hans-Jürgen	Elektrische Energietechnik	Februar 2002
98	Prof. Dr. med.	Haustein, Uwe-Frithjof	Humanmedizin allgemein	März 2006
99	Prof. Dr. rer. nat.	Heckl, Wolfgang M.	Nanotechnologie	März 2006
100	Prof. Dr.	Heiker, Fred Robert	Organische Chemie	Oktober 2002
101	Prof. Dr. rer. nat.	Heime, Klaus	Halbleitertechnik	Februar 2002
102	Prof. Dr.-Ing.	Heinzl, Joachim	Feinwerktechnik (mechanisch)	September 2003
103	Prof. Dr.-Ing. habil.	Heipke, Christian	Photogrammetrie	Oktober 2005
104	Prof. Dr.-Ing. Dr. h. c. mult.	Heisel, Uwe	Produktions- und Fertigungstechnik	April 2009
105	Prof. Dr. rer. nat.	Hennecke, Manfred	Physikalische Chemie	Oktober 2005
106	Univ.-Prof. Dr. Dr. h. c. mult.	Herrmann, Wolfgang A.	Anorganische Chemie	Oktober 2002
107	Prof. Dr. rer. nat.	Herzig, Peter	Ozeanographie	April 2005
108	Prof. Dr.	Herzog, Otthein	Künstliche Intelligenz	Oktober 2006
109	Prof. Dr.	Hess, Karl	Festkörperelektronik	Oktober 2009

	TITEL	NAME, VORNAME	FACHGEBIET	BEITRITTS-DATUM
110	Prof. Dr.-Ing. Dr. h. c.	Hesselbach, Jürgen	Automatisierungstechnik	September 2003
111	Prof. Dr.	Heuberger, Anton	Mikrosystemtechnik	Februar 2002
112	Prof. Dr. rer. nat.	Heuser, Lutz	Angewandte Informatik	Oktober 2005
113	Prof. Dr.-Ing.	Hillemeier, Bernd	Baustofftechnik	Februar 2002-
114	Prof. Dr. sc. tech.	Hippler, Horst	Physikalische Chemie	April 2009
115	Prof. em. Dr. rer. nat. Dr. h. c.	Höcker, Hartwig	Makromolekulare Chemie	Februar 2002
116	Prof. em. Dr.	Hoefer, Wolfgang J. R.	Nachrichten-/Informationstechnik	April 2008
117	Prof. Dr.-Ing.	Hoffmann, Hartmut	Produktions- und Fertigungstechnik	Oktober 2002
118	Univ.-Prof. Dr.-Ing.	Hofmann, Wilfried	Elektrische Energietechnik	Oktober 2009
119	Prof. Dr.-Ing.	Höhn, Bernd-Robert	Grundlagen des Maschinenwesens	April 2008
120	Prof. Dr.-Ing. habil. Dr. h. c.	Höhne, Günter	Konstruktionstechnik	Oktober 2002
121	Prof. Dr. phil. Dr. rer. pol.	Homann, Karl	Wirtschaftsethik	Oktober 2007
122	Prof. em. Dr.-Ing. Dr. h. c.	Hornbogen, Erhard	Materialwissenschaften	Februar 2002
123	Prof. Dr.	Horsfield, Brian	organische Geochemie	April 2009
124	Prof. Dr.-Ing. Prof. E. h.	Hufenbach, Werner	Material- und Fertigungstechnik/ Systemleichtbau	Oktober 2009
125	Univ.-Prof. Dr.-Ing. Dr. rer. oec.	Hülsenberg, Dagmar	Werkstoffwissenschaft/-technik	Oktober 2002
126	Prof. Dr. rer. nat. habil. Dr. h. c.	Hüttl, Reinhard	Geoökologie	Februar 2002
127	Prof. Dr.	Iden, Rüdiger	Makromolekulare Chemie	Oktober 2008
128	Prof. Dr.-Ing. E. h.	Inasaki, Ichiro	Produktions- und Fertigungstechnik	April 2009
129	Prof. Dr. -Ing.	Ivers-Tiffée, Ellen	Bauelemente der Elektrotechnik	Oktober 2007
130	Prof. Dr.	Jakobs, Eva-Maria	Technikkommunikation	März 2006
131	Prof. Dr. Dr. h. c.	Jansen, Martin	Anorganische Chemie	April 2008
132	Dr.-Ing.	Jaroni, Ulrich Wilhelm	Werkstoffwissenschaft/-technik	Oktober 2005
133	Prof. Dr.-Ing. habil. Prof. h. c.	Kallenbach, Eberhard	Mechatronik	Oktober 2002

	TITEL	NAME, VORNAME	FACHGEBIET	BEITRITTS-DATUM
134	Prof. Dr.-Ing.	Kasper, Roland	Mechatronik	Oktober 2002
135	Prof. Dr.-Ing.	Kaysser-Pyzalla, Anke	Werkstoffwissenschaft/-technik	April 2008
136	Prof. Dr.-Ing. Dr.-Ing. E. h.	Keitel, Hans-Peter	Baubetriebswesen/Baumanagement	Oktober 2002
137	Univ.-Prof. Dr.-Ing./UCB	Keller, Hartmut	Verkehrsbau/- wesen	März 2006
138	Prof. Dr.	Kielmansegg, Peter Graf	Politikwissenschaften	Februar 2002
139	Prof. Dr.-Ing. Dr.-Ing. E. h.	Kind, Dieter	Elektrische Energietechnik	Februar 2002
140	Prof. Dr.-Ing. habil. Dr. h. c. Prof. h. c.	Kipphan, Helmut	Print- und Medientechnik	September 2003
141	Prof. Dr. rer. nat.	Kirchheim, Reiner	Materialwissenschaften	Oktober 2002
142	Prof. Dr. rer. nat. Dr. h. c.	Klein, Joachim	Chemie (allgemein)	Oktober 2005
143	Prof. Dr.-Ing.	Kleiner, Matthias	Material- und Fertigungstechnologie	Februar 2002
144	Prof. Dr.-Ing. Dr.-Ing. E. h.	Klocke, Fritz	Produktions- und Fertigungstechnik	September 2003
145	Prof. Dr.-Ing. Dr.-Ing. E. h.	Knizia, Klaus	Energietechnik (ohne Elektrotechnik)	Februar 2002
146	Prof. Dr.-Ing.	Knoche, Karl Friedrich	Energietechnik (ohne Elektrotechnik)	Februar 2002
147	Prof. Dr. rer. nat. habil.	Kögel-Knabner, Ingrid	Bodenwissenschaften	März 2007
148	Prof. em. Dr.-Ing. Dr.-Ing. E. h.	Kollmann, Franz Gustav	Grundlagen des Maschinenwesens	Mai 2004
149	Prof. Dr.-Ing. habil.	Költzsch, Peter	Grundlagen des Maschinenwesens	Februar 2002
150	Prof. Dr. phil.	König, Wolfgang	Technikgeschichte	April 2009
151	Univ. Prof. Dr. techn. Dr. h. c. mult.	Kopacek, Peter	Automatisierungstechnik	Oktober 2002
152	Prof. em. Dr.-Ing. Dr. h. c. mult. Dr.-Ing. E. h.	Kopp, Reiner	Material- und Fertigungstechnologie	Februar 2002
153	Prof. Dr. phil. habil. Dipl. Phys.	Kornwachs, Klaus	Wissenschaftsforschung/- lehre	Mai 2003

	TITEL	NAME, VORNAME	FACHGEBIET	BEITRITTS-DATUM
154	Prof. Dr. rer. nat. Dr. sc. techn. h. c.	Korte, Bernhard	Angewandte Mathematik	Februar 2002
155	Prof. Dr.-Ing. habil.	Kowalsky, Wolfgang	Optoelektronik	Mai 2004
156	Prof. Dr.-Ing.	Krause, Frank-Lothar	Produktentstehung	Oktober 2008
157	Prof. Dr.-Ing. habil. Dr. h. c.	Krause, Werner	Feinwerktechnik (mechanisch)	Oktober 2002
158	Prof. Dr.-Ing. habil. Prof. E.h.	Kreuzer, Edwin	Mechanik	April 2009
159	Prof. Dr. rer. nat. habil. Dr.-Ing. E. h. Dr. h. c.	Kreysa, Gerhard	Technische Chemie	Oktober 2008
160	Prof. em. Dr. Dr. h. c. mult. Dr.-Ing. E. h. mult.	Krüger, Gerhard	Computer- und Kommunikations-techniken	Oktober 2002
161	Univ.-Prof. Dr.-Ing. (em.)	Kugeler, Kurt	Physik	Februar 2002
162	Prof. Dr.-Ing. Dr. h. c. mult.	Kühn, Paul J.	Nachrichten-/Informationstechnik	Oktober 2002
163	Prof. em. Dr. rer. nat. habil. Dr. tech. h. c.	Kula, Maria-Regina	Biochemie (f. Biologen)	April 2005
164	Dr.-Ing.	Kümmerling, Rolf	Umformtechnik	Mai 2004
165	Prof. Dr.-Ing. Dr.	Kunst, Sabine	Environmental Engineering	April 2009
166	Prof. Dr.-Ing. Dr.-Ing. E. h. Dr. h. c.	Lehmann, Eike	Schiffbau, Meerestechnik	Mai 2004
167	Prof. Dr.-Ing.	Lemmer, Karsten	Verkehrstechnik (allgemein)	März 2006
168	Prof. Dr. Dr.	Lengauer, Thomas	Bioinformatik	Oktober 2007
169	Prof. Dr.-Ing.	Leyens, Christoph	Werkstoffwissenschaft/-technik	April 2009
170	Prof. Dr.-Ing.	Lichtfuß, Hanns-Jürgen	Luft- und Raumfahrttechnik	Oktober 2005
171	Prof. Dr.-Ing.	Lindemann, Udo	Produktentwicklung/Systemtech-nik	April 2008
172	Univ.-Prof. Dr.-Ing.	Lindmayer, Manfred	Elektrische Energietechnik	September 2003
173	Prof. Dr.-Ing.	Lucas, Klaus	Maschinenbau (allgemein)	Februar 2002

	TITEL	NAME, VORNAME	FACHGEBIET	BEITRITTS-DATUM
174	Univ.-Prof. Dr.-Ing. Dipl.-Wirt.-Ing.	Luczak, Holger	Arbeitswissenschaft/Ergonomie	Mai 2003
175	Prof. Dr. rer. nat. habil.	Maier, Joachim	Physikalische Chemie	Oktober 2009
176	Prof. Dr. agr. Dr. rer. silv. habil.	Makeschin, Franz	Bodenwissenschaften	April 2005
177	Univ.-Prof. Dipl.-Ing. Dr. techn. Dr. h. c. mult. Ph.D.	Mang, Herbert	Baumechanik	April 2008
178	Dr.	Marcinowski, Stefan	Biochemie (f. Chmiker)	Oktober 2006
179	Prof. Dr.-Ing.	Marquardt, Wolfgang	Verfahrenstechnik	Februar 2002
180	Prof. Dr.-Ing.	Mathis, Wolfgang	Nachrichten-/Informationstechnik	Oktober 2008
181	Prof. Dr.	Mattern, Friedemann	Computer- und Kommunikations-techniken	September 2003
182	Prof. Dr.-Ing. Dr.-Ing. E. h.	Mayinger, Franz	Energietechnik (ohne Elektro-technik)	Oktober 2002
183	Prof. Dr. Dr.-Ing. E. h.	Mehlhorn, Kurt	Theoretische Informatik	Oktober 2004
184	Prof. Dr.	Mehrmann, Volker	Angewandte Mathematik	April 2009
185	Prof. Dr.-Ing.	Merker, Wolfgang H.	Maschinenbau (allgemein)	September 2003
186	Prof. Dr. rer. nat.	Messerschmid, Ernst W.	Luft- und Raumfahrttechnik	April 2009
187	Prof. Dr.-Ing. Dr.-Ing. E. h.	Michaeli, Walter	Kunststofftechnik	Oktober 2002
188	Prof. Dr.-Ing. Dr. h. c. mult. Dr.-Ing. E. h. mult.	Milberg, Joachim	Produktions- und Fertigungstech-nik	Februar 2002
189	Prof. Dr.	Minx, Eckard	Wirtschaftswissenschaften	September 2003
190	Prof. Dr. Dr. h. c. mult. Dr.-Ing. E. h.	Mittelstraß, Jürgen	Wissenschaftsforschung/- lehre	Oktober 2002
191	Prof. Dr.	Mlynek, Jürgen	Experimentelle Physik	Mai 2003
192	Prof. Dr.	Möller, Martin	Softmatter Nanotechnology	April 2008
193	Prof. Dr. rer. nat.	Monien, Burkhard	Theoretische Informatik	Februar 2002
194	Prof. Dr. Dr. h. c.	Mosbrugger, Volker	Paläontologie	Oktober 2008

	TITEL	NAME, VORNAME	FACHGEBIET	BEITRITTS-DATUM
195	Prof. Dr. rer. nat. Dr. rer. hort. habil. Dr. h. c.	Müller, Bernhard	Raumplanung/Raumentwicklung	Oktober 2005
196	Prof. Dr.-Ing. habil.	Müller, Dietmar	Nachrichten-/Informationstechnik	Oktober 2002
197	Prof. Dr. rer. nat. habil.	Müller-Röber, Bernd	Biotechnologie (f. Biologen)	April 2005
198	Prof. Dr.-Ing.	Musmann, Hans Georg	Nachrichten-/Informationstechnik	Oktober 2002
199	Univ.-Prof. em. Dr. Dipl.-Geo.	Negendank, Jörg F. W.	Angewandte Geologie	September 2003
200	Prof. Dr.-Ing. habil. Prof. E. h. Dr.-Ing. E. h. Dr. h. c.	Neugebauer, Reimund	Produktions- und Fertigungstechnik	Mai 2003
201	Prof. Dr. rer. nat. Dr.-Ing. E. h.	Neumann, Peter	Werkstoffwissenschaft/-technik	Februar 2002
202	Prof. Dr. rer. pol.	Neumann, Manfred J. M.	Wirtschaftswissenschaften	März 2007
203	Prof. Dr. rer. nat. habil.	Neumann, Reinhard	Physik	März 2007
204	Prof. Dr.-Ing.	Niemeyer, Matthias	Werkstoffwissenschaft/-technik	März 2006
205	Prof. Dr.-Ing.	Noll, Peter	Nachrichten-/Informationstechnik	Februar 2002
206	Prof. Dr. techn.	Nossek, Josef A.	Nachrichten-/Informationstechnik	Oktober 2008
207	Prof. Dr. Dr. h. c. mult.	Nöth, Heinrich	Anorganische Chemie	Februar 2002
208	Prof. Dr.-Ing. E. h.	Nußbaumer, Manfred	Grundbau und Geotechnik	Februar 2002
209	Prof. Dr.	Oesterhelt, Dieter	Biochemie (f. Chmiker)	Oktober 2002
210	Prof. Dr.-Ing. habil. Dr. h. c.	Offermann, Peter	Textiltechnik	Oktober 2002
211	Prof. em. Dr. Dr.-Ing. h.c. mult.	Pahl, Peter Jan	Bauinformatik	Oktober 2009
212	Prof. em. Dr. h. c. Dr.-Ing. E. h. Dr.-Ing.	Pahl, Gerhard	Maschinenbau (allgemein)	Februar 2002
213	Prof.	Parkin, Robert M.	Mechatronik	Oktober 2002

	TITEL	NAME, VORNAME	FACHGEBIET	BEITRITTS-DATUM
214	Univ.-Prof. Dr.-Ing.	Peil, Udo	Konstruktiver Ingenieurbau	September 2003
215	Prof. Dr.-Ing.	Petermann, Klaus	Nachrichten-/Informationstechnik	Februar 2002
216	Prof. Dr.-Ing. Dr. h. c. Dr.-Ing. E. h.	Peters, Norbert	Energietechnik (ohne Elektrotechnik)	Februar 2002
217	Prof. Dr. -Ing.	Peukert, Wolfgang	Chemieingenieurwesen/-Chemietechnik	Oktober 2009
218	Prof. Dr. rer. nat.	Peyerimhoff, Sigrid	Theoretische Chemie	September 2003
219	Prof. Dr. techn. Dr. techn. E. h.	Pischinger, Franz	Antriebstechnik/Verbrennungsmotoren	Februar 2002
220	Prof. Dr.	Plinke, Wulff	Wirtschaftswissenschaften	Februar 2002
221	Prof. Dr. rer. nat.	Pobell, Frank	Festkörperphysik	Oktober 2002
222	Prof. Dr. sc. nat. Dr.-Ing. i. R.	Polze, Christoph	Angewandte Informatik	Februar 2002
223	Prof. Dr.	Prenzel, Manfred	Erziehungswissenschaften	Oktober 2008
224	Prof. Dr.-Ing. Dr. h. c.	Pritschow, Günter	Produktions- und Fertigungstechnik	Februar 2002
225	Prof. Dr. rer. nat. habil.	Pühler, Alfred	Biotechnologie (f. Biologen)	Oktober 2004
226	Prof. Dr.-Ing. Dr.-Ing. E. h. Dr. h. c.	Ramm, Ekkehard	Konstruktiver Ingenieurbau	Februar 2002
227	Prof. Dr. rer. nat.	Rammig, Franz J.	Ingenieurinformatik/Technische Informatik	Mai 2004
228	Prof. Dr.-Ing.	Reimers, Ulrich	Nachrichten-/Informationstechnik	Mai 2004
229	Prof. Dr.-Ing.	Reinhart, Gunther	Produktions- und Fertigungstechnik	Oktober 2002
230	Prof. Dr. Dr. h.c.	Renn, Ortwin	Sozialwissenschaften	Oktober 2004
231	Prof. Dr.	Requardt, Hermann	Medizintechnik	Oktober 2008
232	Prof. Dr. Dr. h. c. mult.	Roesky, Herbert W.	Anorganische Chemie	Februar 2002
233	Prof. Dr. techn. Dr. h.c.	Russer, Peter	Allgemeine Elektrotechnik	Oktober 2006
234	Prof. Dr.-Ing. Dr. h. c.	Sachs, Gottfried	Luft- und Raumfahrttechnik	Februar 2002
235	Prof. Dr.	Sachsenmeier, Peter	Wirtschaftsinformatik (f. Informatiker)	März 2006

	TITEL	NAME, VORNAME	FACHGEBIET	BEITRITTS-DATUM
236	Prof. Dr. rer. nat.	Sahm, Hermann	Biotechnologie (f. Biologen)	Februar 2002
237	Prof. Dr.	Schänzer, Gunther	Steuerungs-, Mess- und Regelungstechnik	April 2008
238	Prof. Dr.	Scheper, Thomas	Technische Chemie	April 2008
239	Prof. Dr.-Ing.	Schieferdecker, Ina	Angewandte Informatik	April 2009
240	Prof. Dr.-Ing. Dr.-Ing. E. h.	Schiele, Otto H.	Maschinenbau/Verfahrenstechnik (allgemein)	Februar 2002
241	Prof. Dr.-Ing. habil.	Schipanski, Dagmar	Allgemeine Elektrotechnik	Februar 2002
242	Prof. i.R. Dr.-Ing. habil. Dr. h.c.	Schlegel, Ernst	Baustofftechnik	Oktober 2002
243	Prof. Dr.	Schlögl, Robert	Anorganische Chemie	Mai 2003
244	Prof. Dr.-Ing.	Schmachtenberg, Ernst	Kunststofftechnik	Oktober 2009
245	Prof. Dr. rer. nat. Dr. h. c.	Schmidbaur, Hubert	Anorganische Chemie	Oktober 2002
246	Prof. Dr. rer. nat.	Schmitt-Landsiedel, Doris	Mikro- und Nanoelektronik	April 2005
247	Prof. Dr.-Ing. habil.	Schmitz, Klaus-Peter	Medizintechnik	Februar 2002
248	Prof. Dr. med. Dipl.-Ing.	Schmitz-Rode, Thomas	Medizintechnik	Oktober 2005
249	Prof. Dr.-Ing. Dr. h. c.	Schnieder, Eckehard	Verkehrstechnik	März 2006
250	Prof. Dr. med. Dr. rer. nat.	Schober, Otmar	Humanmedizin allgemein	März 2007
251	Prof. Dr.-Ing.	Scholz-Reiter, Bernd	Logistik	Mai 2003
252	Prof. Dr. rer. nat.	Schottenloher, Martin	Reine Mathematik	März 2006
253	Prof. Dr.-Ing. habil.	Schubert, Helmar	Lebensmittelverfahrenstechnik	Oktober 2002
254	Prof. Dr.-Ing. Dipl.-Wirt.-Ing.	Schuh, Günther	Produktions- und Fertigungstechnik	Mai 2003
255	Prof. Dr. rer. nat.	Schüth, Ferdinand	Organische Chemie	Oktober 2002
256	Prof. Dr. Dr. h. c. mult.	Schwärtzel, Heinz G.	Informatik/Kommunikationssysteme	Mai 2004
257	Prof. Dr. Drs. h. c.	Schwarz, Helmut	Chemie (allgemein)	Oktober 2002
258	Prof. Dr. phil.	Schweizer, Urs	Wirtschaftswissenschaften	Oktober 2002

	TITEL	NAME, VORNAME	FACHGEBIET	BEITRITTS-DATUM
259	Prof. Dr.-Ing.	Seiffert, Ulrich	Verkehrstechnik (allgemein)	Mai 2003
260	Prof. Dr.-Ing.	Seliger, Günther	Produktions- und Fertigungstechnik	April 2009
261	Prof. Dr. rer. nat. Dr. h. c.	Sessler, Gerhard M.	Nachrichten-/Informationstechnik	April 2008
262	Prof. Dr.-Ing. habil.	Sester, Monika	Vermessungswesen allgemein	April 2009
263	Prof. Dr. med. Dr. rer. nat. h. c.	Sies, Helmut	Biochemie und Molekularbiologie	Februar 2002
264	Prof. Dr. Dr. h. c. mult.	Simon, Dieter	Rechtswissenschaften	Februar 2002
265	Prof. Dr. rer. nat. Dipl.-Ing.	Skerra, Arne	Molekulare Biotechnologie	April 2008
266	Prof. Dr.-Ing. Dr.-Ing. E. h.	Spath, Dieter	Arbeitswissenschaft & Organisation	Mai 2003
267	Prof. em. Dr. h. c. mult. Dr.-Ing. E. h. mult. Dr.-Ing.	Spur, Günter	Produktions- und Fertigungstechnik	Februar 2002
268	Prof. Dr. rer. nat. habil.	Starke, Peter	Theoretische Informatik	Februar 2002
269	Prof. em. Dr.-Ing.	Staufenbiel, Rolf	Luft- und Raumfahrttechnik	Februar 2002
270	Prof. Dr. rer. nat. Dr. h. c. mult.	Steglich, Frank	Festkörperphysik	Oktober 2002
271	Prof. Dr. h. c. mult. Dr.-Ing.	Stephan, Karl	Verfahrenstechnik	Februar 2002
272	Prof. Dr. Dr. h.c.	Stock, Günter	Humanmedizin allgemein	Oktober 2002
273	Prof. Dr. Dr. h.c.	Stöcker, Horst	Theoretische Physik	April 2009
274	Prof. Dr. rer. nat. habil.	Stottmeister, Ulrich	Umweltbiotechnologie	Oktober 2002
275	Prof. Dr. rer. nat.	Stratmann, Martin	Elektrochemie	Oktober 2004
276	Prof.	Talke, Frank E.	Mechatronik	Oktober 2008
277	Prof.Dr-Ing.	Tekkaya, A. Erman	Produktions- und Fertigungstechnik	Oktober 2009
278	Prof. Dr.	Thewes, Roland	Mikroelektronik, Sensorik, Biosensorik	April 2009
279	Prof. Dr. rer. nat. Dr. h. c. mult.	Thiede, Jörn	Paläontologie	Oktober 2004

	TITEL	NAME, VORNAME	FACHGEBIET	BEITRITTS-DATUM
280	Prof. em. Dr.-Ing. habil.	Thiele, Rolf	Bauingenieurwesen	Oktober 2002
281	Prof. Dr.-Ing. habil.	Thurow, Kerstin	Automatisierungstechnik	Oktober 2005
282	Prof. Dr.-Ing. Dr.-Ing. E.h. mult. Dr. h.c.	Tönshoff, Hans Kurt	Produktions- und Fertigungstechnik	Februar 2002
283	Prof. Dr.	Träger, Frank	Experimentelle Physik	Oktober 2004
284	Prof. Dr. rer. nat.	Tränkle, Günther	Mikrowellen- und Optoelektronik	Oktober 2008
285	Prof. Dr. rer. nat. Dr. h. c. mult.	Treusch, Joachim	Theoretische Physik	Oktober 2002
286	Prof. Dr.	Umbach, Eberhard	Experimentelle Physik	Oktober 2008
287	Prof. Dr. Ir.	van Houten, Fred J.A.M.	Produktions- und Fertigungstechnik	April 2009
288	Dr.-Ing.	Veit, Eberhard	Mechatronik	Oktober 2004
289	Prof. Dr. jur.	Vieweg, Klaus	Rechtswissenschaften	April 2005
290	Prof. Dipl.-Ing.	Vöhringer, Klaus-Dieter	Produktions- und Fertigungstechnik	Februar 2002
291	Prof. Dr.-Ing.	Vollertsen, Frank	Produktions- und Fertigungstechnik	Mai 2003
292	Prof. Dr. rer. nat.	von Löhneysen, Hilbert	Festkörperphysik	Oktober 2006
293	Prof. Dr.-Ing.	Voß, Alfred	Energietechnik (ohne Elektrotechnik)	April 2008
294	Prof. Dr.-Ing. Dr. h. c.	Wagemann, Hans-Günther	Halbleitertechnik	Februar 2002
295	Prof. Dr. -Ing.	Wagenführ, André	Holztechnik	April 2008
296	Prof. Dr. Dr. h. c. mult.	Wahlster, Wolfgang	Künstliche Intelligenz	Oktober 2004
297	Prof. Dr. rer. nat.	Wandrey, Christian	Biotechnologie (techn. Verfahren)	März 2006
298	Dr.-Ing.	Weber, Thomas	Produktions- und Fertigungstechnik	September 2003
299	Prof. em. Dr.-Ing. Dr.-Ing. E. h. mult.	Weck, Manfred	Maschinenbau/Verfahrenstechnik (allgemein)	Februar 2002
300	Prof. Dr.-Ing.	Wehrle, Klaus	Informatik/Kommunikationssysteme	Oktober 2009
301	Prof. Dr.-Ing.	Weikum, Gerhard	Informationssysteme	Oktober 2008
302	Prof. Dr.-Ing. Dr. h. c.	Weinert, Klaus	Produktions- und Fertigungstechnik	März 2006

	TITEL	NAME, VORNAME	FACHGEBIET	BEITRITTS-DATUM
303	Prof. Dr.	Weingart, Peter	Wissenschaftsforschung/-lehre	April 2008
304	Prof. Dr. rer. nat. Dr. h. c.	Welte, Dietrich H.	Geowissenschaften (allgemein)	Oktober 2002
305	Prof. Dr.	Wengenroth, Ulrich	Technikgeschichte	Oktober 2009-
306	Prof. Dr. rer. nat. habil.	Wess, Günther	Biotechnologie	März 2007
307	Prof. Dr.-Ing. Prof. E. h. Dr.-Ing. E. h.	Westkämper, Engelbert	Produktions- und Fertigungstechnik	Mai 2003
308	Prof. em. Dr.-Ing.	Weule, Hartmut	Produktions- und Fertigungstechnik	Februar 2002
309	Prof. Dr.	Weyrich, Claus	Festkörperphysik	Februar 2002
310	Univ. Prof. Dr. h. c. mult. Dr.-Ing.	Wiendahl, Hans-Peter	Logistik	Februar 2002
311	Prof. Dr.-Ing. Dr. h. c. Dr.-Ing. E. h.	Wiesbeck, Werner	Nachrichten-/Informationstechnik	September 2003
312	Prof. Dr.	Wiesendanger, Roland	Festkörperphysik	April 2008
313	Prof. em. Dr. rer. nat. Dr. h. c. mult.	Wilke, Günther	Chemie (allgemein)	Februar 2002
314	Prof. Dr.	Winnacker, Ernst-Ludwig	Biochemie (f. Biologen)	Mai 2003
315	Prof. Dr. rer. nat.	Winnacker, Albrecht	Werkstoffwissenschaft/-technik	Oktober 2004
316	Prof. Dr.-Ing. habil.	Winzer, Petra	Produktsicherheit/Qualitätsingenieurwesen	März 2006
317	Prof. Dr.-Ing. Dr. h. c. mult.	Wirth, Niklaus	Ingenieurinformatik/Technische Informatik	Februar 2002
318	Prof. Dr.-Ing. Dr.-Ing. E. h. Dr. h. c. mult.	Wittig, Sigmar	Energietechnik (ohne Elektrotechnik)	Oktober 2002
319	Prof. Dr. rer. nat. habil.	Wolf, Bernhard	Medizinische Elektronik/Bioengineering	Oktober 2009
320	Prof. Dr.	Wolfrum, Jürgen	Systembiologie	Oktober 2002
321	Prof. Dr.-Ing. habil.	Worch, Hartmut	Material- und Werkstofftechnik	September 2003
322	Prof. Dr.-Ing. Dr. h. c. mult.	Wörner, Johann-Dietrich	Konstruktiver Ingenieurbau	Oktober 2002

	TITEL	NAME, VORNAME	FACHGEBIET	BEITRITTS-DATUM
323	Prof. Dr.-Ing. habil. Dr.-Ing. E. h.	Woschni, Eugen-Georg	Allgemeine Elektrotechnik	Februar 2002
324	Prof. Dr.-Ing.	Wriggers, Peter	Maschinenbau	Mai 2004
325	Prof. Dr.-Ing. Dr.-Ing. E. h.	Wucherer, Klaus	Maschinenbau/Verfahrenstechnik	Mai 2004
326	Prof. Dr.-Ing.	Zäh, Michael	Produktions- und Fertigungstechnik	September 2003-
327	Prof. Dr. Dr. h. c.	Zimmerli, Walther Christoph	Wirtschafts- und Technikphilosophie und Ethik	Mai 2004
328	Prof. Dr. phil.	Zintzen, Clemens	Altertum, Renaissance	Mai 2003
329	Prof. Dr. rer. nat. Dr. h. c. mult. Prof. E. h.	zu Putlitz, Gisbert Freiherr	Experimentelle Physik	September 2003

VORSTAND/PRÄSIDIUM

acatech VORSTAND BIS APRIL 2005			
NAME	VORNAME	FACHGEBIET	FUNKTION
Milberg	Joachim	Produktionstechnik	Präsident
Pischinger	Franz	Thermodynamik	Vizepräsident
Hüttl	Reinhard F.	Umweltwissenschaften und Verfahrenstechnik	Mitglied
Kopp	Reiner	Umformtechnik	Mitglied
Hillemeier	Bernd	Bauingenieurwesen	stellv. Mitglied
Pritschow	Günter	Konstruktions- und Fertigungstechnik	stellv. Mitglied
Spur	Günter	Produktionstechnik	stellv. Mitglied
Wilke	Günther	Chemie	stellv. Mitglied
Gottschalk	Gerhard	Mikrobiologie und Genetik	Mitglied ex officio
Sies	Helmut	Physiologische Chemie	Mitglied ex officio

acatech VORSTAND BIS 2008			
NAME	VORNAME	FACHGEBIET	FUNKTION
Milberg	Joachim	Produktionstechnik	Präsident
Hüttl	Reinhard F.	Umweltwissenschaften und Verfahrenstechnik	Vizepräsident
Kleiner (bis März 2007) Felcht (seit März 2007)	Matthias Utz-Hellmuth	Umformtechnik, Produktionstechnik Chemie	geschäftsf. Mitglied
Kopp	Reiner	Umformtechnik	geschäftsf. Mitglied
Spath	Dieter	Arbeitswissenschaft, Organisation und Technologiemanagement	geschäftsf. Mitglied
Hillemeier	Bernd	Bauingenieurwesen	stellv. Mitglied
Höcker	Hartwig	Textilchemie und Makromolekulare Chemie	stellv. Mitglied
Pischinger (bis März 2007) Klocke (seit März 2007)	Franz Fritz	Thermodynamik Produktionstechnik	stellv. Mitglied
Pritschow	Günter	Konstruktions- und Fertigungstechnik	stellv. Mitglied
Spur	Günter	Produktionstechnik	stellv. Mitglied
Gottschalk	Gerhard	Mikrobiologie und Genetik	Mitglied ex officio
Sies (bis Ende 2005) Kielmannsegg (seit 2006)	Helmut Peter Graf	Physiologische Chemie Politikwissenschaft	Mitglied ex officio

acatech PRÄSIDIUM BIS JUNI 2009				
NAME	VORNAME	FACHGEBIET	FUNKTION	ENTSANDT AUS
Milberg	Joachim	Produktionstechnik	Präsident	Senat
Hüttl	Reinhard F.	Umweltwissenschaften und Verfahrenstechnik	Präsident	MV
Kagermann	Henning	Physik	Vizepräsident	Senat
Spath	Dieter	Maschinenbau	Vizepräsident	MV
Felcht	Utz-Hellmuth	Chemie	Mitglied	Senat
Hillemeier	Bernd	Bauingenieurwesen	Mitglied	MV
Klocke	Fritz	Produktionstechnik	Mitglied	MV
Kopp	Reiner	Umformtechnik	Mitglied	MV
Pischetsrieder	Bernd	Maschinenbau	Mitglied	Senat
Emmermann	Rolf	Geowissenschaften	stellv. Mitglied	MV
Gausemeier	Jürgen	Produktionstechnik	stellv. Mitglied	MV
Höcker	Hartwig	Textilchemie und Makromolekulare Chemie	stellv. Mitglied	MV
Pritschow	Günter	Konstruktions- und Fertigungstechnik	stellv. Mitglied	MV
Renn	Ortwin	Soziologie	stellv. Mitglied	MV

acatech PRÄSIDIUM SEIT JUNI 2009				
NAME	VORNAME	FACHGEBIET	FUNKTION	ENTSANDT AUS
Hüttl	Reinhard F.	Umweltwissenschaften und Verfahrenstechnik	Präsident	MV
Kagermann	Henning	Physik	Präsident	Senat
Pischetsrieder	Bernd	Maschinenbau	Vizepräsident	Senat
Spath	Dieter	Maschinenbau	Vizepräsident	MV
Felcht	Utz-Hellmuth	Chemie	Mitglied	Senat
Hillemeier	Bernd	Bauingenieurwesen	Mitglied	MV
Klocke	Fritz	Produktionstechnik	Mitglied	MV
Kopp	Reiner	Umformtechnik	Mitglied	MV
Milberg	Joachim	Produktionstechnik	Mitglied	Senat
Emmermann	Rolf	Geowissenschaften	stellv. Mitglied	MV
Gausemeier	Jürgen	Produktionstechnik	stellv. Mitglied	MV
Höcker	Hartwig	Textilchemie und Makromolekulare Chemie	stellv. Mitglied	MV
Pritschow	Günter	Konstruktions- und Fertigungstechnik	stellv. Mitglied	MV
Renn	Ortwin	Soziologie	stellv. Mitglied	MV

MITGLIEDER DES acatech SENATS

NAME	VORNAME	FUNKTION	INSTITUTION
Herzog	**Roman**	**Bundespräsident a. D.**	**Vorsitzender des acatech Senats**
Au	Günter von	Vorstandsvorsitzender	Süd Chemie AG
Berger	Roland	Chairman	Roland Berger Strategy Consultants GmbH
Blickle	Rainer	Geschäftsführender Gesellschafter	SEW Eurodrive Gruppe GmbH & Co. KG
Borrmann	Werner A.	Geschäftsführer	A.T. Kearney GmbH
Braun	Bruno O.	Vorsitzender der Vorstände	TÜV Rheinland Group
Büchs	Hubert P.	Geschäftsführer	Jopp GmbH
Bullinger	Hans-Jörg	Präsident	Fraunhofer-Gesellschaft
Christ	Hubertus	Vorsitzender	Deutscher Verband Technisch-Wissenschaftlicher Vereine DVT
Dais	Siegfried	Stellvertretender Vorsitzender der Geschäftsführung	Robert Bosch GmbH
Felcht	Utz-Hellmuth	Managing Director	One Equity Partners Europe GmbH
Fuchs	Stefan Rudolf	Vorsitzender des Vorstands	Fuchs Petrolub AG
Gatti	Emanuele	Mitglied des Vorstands	Fresenius Medical Care Management AG
Grillo	Ulrich	Vorsitzender des Vorstands	Grillo Werke AG
Großmann	Jürgen	Vorstandsvorsitzender	RWE AG
Grube	Rüdiger	Vorsitzender des Vorstands	Deutsche Bahn AG
Gruss	Peter	Präsident	Max-Planck-Gesellschaft
Härter	Hans-Georg	Vorsitzender des Vorstands	ZF Friedrichshafen AG
Harting	Dietmar	Persönlich haftender Gesellschafter	Harting KGaA
Hatakka	Tuomo	Vorsitzender des Vorstands	Vattenfall Europe AG
Herrmann	Wolfgang A.	Präsident	Technischen Universität München
Hirschvogel	Manfred	Vorsitzender der Geschäftsführung	Hirschvogel Umformtechnik GmbH
Holz	Bodo F.	Vorsitzender des Beirates	Management Engineers GmbH & Co. KG

NAME	VORNAME	FUNKTION	INSTITUTION
Hüllen	Peter van	Vorsitzender der Geschäftsführung	Georgsmarienhütte Holding GmbH
Jacobs	Christian	Vorsitzender	Jacobs Foundation
Jetter	Martin	Vorsitzender der Geschäftsführung	IBM Deutschland GmbH
Kagermann	Henning	ehem. Sprecher des Vorstands	ehem. SAP AG
Keitel	Hans-Peter	Präsident	BDI
Klatten	Susanne		
Kleiner	Matthias	Präsident	Deutsche Forschungsgemeinschaft
Kley	Karl-Ludwig	Vorstandsvorsitzender	Merck KGaA
Kluge	Jürgen	Director	McKinsey & Company
Köcher	Renate	Geschäftsführerin	Institut für Demoskopie Allensbach
Kreimeyer	Andreas	Mitglied des Vorstands	BASF SE
Kurz	Dieter	Vorsitzender des Konzernvorstands	Carl Zeiss AG
Leese	Wolfgang	Vorsitzender des Vorstands	Salzgitter AG
Leibinger	Berthold	Vorsitzender des Aufsichtsrats	TRUMPF GmbH + Co. KG
Loh	Friedhelm	Vorstandsvorsitzender	Friedhelm Loh Stiftung & Co KG
Lütkestratkötter	Herbert	Vorstandsvorsitzender	HOCHTIEF AG
Markl	Hubert		Universität Konstanz
Mayrhuber	Wolfgang	Vorsitzender des Vorstands	Deutsche Lufthansa AG
Mehdorn	Hartmut	ehem. Vorsitzender des Vorstands	ehem. Deutsche Bahn AG
Milberg	Joachim	Vorsitzender des Aufsichtsrats	BMW AG
Mittelstraß	Jürgen	Präsident	Academia Europea, Universität Konstanz
Mlynek	Jürgen	Präsident	Helmholtz-Gemeinschaft
Muhr	Thomas	Geschäftsführender Gesellschafter	Muhr und Bender KG
Ostrowski	Hartmut	Vorsitzender des Vorstands	Bertelsmann AG
Päfgen	Friedhelm	Vorsitzender des Vorstands	Surteco SE
Pâques	Eric-Paul	Geschäftsführer	Grünenthal GmbH
Pierer	Heinrich von	Geschäftsführer	Pierer Consulting GmbH
Pischetsrieder	Bernd	Berater des Vorstands	Volkswagen AG

NAME	VORNAME	FUNKTION	INSTITUTION
Plattner	Hasso		Hasso-Plattner-Institut (HPI)
Quandt	Johanna		
Reitzle	Wolfgang	Vorsitzender des Vorstands	Linde AG
Requardt	Herrmann	Mitglied des Vorstands	Siemens AG
Rietschel	Ernst	Präsident	Leibniz-Gemeinschaft
Rorsted	Kasper	Vorsitzender des Vorstands	Henkel AG & Co. KGaA
Samuelsson	Håkan	ehem. Vorsitzender des Vorstands	ehem. MAN AG
Schavan	Annette	Bundesministerin für Bildung und Forschung	Gemeinsame Wissenschafts-konferenz
Scheer	August-Wilhelm	Vorsitzender des Aufsichtsrats	IDS Scheer AG, BITKOM
Schlüter	Andreas	Generalsekretär	Stifterverband für die Deutsche Wissenschaft
Schmoldt	Hubertus	Vorsitzender (bis 11/2009)	Industriegewerkschaft Bergbau, Chemie, Energie
Schulz	Ekkehard D.	Vorsitzender des Vorstands	ThyssenKrupp AG
Schwaderer	Hannes	Geschäftsführer	Intel Deutschland GmbH
Smits	Peter	Vorsitzender des Vorstands	ABB AG
Stark	Martin	Mitglied der Unternehmensleitung	Freudenberg & Co. KG
Stepken	Axel	Vorsitzender des Vorstands	TÜV SÜD AG
Stihl	Hans Peter	Persönlich haftender Gesellschaf-ter	STIHL Holding AG & Co. KG
Streibich	Karl-Heinz	Vorsitzender des Vorstands	Software AG
Thielemann	Frank	Mitglied des Vorstands	UNITY AG
Veit	Eberhard	Vorsitzender des Vorstands	Festo AG & Co. KG
Villis	Hans-Peter	Vorsitzender des Vorstands	EnBW AG
Weiss	Heinrich	Vorsitzender der Geschäftsführung	SMS group
Wenning	Werner	Vorsitzender des Vorstands	Bayer AG
Wieczorek	Bernd	Vorsitzender der Geschäftsführung	Egon Zehnder International GmbH
Wiedeking	Wendelin	ehem. Vorsitzender des Vorstands	ehem. Porsche AG
Winnacker	Ernst-Ludwig	Generalsekretär	European Research Council ERC
Winterkorn	Martin	Vorsitzender des Vorstands	Volkswagen AG

NAME	VORNAME	FUNKTION	INSTITUTION
Wittenstein	Manfred	Vorsitzender des Vorstands	Wittenstein AG
Wörner	Johann-Dietrich	Vorsitzender des Vorstands	Deutsches Zentrum für Luft- u. Raumfahrt e.V.
Zehnder	Alexander J. B.	Ehem. Präsident des ETH-Rates	Eidgenössische Technische Hochschule Zürich
Zeidler	Gerhard	Präsident des Präsidialrats	DEKRA e. V.
Zetsche	Dieter	Vorsitzender des Vorstands	Daimler AG
Zöllner	Jürgen E.	Senator für Bildung, Wissenschaft und Forschung des Landes Berlin	Gemeinsame Wissenschafts-konferenz

Stand Dezember 2009

FÖRDERER VON acatech

SPENDEN
ABB AG
Andreas Stihl AG & Co. KG
A.T. Kearney GmbH
BASF SE
Bayer AG
Bertelsmann AG
BITCOM e. V.
BMW AG
Carl Zeiss AG
Daimler AG
DEKRA e. V.
Deutsche Bahn AG
Egon Zehnder International GmbH
EnBW AG
Festo AG & Co. KG
Fresenius Medical Care Deutschland GmbH
Freudenberg & Co. KG
Friedhelm Loh (Earn + Invest GmbH)
Fuchs Petrolub AG
Georgsmarienhütte Holding GmbH
Grillo-Werke AG
Grünenthal GmbH
Harting KGaA
Henkel AG & Co. KGaA
Hirschvogel Holding GmbH
Hochtief AG
IBM Deutschland GmbH
Jacobs Stiftung
Jopp GmbH
Klatten, Susanne
Linde AG
MAN SE
Merck KGaA
Management Engineers GmbH + Co. KG
Milberg, Joachim
Muhr und Bender KG
Porsche AG
Quandt, Johanna
Robert Bosch GmbH
Roland Berger Strategy Consultants GmbH

RWE AG
Salzgitter AG
SAP AG
SEW-EURODRIVE GmbH & Co. KG
Siemens AG
SMS GmbH
Stifterverband für die Deutsche Wissenschaft
SÜD-CHEMIE AG
Surteco SE
ThyssenKrupp AG
Trumpf Werkzeugmaschinen GmbH + Co. KG
TÜV Rheinland Holding AG
TÜV SÜD AG
UNITY AG
Vattenfall Europe AG
Verein Deutscher Werkzeugmaschinenfabriken e. V.
Volkswagen AG
Wittenstein AG
ZF Friedrichshafen AG

PROJEKTFÖRDERUNGEN
A.T. Kearney GmbH
Festo AG & Co. KG
Grünenthal GmbH
Hasso Plattner Förderstiftung GmbH
Klatten, Susanne
Robert Bosch GmbH
RWE Stiftung gemeinnützige GmbH
Siemens AG
SPECTARIS e. V.
ZVEI - Zentralverband der Elektrotechnik und Elektronikindustrie

SACHLEISTUNGEN
BMW AG
Deutsche Lufthansa AG
SAP AG

Stand Dezember 2009

> LITERATUR

Akademie der Wissenschaften der DDR (Hg.): *Studien zur Entstehungsgeschichte technikwissenschaftlicher Disziplinen. III. Rostocker Wissenschaftshistorisches Symposium vom 2. bis 4. Dezember 1982*, Kolloquien H. 51, Berlin 1985

Albert, Johannes/Herlitzius, Erwin/Richter, Frank: *Entwicklungs- und Entstehungsbedingungen der Technikwissenschaften. Freiberger Forschungshefte*, Reihe D., H. 145, Leipzig, 1982

Autorenkollektiv: *Erkenntnis und Wahrheit*, Berlin (Ost), 1983

Banse, Gerhard: *Philosophische Fragen der technischen Wissenschaften - Probleme und Ergebnisse*, in: Deutsche Zeitschrift für Philosophie, 24. Jg. (1976), H. 3, S. 307-318

Banse, Gerhard: *Philosophie und Technik - zur Geschichte der Bearbeitung philosophischer Fragen der Technik und der Technikwissenschaften in der DDR*, in: Philosophie und Naturwissenschaften in Vergangenheit und Gegenwart. H. 1, Teil 1, Berlin 1978

Banse, Gerhard/Wendt, Helge (Hg.): *Erkenntnismethoden in den Technikwissenschaften. Eine methodologische Analyse und philosophische Diskussion der Erkenntnisprozesse in den Technikwissenschaften*, Berlin 1986

Banse, Gerhard/Thiele, Bernd: *Determinanten der Technik- und Technikwissenschaftsentwicklung*, in: Wissenschaftliche Hefte der Pädagogischen Hochschule Köthen (1986), H. 1, S. 113-118

Banse, Gerhard/Mauersberger, Klaus: *Determinanten der Entwicklung von Technik und Technikwissenschaften*, in: Deutsche Zeitschrift für Philosophie, 35. Jg. (1987), H. 3, S. 251-256

Banse, Gerhard: *Biographien bedeutender Techniker, Ingenieure und Technikwissenschaftler: eine Sammlung von Biographien*, Berlin 1987

Banse, Gerhard/Friedrich, Käthe (Hg.): *Technik zwischen Erkenntnis und Gestaltung. Philosophische Sichten auf Technikwissenschaften und technisches Handeln*, Berlin 1996

Banse, Gerhard (Hg.): *Allgemeine Technologie zwischen Aufklärung und Metatheorie. Johann Beckmann und die Folgen*, Berlin 1997

Banse, Gerhard/Friedrich, Käthe (Hg.): *Konstruieren zwischen Kunst und Wissenschaft. Idee - Entwurf - Gestaltung*, Berlin 2000

Banse, Gerhard/Müller, Hans-Peter (Hg.): *Johann Beckmann und die Folgen: Erfindungen - Versuch der historischen, theoretischen und empirischen Annäherung an einen vielschichtigen Begriff*, Münster 2001

Banse, Gerhard/Reher, Ernst-Otto (Hg.): *Allgemeine Technologie - Vergangenheit, Gegenwart, Zukunft: Symposium der Leibniz-Sozietät und des Instituts für Technikfolgenabschätzung und Systemanalyse des Forschungszentrums Karlsruhe Technik und Umwelt am 12. Oktober 2001 in Berlin*, Berlin 2002

Banse, Gerhard/Kiepas, Andrzej (Hg.): *Rationalität heute. Vorstellungen, Wandlungen, Herausforderungen, Technikphilosophie Bd. 8*, Münster 2002

Banse, Gerhard/Wollgast, Siegfried (Hg.): *Philosophie und Wissenschaft in Vergangenheit und Gegenwart. Festschrift zum 70. Geburtstag von Herbert Hörz*, Berlin 2003

Banse, Gerhard (Hg.): *Fortschritte bei der heraubilung der Allgemeinen Technologie: Symposium der Leibniz-Sozietät und des Instituts für Technikfolgenabschätzung und Systemanalyse des Forschungszentrums Karlsruhe in der Helmholtz-Gemeinschaft am 14. Mai 2004 in Berlin*, Berlin 2004

Banse, Gerhard/Grunwald, Armin/König, Wolfgang/Ropohl, Günter (Hg.): *Erkennen und Gestalten. Eine Theorie der Technikwissenschaften*, Berlin 2006

Bayerl, Günter/Beckmann, Jürgen (Hg.): Johann Beckmann (1739-1811). *Beiträge zu Leben, Werk und Wirkung des Begründers der Allgemeinen Technologie*, Münster u. a. 1999

Bechmann, Gotthard (Hg.): *Interdisziplinäre Technikforschung*. Frankfurt/New York 1994

Beckmann, Johann: *Anleitung zur Technologie, oder zur Kentniß der Handwerke, Fabriken und Manufakturen, vornehmlich derer, die mit der Landwirtschaft, Polizey und Cameralwissenschaft in nächster Verbindung stehn; Nebst Beyträgen zur Kunstgeschichte*, Göttingen 1777

Beckmann, Johann: *Entwurf der algemeinen Technologie. Aus dem Vorrathe kleiner Anmerkungen über mancherlei gelehrte Gegenstände*, Göttingen 1806

Bittorf, W.: *Johann Beckmann - 200 Jahre Technologie*, in: Die Technik, 29. Jg. (1974), H. 5, S. 309-311

Bora, Alfons/Decker, Michael/Grunwald, Armin/Renn, Ortwinn (Hg.): *Technik in einer fragilen Welt. Die Rolle der Technikfolgenabschätzung*, Berlin 2005

Buchheim, Gisela/Sonnemann, Rolf (Hg.): *Geschichte der Technikwissenschaften*, Leipzig 1990

Bugl, Josef: *Technische Entwicklung - wohin?*, Düsseldorf 1987

Ciesla, Burghard: *Abschied von der „reinen" Wissenschaft. Wehrtechnik und Anwendungsforschung in der Preußischen Akademie nach 1933*, in: Wolfram Fischer (Hg.): Die Preußische Akademie der Wissenschaften zu Berlin. 1914-1945, Berlin 2000, S. 484f.

Decker, Michael/Ladikas, Miltos (Hg.): *Bridges between Science, Society and Policy. Technology Assessment - Methods and Impacts*, Berlin u. a. 2004

Desmond Bernal, John: *Sozialgeschichte der Wissenschaften. Science in History*, Reinbek 1970

Desmond Bernal, John: *Die soziale Funktion der Wissenschaft*, Köln 1986

Dessauer, Friedrich: *Streit um Technik*, Frankfurt a. M. 1956

Duddeck, Heinz (Hg.): *Technik im Wertekonflikt*, Opladen 2001

Eigler, H.: *Begriffsbestimmungen der Wissenschaft Technologie als Abbild des Differenzierungs- und Integrationsprozesses bei der Wissenschaftsentwicklung*, in: Die Technik, 28. Jg. (1973), H. 4, S. 262-265

Emmerich, Wolfgang/Wege, Carl (Hg.): *Der Technikdiskurs in der Hitler - Stalin - Ära*, Stuttgart/Weimar 1995

Festschrift 70 Jahre Deutscher Verband Technisch-Wissenschaftlicher Vereine (DVT). *Entwicklung der Technik - Wandel der Gesellschaft*, Düsseldorf 1986

Flemmig, Karl-Heinz/Hochmuth, Gerhard/Hütter, Manfred: *Wissenschaftliche Konferenz zum Thema: „Automatisierung- Technikwissenschaft- Persönlichkeit" am 15. und 16. September 1983 an der Technischen Hochschule Kalr-Marx-Stadt*, Karl-Marx-Stadt 1983

Foerster, Roland G./Walle, Heinrich (Hg.): *Militär und Technik. Wechselbeziehungen zu Staat, Gesellschaft und Industrie im 19. und 20. Jahrhundert*, Herford/Bonn 1992

Friedrich, Käthe: *Technik - Technologie - Technikwissenschaften. Philosophische und sozialwissenschaftliche Probleme*; Bibliographie DDR 1949-1990, Cottbus 1999

Füssel, Martin: *Die Begriffe Technik, Technologie, Technische Wissenschaften und Polytechnik*, Bad Salzdethfurth 1978

Gehlen, Arnold: *Die Seele im technischen Zeitalter*, Hamburg 1957

Geiger, Manfred/Kreis, Oliver/Gauß, Ingrid: *Technik - die prägende geistige Errungenschaft unserer Zeit*. Erlangen-Nürnberg 2004

Georg-Agricola-Gesellschaft (Hg.): *Technik und Kultur: in 10 Bänden und einem Registerband*, Düsseldorf 1989-1995

Gierl, Martin: *Geschichte und Organisation. Institutionalisierung als Kommunikationsprozess am Beispiel der Wissenschaftsakademien um 1900*, Göttingen 2004

Grashof, Franz: *Über die der Organisation an polytechnischen Schulen zu Grunde liegenden Prinzipien*, in: ZVDI, 8. Jg. (1964), S. 592-616

Grunwald, Armin: *Technik für die Gesellschaft von morgen*. Frankfurt a. M./New York 2000

Grunwald, Armin: *Technikfolgenabschätzung - eine Einführung*, Berlin 2002

Habermas, Jürgen: *Technik und Wissenschaft als Ideologie*, Frankfurt 1968

Hartkopf, Werner: *Die Berliner Akademie der Wissenschaften: Ihre Mitglieder und Preisträger 1700-1990*, Berlin 1992

Herlitzius, Erwin/Jobst, Eberhard: *Die technischen Wissenschaften und ihre soziale Funktion, in: Deutsche Zeitschrift für Philosophie*, 26. Jg. (1978), H. 1, S.16-31

Hermann, Armin/Schönbeck, Charlotte (Hg.): *Technik und Wissenschaft, Düsseldorf 1991*, Reihe: Technik und Kultur, Bd. III.

Hofmann, F.: *Zur Problematik der Begriffsbestimmung Technologie als Wissenschaft*, in: Die Technik, 20. Jg. (1965), H. 11, S. 727-733

Hochmuth, Gerhard: *Entwicklungsgesetze der Technik und der Technikwissenschaft*, in: Deutsche Zeitschrift für Philosophie, 23. Jg. (1975), H. 9, S. 1191-1201

Hochmuth, Gerhard/Neufeldt, Marion: *Zum heutigen Nutzen des gestrigen Wirkens von Technikwissenschaftlern*, in: Wissenschaftliche Zeitschrift der Technischen Hochschule Karl-Marx-Stadt 24. Jg. (1982), H. 4, S. 377-381

Hofmann, F.: *Zur Problematik der Begriffsbestimmung Technologie als Wissenschaft*, in: Die Technik, 20. Jg. (1965), H. 11, S. 727-732

Hubig, Christoph/Huning, Alois/Ropohl, Günter 8Hg.): *Nachdenken über Technik: Die Klassiker der Technikphilosophie*, Berlin 2000

Huisinga, Richard: *Theorien und gesellschaftliche Praxis technischer Entwicklung: soziale Verschränkungen in modernen Technisierungsprozessen*, Amsterdam 1996

Jobst, Eberhard: *Spezifische Merkmale der technischen Wissenschaft in ihrem Wechselverhältnis zur Naturwissenschaft*, in: Deutsche Zeitschrift für Philosophie, 16. Jg. (1968), H.5, S.928-935

Jobst, Eberhard/Marmai, Ulrich: *Weltanschauliche und wissenschaftstheoretische Probleme des Verhältnisses von Natur- und Technikwissenschaften*, in: Deutsche Zeitschrift für Philosophie, 23. Jg. (1975), H. 6, S. 757-766

Jobst, Eberhard: *Gegenstand und Aufgaben der technischen Wissenschaften*, in: Wissenschaftliche Zeitschrift der technischen Hochschule Karl-Marx-Stadt, 20.Jg. (1978), H. 5, S. 557-565

Jobst, Eberhard/Schuttpelz, Peter: *Wissenschaftlich-technischer Fortschritt, Sozialismus, Persönlichkeit*, Karl-Marx-Stadt 1981

Jobst, Eberhard: *Das Verhältnis der Technikwissenschaften zu den Natur- und Gesellschaftswissenschaften*, in: Wissenschaftliche Zeitschrift der Technischen Hochschule Karl-Marx-Stadt 25. Jg. (1983), H. 1, S. 37-46

Jobst, Eberhard: *Die Bedeutung der interdisziplinären Arbeit von Natur-, Gesellschafts- und Technikwissenschaften für die Lösung komplexer technischer Aufgaben*, in: Wissenschaftliche Zeitschrift der Technischen Hochschule Karl-Marx-Stadt 26. Jg. (1984), H 3, S. 327-330

Jobst, Eberhard: *Der wissenschaftlich-technische Fortschritt und die interdisziplinäre Zusammenarbeit von Philosophen und Technikwissenschaftlern*, in: Deutsche Zeitschrift für Philosophie, 33. Jg. (1985), H. 4, S. 323-331

Jobst, Eberhard/Zimmermann, Volker: *Theoriengenese in den Technikwissenschaften*, in: Wissenschaftliche Zeitschrift der Technischen Hochschule Karl-Marx-Stadt, 27. Jg. (1985), H. 8, S. 400-405

Jobst, Eberhard: *Integration der Technikwissenschaften – ein mehrschichtiger Prozeß*, in: Wissenschaftliche Zeitschrift der Technischen Universität "Otto von Guerike" Magdeburg 30. Jg. (1986), H 4, S. 11-13

Jobst, Eberhard/Zimmermann, Volker: *Technikwissenschaften, Theorie, Weltanschauung*, in: Deutsche Zeitschrift für Philosophie, 37. Jg. (1989), H. 6, S. 500-507

Jobst, Eberhard/Weber, Horst/Zimmermann, Volker: *Die Rolle der Grundlagenforschung in den Technikwissenschaften*, in: Wissenschaftliche Zeitschrift der Technischen Hochschule Karl-Marx-Stadt/Chemnitz 32. Jg. (1990), H 4, S. 561-564

Jobst, Eberhard: *Technikwissenschaften, Wissensintegration, interdisziplinäre Technikforschung : eine Problemstudie*, Frankfurt a. M. 1995

Karmarsch, Karl: *Handbuch der mechanischen Technologie*, Hannover 1851-1876 (Zweibändige Ausg.).

Karmarsch, Karl: *Geschichte der Technologie seit der Mitte des 18. Jahrhunderts*, München 1872

Kiefer, Heinz J./Pankoke, Eckart/Starbatty, Joachim: *Perspektiven zu Technik und Gesellschaft*, Aachen 2003

Kirpal, Alfred: *Geschichte der Technikwissenschaften - zu den Aufgaben dieser wissenschaftshistorischen Disziplin an der TH Illmenau*, in: Wissenschaftliche Zeitschrift der Technischen Hochschule Illmenau, 34. Jg. (1988), H.3, S. 3-10

Kistler, Ernst/Jaufmann, Dieter (Hg.): *Mensch - Gesellschaft - Technik. Orientierungspunkte in der Technikdebatte*, Opladen 1990

Klemm, Friedrich: *Zur Kulturgeschichte der Technik: Aufsätze und Vorträge 1954-1978*, München 1979

Klocke, Fritz/Pritschow, Günter: *Autonome Produktion*, Berlin 2004

Kocka, Jürgen (Hg.): *Die Berliner Akademien der Wissenschaften im geteilten Deutschland 1946-1990*, Berlin 2002

Kolloquium zur historischen Entwicklung der Technikwissenschaften und der technischen Bildung in Leipzig am 27. Oktober 1989 in Leipzig, DDR, Leipzig 1989

König, Wolfgang: *Technikwissenschaften. Die Entstehung der Elektrotechnik aus Industrie und Wissenschaft zwischen 1880 und 1914*, Chur 1995

König, Wolfgang: *100 Jahre „Dr.-Ing."*, Düsseldorf 1999

König, Wolfgang: *Utilität, Zweckfreiheit und disziplinäre Entgrenzung - Wissenschaftsakademien und Technikwissenschaften von den Anfängen bis zur Gegenwart*, in: Banse, Gerhard (Hg.), Fortschritte bei der Herausbildung der Allgemeinen Technologie, Sitzungsberichte der Leibniz-Sozietät, Band 75, Berlin 2004, S. 185-202

König, Wolfgang: *Wilhelm II. und die Moderne. Der Kaiser und die technisch-industrielle Welt*, Paderborn u.a. 2007

Konvent für Technikwissenschaften: *Arbeitssymposium „Technik und Technikwissenschaften. Selbstverständnis - Gesellschaft - Arbeit"*, Berlin 1999

Kraemer, O.: *Die Wandlung des Menschen durch die Technik. VDI-Sondertagung Tübingen am 30./31. März 1953*, in: Zeitschrift des VDI, Bd. 95 (1953), Nr. 32, S. 1077-1092

Krieger, *Wolfgang: Technologiepolitik in der Bundesrepublik 1949-1989/90*, in: Technik und Kultur, Bd. IX, Technik und Staat, S. 229f.

Laitko, Hubert: *Studien zur Entstehungsgeschichte technikwissenschaftlicher Disziplinen. III. Rostocker Wissenschaftshistorisches Symposium vom 2. bis 4. Dez. 1982*, Berlin 1985

Laitko, Hubert/Trunschke, Andreas (Hg.): *Mit der Wissenschaft in die Zukunft. Nachlese zu John Desmond Bernal*, Potsdam 2003

Leithäuser, Thomas u. a.: *Lust und Unbehagen an der Technik*, Gießen 1999

Lenk, Hans/Moser, Simon (Hg.): *Techne, Technik, Technologie. Philosophische Perspektiven*, Pullach 1973

Manegold, Karl-Heinz: *Universität, Technische Hochschule und Industrie. Ein Beitrag zur Emanzipation der Technik im 19. Jh. unter besonderer Berücksichtigung der Bestrebungen Felix Kleins*, Berlin 1970

Martinsen, Renate/Simonis, Georg (Hg.): *Demokratie und Technik – (k)eine Wahlverwandschaft?*, Opladen 2000

Mary, Luc: *Vauban. Le Maître des Forteresses. Biographie*, L´Archipel 2007

Matschoß, Conrad: *Staat und Technik. Ein Beitrag zu den Studien über die wechselseitigen Beziehungen zwischen Staat und Technik mit besonderer Berücksichtigung der neueren Entwicklung*, in: Zeitschrift des VDI, Bd. 55 (1911), Nr. 29, S. 1185-1198

Meijers, Anthonie (Ed.): *Handbook Philosophy of Technology and Engineering Sciences*, Oxford 2009

Militär und Technik. *Wechselbeziehungen zu Staat, Gesellschaft und Industrie im 19. und 20. Jahrhundert, im Auftrag des Militärgeschichtlichen Forschungsamtes hg. von Roland G. Foerster und Heinrich Walle*, Bonn 1992

Mittelstraß, Jürgen: *Leonardo-Welt. Über Wissenschaft, Forschung und Verantwortung*, Frankfurt a. M. 1992

Müller, Hans-Peter/Troitzsch, Ulrich (Hg.): *Technologie zwischen Fortschritt und Tradition. Beiträge zum internationalen Johann-Beckmann-Symosium Göttingen 1989*, Frankfurt a. M. 1992

Müller, Hans-Peter (Hg.): *Sozialpolitik der Aufklärung. Johann Beckmann und die Folgen: Ansätze moderner Sozialpolitik im 18. Jahrhundert*. Münster/New York/München/Berlin 1999

Niethammer, Friedrich: *Wesen der Technik und Ingenieurtätigkeit. Abhandlungen der Deutschen Akademie der Wissenschaften in Prag, Mathematisch-naturwissenschaftliche Klasse*, H. 8, Prag 1943

Nötzoldt, Peter: *Die deutsche Akademie der Wissenschaften zu Berlin in Gesellschaft und Politik. Gelehrtengesellschaft und Großorganisation außeruniversitärer Forschung 1946-1972*, in: Kocka, Jürgen (Hg.), Die Berliner Akademien der Wissenschaften im geteilten Deutschland 1946-1990, Berlin 2002, S. 39-80

Pagel, Wolfgang/Zimmer, Harald: *Zur Bestimmung des Gegenstandes der Wissenschaft Technologie und ihrer allgemeinen Methodologie*, in: Deutsche Zeitschrift für Philosophie, 11. Jg. (1963), H. 3, S. 301-313

Petermann, Thomas/Grunwald, Armin (Hg.): *Technikfolgen-Abschätzung für den Deutschen Bundestag. Das TAB - Erfahrungen und Perspektiven wissenschaftlicher Politikberatung*, Berlin 2005

Petsche, Hans-Joachim/Bartiková, Monika/Kiepas, Andrzej (Hg.): *Erdacht, gemacht und in die Welt gestellt: Technik-Konzeptionen zwischen Risiko und Utopie*, Berlin 2006

Philosophische Probleme des Theorie Praxis-Verhältnisses in der Entwicklung der Technikwissenschaften. Wissenschaftliche Konferenz mit internationaler Beteiligung, veranstaltet von der Technischen Hochschule Karl-Marx-Stadt, am 20. und 21. Oktober 1981, Berlin 1982

Poppe, Johann: *Geschichte der Künste und Wissenschaften seit der Wiederherstellung derselben bis an das Ende des achtzehnten Jahrhunderts*, Göttingen 1807

Profos, Paul: *Technik pro und contra Mensch*, Basel 2001

Richter, F.: *Die Stellung der Technikwissenschaften im System der Wissenschaften*, in: Wissenschaftliche Zeitschrift der Technischen Universität „Otto von Guerike" Magdeburg 27. Jg. (1983), H 5/6, S. 94-96

Ropohl, Günter: *Was heißt „Technologie"? Terminologische Bemerkungen zu einem umstrittenen Begriff*, in: VDI-Nachrichten, Nr. 26 (1972), S. 11

Ropohl, Günter (Hg.): *Systemtechnik – Grundlagen und Anwendung*, München/Wien 1975

Ropohl, Günter: *Eine Systemtheorie der Technik. Zur Grundlegung der Allgemeinen Technologie*, München/Wien 1979

Ropohl, Günter: *Wie die Technik zur Vernunft kommt. Beiträge zum Paradigmenwechsel in den Technikwissenschaften*, Amsterdam 1998.

Ropohl, Günter (Hg.): *Erträge der Interdisziplinären Technikforschung. Eine Bilanz nach 20 Jahren*, Berlin 2001

Ropohl, Günter: *Arbeits- und Techniklehre. Philosophische Beiträge zur technologischen Bildung*, Berlin 2004

Schumann, Dieter (Hg.): *Neugier und Nutzen : 50 Jahre Technische Universität Berlin*, Berlin 1996

Siemens, Werner von: *Lebenserinnerungen, 16. Auflage nach den Originaldruckstöcken gesetzt*, München 1956

Simonis, Georg/Martinsen, Renate/Saretzki, Thomas (Hg.): *Politik und Technik. Analysen zum Verhältnis von technologischem, politischem und staatlichem Wandel am Anfang des 21. Jahrhunderts*, Wiesbaden 2001

Smend, Rudolf (Hg.): *Wissenschaft entsteht im Gespräch. 250 Jahre Akademie der Wissenschaften zu Göttingen*, Göttingen 2002

Sonnemann, Rolf (Hg.): *Geschichte der Technik*, Leipzig 1978

Sonnemann, Rolf (Hg.): *Zur Herausbildung technikwissenschaftlicher Disziplinen*, Dresden 1984

Sonnemann, Rolf/Krug, Klaus (Hg.): *Technik und Technikwissenschaften in der Geschichte*, Berlin 1987

Spur, Günter: *Produktionstechnik im Wandel. Georg Schlesinger und das Berliner Institut für Werkzeugmaschinen und Fertigungstechnik 1904-1979*, München/Wien 1979

Spur, Günter: *Technologie und Management - Zum Selbstverständnis der Technikwissenschaft*, München/Wien 1998

Spur, Günter: *Thesen zum Selbstverständnis der Technikwissenschaften. Akademievorlesung am 11. Dezember 1997*, in: Berlin-Brandenburgische Akademie der Wissenschaften, Berichte und Abhandlungen Band 5, Berlin 1998, S. 223-242

Spur, Günter: *Vom Faustkeil zum digitalen Produkt*, München/Wien 2004

Stadler, Gerhard/Kuisle, Anita (Hg.): *Technik zwischen Akzeptanz und Widerstand. Gesprächskreis Technikgeschichte 1982-1996*, New York u. a. 1999

Technik und Technikwissenschaften: Selbstverständnis, Gesellschaft, Arbeit; Beiträge zum Arbeitsymposium des Konvents für Technikwissenschaften (KTW), Berlin 1999

Technische Gemeinschaft. Zeitschrift für Theorie und Praxis der freiwilligen Gemeinschaftsarbeit der technischen Intelligenz. Organ der Zentralleitung der Kammer der Technik, Berlin, Jg. 1973 und 1974

Teßmann, Kurt/Vogel, Heinrich (Hg.): *Die Struktur der Technik und ihre Stellung im sozialen Prozess*, Rostock 1967

Thiele, Bernd: *Materialistische Auffassung bei der Herausbildung der Technologie zu einer Wissenschaft ausgangs des 18. Jahrhunderts*, in: Wissenschaftliche Hefte der Pädagogischen Hochschule "W. Ratke" Köthen, H. 1 (1980), S. 185-187

Tobies, Renate: *Felix Klein*, Leipzig 1981

Treue, Wilhelm (Hg.): *Deutsche Technikgeschichte. Vorträge vom 31. Historikertag am 24. September 1976 in Mannheim*, Göttingen 1977

Tuchel, Klaus: *Herausforderungen der Technik*, Bremen 1967

Ullrich, Otto, *Technik und Herrschaft. Vom Handwerk zur verdinglichten Blockstruktur industrieller Produktion*, Frankfurt a. M. 1977

Vec, Miloš, *Recht und Normierung in der Industriellen Revolution. Neue Strukturen der Normsetzung in Völkerrecht, staatlicher Gesetzgebung und gesellschaftlicher Selbstnormierung*, Frankfurt a. M. 2006

vom Bruch, Rüdiger/Gerhardt, Uta/Pawliczek, Aleksandra (Hg.), *Kontinuitäten und Diskontinuitäten in der Wissenschaftsgeschichte des 20. Jahrhunderts*, Stuttgart 2006 (= Wissenschaft, Politik und Gesellschaft, hg. Von Rüdiger vom Bruch, Bd.1)

Weber, H./Jobst, E.: *Die Stellung der Technikwissenschaft im System der Wissenschaften*, in: Die Technik, 29. Jg. (1974), H. 8, S. 487-489

Weingart, Peter (Hg.), *Technik als sozialer Prozess*, Frankfurt a. M. 1989

Wendt, Helge: *Wissenschaft Technologie - Technologie als Wissenschaft*, in: Wissenschaftliche Zeitschrift der Technischen Universität „Otto von Guerike" Magdeburg 34. Jg. (1990), H 3, S. 17-19

Wendt, Siegfried: *Was Sokrates nicht wissen konnte, eine Bildungsreise zu den Grundlagen unserer technischen Zivilisation*, Heidelberg 2008

Wissenschaftlicher Rat für Soziologische Forschung in der DDR (Hg.): *Ingenieure in der DDR. Soziologische Studien*, Berlin 1988

Wolffgramm, Horst: *Allgemeine Technologie. Elemente, Strukturen und Gesetzmäßigkeiten technologischer Systeme*, Leipzig 1978.

Wolffgramm, Horst: *Stand und Tendenzen der allgemeinen Technologie als Disziplin der Technologiewissenschaften*, in: Wissenschaftliche Zeitschrift der Technischen Universität „Otto von Guerike" Magdeburg 34. Jg. (1990), H 3, S. 15-16

Wollgast, Siegfried/Banse, Gerhard: *Philosophie und Technik. Zur Geschichte und Kritik, zu den Voraussetzungen und Funktionen bürgerlicher „Technikphilosophie"*, Berlin 1979

Wollgast, Friedrich: *Philosophiehistorische Aspekte der Entwicklung der Technik und Technikwissenschaften*, in: Wissenschaftliche Zeitschrift der Technischen Universität Dresden, 32. Jg. (1983), H. 6, S. 53-55

Zeuner, Gustav: *Grundzüge der mechanischen Wärmetheorie: mit besonderer Rücksicht auf das Verhalten des Wasserdampfes*, Freiberg 1860

Zimmerli, Walther Ch. (Hg.): *Wider die „Zwei Kulturen". Fachübergreifende Inhalte in der Hochschulausbildung*, Berlin u. a. 1990

Zimmermann, Volker: *Zu einigen Aspekten der Klassifikation des Forschungsprozesses, insbesondere in den Technikwissenschaften*, in: Wissenschaftliche Konferenz zum Thema "Automatisierung - Technikwissenschaft - Persönlichkeit", Karl-Marx-Stadt 1983, S. 104-110

Zur Herausbildung technikwissenschaftlicher Disziplinen/Technische Universität Dresden, Sektion Philosophie u. Kulturwissenschaftlicher Bereich Geschichte der Produktivkräfte. Dresdener Beiträge zur Geschichte der Technikwissenschaften 8, Dresden 1984

http://tu-dresden.de/die_tu_dresden/fakultaeten/philosophische_fakultaet/ig/tge/seiten/technikgeschichte_dd

> BILDNACHWEIS

Abb. 1	Mary, Luc: Le Maître des Forteresses. Biographie, Paris 2007, Titelbild, o. A.
Abb. 2	Spur, Günter: Technologie und Management, München/Wien 1998, S. 78
Abb. 3	commons.wikipedia.org
Abb. 5	Kochmann, Fred, Bildnis Prof. Rat Joh. H. Poppe, nach einem Ölgemälde, Fotografie
Abb. 6	Technische Hochschule Wien, Wien 1970, S. 8, Photograph Ekkehard Ritter
Abb. 7	Stadtarchiv & Historische Museen Karlsruhe
Abb. 8	Spur, Günter: Vom Faustkeil zum digitalen Produkt, München/ Wien 2004, S. 67
Abb. 9	Universitätsarchiv TU Chemnitz
Abb. 10	Archiv der BBAW, Bestand PAW (1812-1914)
Abb. 11	Archiv der BBAW (Rechteinhaber nicht zu ermitteln)
Abb. 12	Universitätsarchiv TU Berlin, Bildarchiv, Reuleaux
Abb. 13	Mathematisches Institut der Georg-August-Universität Göttingen, Fotografin: Claudia Gabler
Abb. 14	commons.wikipedia.org, Fotograf Fritz Milkau
Abb. 15	Universitätsarchiv TU Berlin, Dührkoop Album, S. 31
Abb. 16	Geheimes Staatsarchiv Preußischer Kulturbesitz (GStPK), Rep. 76, Vb, Sekt.1
Abb. 17	Ebd.
Abb. 19	Archiv der BBAW, Fotosammlung
Abb. 20	GStPK, I Rep. 76, Vc, Sekt.2
Abb. 21	Ebd.
Abb. 22	Fotos-berlin-24
Abb. 23	Wolfgramm, Horst: Allgemeine Technologie, Leipzig 1978, S. 26
Abb. 24	Ropohl, Günter: Systemtechnik, München/Wien 1975, S. 33

Abb. 25	Füssel, Martin: Die Begriffe Technik, Technologie, Technische Wissenschaften und Polytechnik, Bad Salzdetfurth 1978, S. 36
Abb. 26	Jahrbuch der Deutschen Akademie der Wissenschaften, 1949
Abb. 27/28	Nordrhein-Westfälischen Akademie der Wissenschaften und der Künste, Pressestelle
Abb. 33	Landesarchiv Berlin, F Rep.290, Not. 4 WIL, Best. Nr. 121031
Abb. 35	Landesarchiv Berlin, F Rep. 290, Not. 16 Wiss., Best. Nr. 287855, Edmund Kasperski
Abb. 36	Landesarchiv Berlin, F Rep. 290, Not. 16 Wiss., Best. Nr. 290486 u. 290 493, Ingeborg Lommatzsch
Abb. 40	Landesarchiv Berlin, F Rep. 290, Not. 16 Wiss., Ingeborg Lommatzsch
Abb. 42	PTZ der TU Berlin, Foto Bernd Bresien
Abb. 55	Wolfgramm, Horst: Allgemeine Technologie ..., in: Banse, Gerhard (Hg.): Allgemeine Technologie, Berlin 1997, S. 131
Abb. 56	Spur, Günter: Technologie und Management, München/Wien 1998, S. 54
Abb. 57	Ebd., S. 55
Abb. 58	König, Wolfgang: Ziele der Technikwissenschaften, in: Banse/Grunwald/König/Ropohl (Hg.): Erkennen und Gestalten, Berlin 2006, S. 41
Abb. 59	Ebd., S. 86

Alle anderen Abbildungen in den Kapiteln - Technikwissenschaften in beiden Deutschen Staaten - und - Konvent für Technikwissenschaften - , sofern nicht anders erwähnt, Privatbesitz Günter Spur.

Abbildungen im Kapitel - Deutsche Akademie der Technikwissenschaften - stammen, sofern nicht anders erwähnt, aus dem acatech Fotoarchiv. Fotograf war in den meisten Fällen David Ausserhofer.